Georg Henisch

Arztgarten von Kreutern

Georg Henisch

Arztgarten von Kreutern

ISBN/EAN: 9783743642720

Hergestellt in Europa, USA, Kanada, Australien, Japan

Cover: Foto ©berggeist007 / pixelio.de

Weitere Bücher finden Sie auf **www.hansebooks.com**

BIBLIOTHECA
STRAHOV

Artztgarten Von Kreutern

so in den Gärten gemeinlich wachsen/ vnnd wie man durch dieselbigen allerhand kranckheiten vnd gebrechen eylends heilen sol.

Durch

Den Hochgelehrten Anthonium Mizaldum auß Franckreich erstlich in Lateinischer sprach außgangen.

Jetzt

Aber newlich verteuschet durch Georgen Henisch von Bartfeld vormals in Teutscher sprach nie gesehen worden.

Zu Basel bey Peter Pern.

M. D. LXXVII.

Dem Ehrwürdigen vñ Hochgelehrten Herren/Herrn Georgio/ Apt des Gottshauses Salmonsweiler meinem günstigen Herren.

ES hat Gott der Allmechtig dem menschen vnzehliche vñ herrliche gaben verliehen/ Ehrwürdiger hochglehrter Herr/ vnter denselbē aber allē ist gute gesundtheit die best vnd anmütigst. Wañ derselbē/ wie man gemeinlich sagt/ kan niemandts satt werden. Man erfehret zwar wol/ daß einer offt auß vberdruß Reichthum/wollust/ herrligkeit/vnnd kürtzlich zusagen/ allessammen verwirffet/ auch offtmals das lebē selbs nicht wünschet/ die gesundtheit aber allein hat nimmehr jemands verworffen. Es hat aber Gott die Medicin verordnet/ dise seine gabē zu verwaren/ welche solches verrichtet fürnemlich durch die einfachen artzneyen/simplicia genañt/ vnter welchē die fürnemste al hie in disē büchlin Anthonius Mizaldus beschrieben. Denn er darinnen die kreuter vnd beum/ so in den gärten wachsen vnd gemeinlich allenthalben wol zu bekommen/ verzeichnet/ vnd lehrt/ wie man durch dieselben allerhand kranckheiten curieren vnnd heilen möge/ welche arbeit zwar für groß vnd hoch billich zu achten/ vmb viler vrsachen willen. Dann zum ersten/ so bringt er widerumb an das liecht die alte/ schon lang verborgen weiß zu artznen/ durch die gewechß/ so auß den gärten zu vberkommen. Zum andern/ so zeigt er an vnd beweißt/ dz man die gemeine kreuter nit so gar verachten vnnd vernichten sol/ als solt man die kranckheitē allein mit frembden simplicibus abwenden vnd vertreiben. Denn es hat zum offtermal ein garten kraut vil ein grösser krafft vnnd tugend/ als ein frembd auß Morenland hergebracht gewächs / bey welchem zu be-

besorgen ob es recht blieben oder verfelscht sey wordē. So ist letztlich solch wercklin für gemeine leut vnd idioten gar nutzlich/welche nicht al wegen des vermögens/ daß sie ein artzt bekommen/oder thewre artzneyen erkauffen mögen. Dieweil nun dem also/ vnnd alle menschen auß demselben grossen nutz vnnd frucht schöpffen mögen/ so hab ich dasselb/welches erstlich in Lateinischer sprach außgangen/ in Teusche sprach gebracht vnnd an tag kommē lassen. Dieweil aber auch bey dē altē gebreuchlich gewesen dz sie die artzneien gewissen tempeln vñ göttern haben zu beschirmen vnnd zu bewahren vbergeben / so hab ich auch dises büchlin einem fürnemmen Patron addicieren wöllen vnd dasselb E. G. deßhalben vberreichē von wegen daß E. G. mit allen guten tugenden begabt / auch grosse lieb gegen allen künsten/vnd sonderlich gegē der medicin tragē.

Bin also der zuuersicht/ E. G. werd
solch schenck vnd gaben nicht ver-
achten/ sondern dieselbig günstiglich auffnemen/ vnd in E. G. schutz
vnnd schirm beuohlen lassen sein.
Hiemit thun ich E. G. dē Allmech
tigen inn langwieriger gesundheit
vnd frieden beuehlen. Ge
ben zu Basel/ im tag Mi-
chaelis/ im Jar/ 1574.

E. G.
Gantzwilliger

Georg Henisch von
Bartfeld.

Anthonius Mizaldus zu dem Leser.

JCh weiß wol / freundtlicher Leser / daß etliche vber disem meinem fürnemmen von den artzneyen / so ein jeder auß seinem garten bald vnd one grossen kosten mag bekommen / die nasen rumpffen / dasselb verachten / vnd sprechen werden. Ey / solt das nit lachens wehrt sein / dz man jetziger zeit die artzneyen / mit welchen die kranckheiten zuheilen / auß den gärten will beweisen zu nemmen / als het man nicht gnug Apotecken vnd Puluerläden / inn welchen allerhand artzneyen sollen gesucht vñ erkaufft werden ? Es ist wol waar vnd gewiß / das der anfang in allẽ sachen zweifelhafffel hafftig vñ schlupfferig/ vnd scheine diese sach groß wichtig vnd schwer zu sein/ sonderlich zu diser zeit inn welcher alles auff den geitz vnd gewin wirdt angesehẽ/ so muß man dennoch nicht verzagẽ/ sondern die sach getrost für die hand nemmen/ weil hierinnen ein grosser vnnd heilsammer nutz zu hoffen/ fürnemlich für die jenige / so tags vnd nachts ohn vnterlaß arbeiten vnd mit jhrem wercken vns speissen vñ erhalten/ als da sind gemeine Bawrs vnnd wercksleut/ vnnd andere/ so jnen selbs nicht rahten/ noch ein artzt erlangen/ oder die artzneien in Apotecken kauffen können. Denselben namlich bekeñen wir vns pflichtig vnnd schuldig zu helffen vnd zu dienen/ nach dem sie

vns die frücht außarbeiten/ se=
yen/schneiden/ vnd mit schwi=
tzen/auch offtmals mit kranck=
heiten bekümmert zu vns füh=
ren. So haben wir nun dise vn
ser arbeit angefangen die hauß
Artzneyen so auß den Gärten
werden genommen/ nach ord=
nung zu erklären vñ zu beschrei=
ben/ vnd wem ists vnbewißt/
daß Gott dem Allmechtigē ge=
fallen / bald nach anfang der
Welt die ersten vnnd fürnemp=
sten artzneyen auff dem veld
wachsen zu lassen / vnnd dem=
nach/ auff daß man sie nit weit
müßte suchen/inn den gärten ∴
So haben auch die Heiden vor
zeiten dem alten Abgott der
Artznyen/Aesculapius genañt/
inn wälden vnnd mitten in den
strassen/ausserthalb der Stet=

ten/ Tempel gebawet/ anzeigend/ daß die alten vnd ersten artzneien für die kranckheiten nicht seien in den Stetten vnd Apotecken gewesen/ sondern auff dem land vnd in den wälden/ inn welchen gemelter Abgot vnd vermeinter nothelffer angeruffen worden. Wer weiß auch nicht/ daß das Römisch volck vber die sechshundert jar in guter gesundheit gelebt/vnd dennoch kein Apotecker noch Artzt gehabt? Sondern nur allein die einfeltig/ vnd schlechte artzneien braucht welche leicht zu findē vñ zu vberkom̄en vff dē veld vnd gärten. Als dann solches bezengt M. Cato in seinē buch von dem veldbauw/ welcher allein die kreuter/ so er selber hat gepflantzt/vnd sonderlich

lich das kabskraut/ gebraucht/ vnd sich selbs sampt seinem gemahel/ Sohn vnd haußgesind biß auff lange zeit frisch vnd gesund behaltē. Welcher mehr vñ eltere exempel begert zu wissen/ der lese M. Varronē/ da wirt er bald vernem̄en/ daß der weise mann Nestor/ welcher zu der zeit des Troyanischē kriegs gelebt/ ein Artztgarten verßweiß beschriebē/ mit welchem nam̄en wir auch diß vnser wercklin haben genent/ seinē exempel nachuolgend. So hat auch Sabinus Tyro ein buch gemacht/ vō den gärten gewächsen/ welchs er/ wie Plinius sagt/ dem Mecænati zu geschrieben. Es sagt derhalb der weiß Poet vñ artzt Macer. *Escas antiquis hortus dabat & medicinas.* Dz ist/ Die Alten habē jre speiß vnd artzneien auß den gårten genommen / vnd ist nun die gårten Artzney bey den Rômern die aller erst vñ fürnemist gewesen. Als sie aber vber die sechshundert jar dieselb gebrauchet / vnd jhr gewalt groß vnnd mechtig worden / auch allerley laster bey jhnen zugenommen / sonderlich das vnmessig leben in saufferey vnnd hurerey / da hat sich die lieb auch allgemach verlohren vnd auß dem brauch kommen müssen. Denn so bald nach gemelten zweien lastern mancherley kranckheiten entstanden / vnnd reichthumb getriumphiert / so hat man von stundan auß Griechenland vñ andern orthen årtzt berüffen / welche des lebens vñ tods herrscher gewesen / vnd ist die sach in blindtheit gerahten (als dann auch heutiger zeit) daß sich ein jeder den ärtzten/so nur ein Titel vnnd kleidung eines artzts hetten/bald vertrawet/so doch inn keiner lugen grösser gefahr zu besorgen. Dieselben haben nun etwas newes herfür bringen wöllen vnnd von stundan die gärten artzneien zu taddeln vnd zu verachten angefangen/ auff dasselb hernach herrliche vnd prächtige Apotecken auffgericht vnd dieselben mit frembden vnd zuuor vnerhörten artzneien gefüllet. Es hat auch dise sach biß auff vnser zeit so weit eingewurtzelt/daß nu fast kein gassen nicht sein/in welchen dieselben nicht zu sehen / wirt also die schlecht artzney verachtet/ so kein grosse kunst / bereitung

oder

oder frembde vermischung bedarff. Dannenher es geschihet/ daß man die artzneien auß Persien/ Egypten/ India vnd andern weitligenden lendern holet/ vnnd vermeint/ es sey mit vns auß/ man helff vns dẽ mit frembden/ Barbarischen vnnd thewr erkauffte artzneien/ welche doch offt verfelscht vnd verdacht. So geschichts zum offtermalen daß ein klein gschwer vnd leichte kranckheit mit artzneien/ so von dem roten Meer oder newen Inseln herkomen/ muß geheilt werden/ so doch die waaren/ vnd gar nicht verdachte artzneyen vns für der nasen vnd ein jeder dieselb allenthalben mit füssen trit in gärten vñ velden. Ist aber das nicht ein thorheit/ vnd grosse blindtheit/

daß

daß man die frembde vnd auß-
lendische gewächß dermassen
annimmet / vnnd vnsere so bey
vns gewachsen verwirffet?
Sollen dann die herrliche ge-
wechß vnd artzneien in den gär
ten so verachtet ligen / als weren sie den bauch zu mestẽ oder
die augen zu erlustigen erschaffen? So raht ich nun / daß man
solche Artzneyẽ brauch so einem
jeden gewachsen / jm bekant / vñ
frisch vnd vnuerfelscht zu vber
komen sein / so offt es not thut.
Hab nun angezeigter vrsachen
halben diß Büchlin geschriben /
in welchem der weg angezeigt
gemelte gärtenkreuter zu brauchen. Man sol aber nichts
desto weniger auch die frembden simplicia oder composita
so recht bekandt vnnd außerlesen

sen sein / nit gantz vnd gar verachten vnnd die Apotecken vnnutz zu sein vermeinen / welche ich für nutz vnd gut halt vnnd lob / wo fern in denselbē gelehrte / erfahrne vnd trewe meister sein / welche mit rechten vnuerdachten vnd frischen materien gefast vnd wol bereit. Das sey nu gnug in dem anfang vnsers Artztgartens gesagt / welchen wir auff ein newe form außgetheilt / begerend aber niemandt an dieselbe gebunden haben / vñ mag ein jeder auß derselben gestalt jm selbs ein gleiche formieren / sey dennoch eingedenck / daß er nicht vnd mit einandern streitende Kreuter oder bäume beysam̃en pflantze / welchs jrer vil zuthun gewohnt. Hiemit sey Gott beuohlen.

Artzgarten
Des Weitberümpten vnnd hochgelehrten Medici/ Antonij Mizaldi auß Franck-reich.

Intemal ich mir allhie hab fürgenom-men/ nicht von dẽ esels schatten/ wie man sagt/ sondern von den artz-neyen der gärten kreu-ter zu schreiben/ welche/ alß allen versten-digen bewust/ beide armen vnd reichen/ jungen vnd alten nutzlich vnnd heilsam sein/ so hab ichs für gut angesehen/ wo ich diese meine beschreibung von dem ge meinẽ kraut/ lattich oder salat/ anfienge. Nicht aber/ daß ich in willẽs wer dasselb für alle speiß vnd gärten kreuter zu erhe-ben/ vñ für das fürnemst vñ nutzlichst zu achten/ wider die meinung Catonis vnd Plinij/ welche beide das kölkraut vnter al len gärten kreutern für das öberst vñ beste halten/ wie hernach zu melden/ sondern viel mehr auß dieser vrsach / dieweil ich weiß / daß der lattich ein gesundt vnd gut geblüt machēd kraut sey vnter allē gärten kreutern / welcher vrsach halbē es nicht vn billich ein gesegnet kraut / benedictū olus von dem hochgelehrtē artzt Auicenna genennet wirt. Man liset auch / daß dasselb wegen seiner tugent vnd krafft den alten dermassen gefallen hab / vnd mit solchem fleiß vnd sorgen gepflantzet worden / daß von demselben sich etliche auß dē hauß vnd geschlecht Valeria nicht geschempt habē lactucinos / das ist / Latticher zu nennē / wie Plinius schreibt. Das ist dz kraut / durch welches Keiser Octauian. in seiner langwirigen vñ zweiffelhafftigen kranckheit / auß rhat des fürtrefflichē artzts Antonij Musę / erhalten ist worden / welches halben jhm gemelter Keiser ein kupferin bild neben dē götzen Aesculapio hat auffrichten lassen / wie Suetonius schreibt. Daß sey nun gnug von dem lob des lattichs gesagt. Wollen deßhalbē seine krefft hernach beschreiben / vnd vnser gärtlin in seine plätz vnd bett außtheilen.

Der

Der erste platz des Artztgärtlins/welcher etliche speißkreuter in zehen Betten begreifft.

Der Lattich sampt seinen artzneyen.

Salat

Das erste Bett.

WIr nennen allhie speißkreuter/so auff Latein olera heissen/dieselbē gärten kreuter vñ pflantzen/welche nicht allein in den suppen und brühen gebreuchlich/denselben einen guten geschmack zu machen/sondern auch mit geringen kosten von den armen gekaufft oder gepflantzt und für speissen täglich genützt werden/es sey im salat/oder sonsten auff ein ander weiß. Dannenher spricht Horatius in der epistel ad Sæuam:

Si pranderet olus patienter, regibus uti
Nollet Aristippus: si sciret regibus uti
Fastidiret olus, &c. Das ist/

Wann Aristippo ſkraut gefiel/
Nach Königen er nicht fragte viel.
Solt er bey grossen herren sein/
Das kraut jhm nicht wurd schmecken fein.

Wir wollen aber die Grammaticos dauon lassen disputirn / was olus sey / auff welche weiß wir auch in vnser Teutschen sprach das wort kraut gebrauchen / deßhalben die tugent des Lattichs für vns nemen zu beschreiben / welch kraut (wie alle solches wissen/so die historien gelesen haben) bey den alten Römern dermassen in brauch gewesen/vñ für hoch gehaltē worden/nachdem der Keiser Augustus durch dasselb sein gesundtheit hat wid' erlangt/ daß man lieset/es sey in honigessig eingemacht vnnd durch den winter zum steten brauch gehalten wordē. Es ist ein sehr gesundes kraut / wie solches Columella bezeugt in seinē gärten versen / da er von dē selben/wegē des Keisers Augusti(welcher durch desselben brauch gesundt war worden)auff diese weiß redet:

Iamq; salutari properet lactuca sapore,
Tristia quæ releuat,longi fastidia morbi. Das ist/

Der lattich ist ein gute speiß/
Hilfft krancken auff/macht gesunden leib.

Der safft võ diesem kraut auff die stirn gesalbt/ macht schlafen/wie Florentinus schreibt/welcher auch sagt/daß der jenig/

der

der nüchtern lattich isset/kein trunckẽheit desselben tags empfindet/ vber das/ daß der lattich samẽ gestossen vnd getrunckẽ/ den außfluß des natürlichen samens vertreibt/soll deßhalben von den jenigen gebraucht werdẽ/ welchen stets im schlafen träume von ehlichen beyschlafen fürkommen/ wie man auch inn dem gemeinen verß pflegt zu sagen:

Semen lactucæ Veneris ludibria tollit,
Cum vino bibitum, fluxum quoq; comprimit alui.

das ist/

Mach lattich samen dir gemein/
So wirt dein traum nicht vnkeusch sein/
Auch trincke den mit reben safft/
So dich der bauchfluß plaget offt.

Es sagt auch gemelter Florẽtinus/daß der lattich vnter das bett gelegt / also das solches die krancken nicht wissen/sonderlich auff diese weiß/daß das kraut vor der Sonnen auffgang mit der lincken hand sampt d' wurtzel außgerissen sey/die krancken schlafen macht. Man kan mit disem kraut den schlaf auch auff dise weiß machẽ/wo man fünff bletter/oder drey / oder eines vnter das küssin heimlich legt/doch aber also/daß dasselb blat/welches vnten am stengel ist abgebrochen/zu den füssen: welches aber oben abgebrochen/zu dem kopff gerichtet sol sein. Es sagen auch die Griechischē geoponici/ daß die månner/ welche kinder zeigen wollē/sich hüten sollen von steten gebrauch des lattichs/ vnd denselbē auch nicht zu vil auff einmal essen. Denn solches soll nicht allein die fruchtbarkeit schwechen (deßhalben die Pythagorici dieses kraut εὐνούχιον/spadoniani/das ist/ ein ongeilmachend kraut/ genant haben)sondern auch verursacht/ daß auß den kindern/welche hernach geborn werdē/alß vnsinnige vñ vngeschickte leut werden/welche jhren elteren gar nichts nachschlagen. Vnsere artzet sagen auch/daß der lattich schlafend macht/vñ solch geblüt schaffet/welchs weder böß noch gantz vnd gar volkommen sey/dennoch aber viel besser alß von den anderen kreütern. Welches beides der hochgelert vnd weitberümpte poet Eobanus Hessus angezeigt in dem büchlein/ von erhaltung der gesundtheit/auff diese weiß:

Hor-

Hortorum lactuca decus, quia friget & humet,
Sæpe leues somnos conciliare solet.
Atq; vt corporibus reliqua omnia vincit alendis,
Sic viui succus sanguinis inde venit. das ist/

Des lattichs art ist feucht vnd kalt/
Sein steter brauch macht schlafen bald/
Gibt gut geblůt vnd nehret fein/
Drumb laß dirs wol befohlen sein.

Dannenher halt ich/sey es geschehen/ daß Galenus für allen andern speißkreutern dieses allein erhebt/ vnd sagt/ es geb ein gut geblůt in einem wol temperirten menschen/vnd die beste narung/alß sonsten kein ander kraut. Weiter ist võ jm zu wissen/ daß es den warmen mågen sehr nützlich vñ behilflich sei/sein steter brauch aber schadet deñoch den augẽ/vnd macht dieselben dunckel/wie wir bald sagen wollen. Hieher setz ich das auch/ daß es den keichenden/ vnd denen welche blut außspewen/item den pituitosis vñ kalten naturen grossen schadẽ thut. Vber das/daß sein vbermessiger brauch nit weniger gefehrlich sey alß des wützerlings. Wir brauchen im som̃er des lattichs mehr für ein artzney/alß für ein nahrung/ nemlich den leib damit zu feuchten vnnd zu erkelten. Dann sein natur ist kalt vnd feucht. Dieweil nun dem also / so kan sich niemandts verwundern / warumb die ärtzte sagen / daß dasselb ein gut vñ rein geblůt in vnserm leib mache / welches geschihet / wegen seiner substantz / so sich mit der vnsern vergleicht / dann es hat vast ein milchige vñ süsse substantz / ist vber das / recht außgekocht / verendert sich also leicht inn das geblůt / vnnd macht auch vil milchs. Diß kraut ist auch gut für die geschwinde vñ gefehrliche kranckheit / die man choleram nennet / dz ist das bauchgrimmen / da einer vil gelb wasser kotzet vnauffhörlich / wie solches der alte poet vnnd artzt Q. Serenus bezeugt mit diesen versen:

Noxia si penitus cholerae saeuire venena
Perspicies, cocta lactucae fronde leuabis:
Proderit & caules assumere saepe madentes.

Das ist /

Welcher das grimmen hat im Bauch /
Derselb gekochten lattich brauch.
Vnd gebeitzt kölkraut esse gern /
So treibt er diese kranckheit fern.

Es

Es sagen auch die ärtzt/daß Lattich den leib schlüpfferig macht/vnd die stulgäng fördert/welches deßhalben geschicht/daß seine feuchtigkeit vnd kelte die vbermessige hitz der leber miltert / welche sonstē den bauch vnd gedärm außzutrocknen pfleget/in dem sie die speiß vnd tranck zu hefftig vnd mit grosser eyl zu sich ziehet/ vnd in den leib außtheilet.

Daß solches gewiß vnnd bewert sey von dem Lattich/vnd er diese tugent hab/ den leib schlüpfferig vñ leicht zu machen/ das bezeuget auch Martialis mit diesem verß:

Prima tibi dabitur ventri lactuca mouendo
Vtilis.

das ist/

Der Lattich wirt zmahl fangen an/
Den harten leib er weichen kan.

Vnd in einem anderen ort:

Vtere lactucis, vel mollibus vtere maluis,
Nam faciem dudum, Phœbe, cacantis habes.

das ist/

Lattich vnd weiche pappeln brauch/
So wirst du han ein linden bauch.

Man sagt auch / daß dieses kraut das gesicht verdunckelt / wie zuuor angerürt / vnd den augen schadet / deñ es macht die augengeister oder augendünste dick / vnd zusammen getrungen / verdunckelt also den humorem chrystallinum / den spiegel des gesichts / welcher gar sauber vñ durchsichtig / schadet auch den geistern des gehirns / spiritui animali / von wegen seiner kelte / es sey dann / wo mit dem Lattich etwan andere kreuter einer warmen natur vermischt werden / oder mit einem trunck des besten weins solche kelte gemiltert vñ temperiert werde. Denn es schreibt Hippocrates / daß die kelte dem gehirn / dem marck im ruckgrad / den neruen / beinen vnd zänen sehr feind vnd schädlich sey / deßhalben es auch geschicht / daß der Lattich für ein schlaffmachend kraut gehalten wirt / wie auch oben gesagt / vnd Galenus solches mit seiner erfahrnuß bestetigt. Denn so sagt er: Es haben jhrer etliche diesen brauch / daß sie den lattich essen / ehe er zu einen stengel auffwachset / kochen denselben in wasser. Solches hab ich

ich jetzund von der zeit an/alß mir die zän verderbt sein worden / angefangen zu thun. Alß einer auß meinen freunden sahe / daß ich dieses kraut nun von meiner jugent an ståts gebraucht/ vnd aber dennoch ein verdruß schon daran hette / hat er mir gerhatē/ich solt dasselbe kochē. In meiner jugent aber / da ich vil des gelen wassers ståts im magen hatte/hab ich rohen lattich gebraucht / den magen damit zu erkelten. Alß ich aber anfienge schon alt zu werden / vnd vber die jungen starcken jar zuschreitē/so hat mir dieses kraut geholffen für das wachen / da ich des nachts nicht hab einschlafen können. Denn zu derselben zeit hab ich mir selbs den schlaf gemacht / welches ich zwar in meiner jugent nicht gethan / dasselbst aber thun müssen/weil es mir beschwerlich ware / wider meinen willen zu wachen. Solches wachen aber ist mir wiederfahren vmb zweyer vrsachen willen. Für das erst / daß ich mich in meiner jugent selbs der studien halben zu den wachen hatt gewehnet. Für das ander aber /daß sonsten die alten sehr geneigt sein zu dẽ wachen/ vnd nicht bald einschlafen können. So hab ich nun des abends in dem nacht essen/oder zu derselben stund/da ich in willens war mich zu bett zulegen/gekochten Lattich gessen/vñ ist mir ein gute artzney gewesen für das wachen. Bißher Galenus/auß welchem wir diese histori haben erzelen wollen/dieweil sie schön vnd nutzlich zu wissen. Die altẽ haben nicht im anfang des essens/wie bey vns gebreuchlich ist/den Lattich pflegen auffzustellen/ sondern auff die letzt/wie solches Martialis mit diesen versen beschreibt:

Claudere quæ cœnas lactuca solebat auorum,
Dic mihi cur nostras inchoat illa dapes?

das ist/

Der Lattich hat vor vnser zeit
Ein end des abendmahls bedeut/
Sag nun/Warumb zu dieser frist
Derselb des mahls ein anfang ist?

Welches nicht ongefährlich geschehen/ sondern es haben die alten jhre vrsach gehabt/warumb sie solches gethan. Denn der Lattich ist einer kalten vnnd feuchten natur/

Natur / vnd deßhalben wo man das essen mit demselben beschleust / so kan er desto baß den schlaf bewegen / vnd die auffsteigende dämpff des weins besser niedertrucken / auch der trunckenheit wehren vnnd widerstehen / so da wiederkehret von wegen der feuchtigkeit / welche dem gehirn wirt mitgetheilt. Zu vnser zeit aber wirt es für gesünder gehaltē / daß man im anfang des essens den salat esse mit essig / saltz vnd öl / vnd solches der vrsachen halben / daß man will den hitzigen magen erfrischen / vnd die entschlafen vnd von der hitz verlohren lust zum essen wieder erwecken / auch die hitz des geblüts in den aderen temperieren / sampt dem hitzigē hertz vnd leber. So ist nun kein wunder / daß man sagt / der salat wehre vnd wiederstehe der trunckenheit / vnnd vertreibe das hauptwehe (welches die Griechen mit einem feinen namen καρηβαρίαν nennen) der angebornen kelte halben. Denn er zertheilet vnd hindert die dämpff / die von dem vbermessigē trincken des weins auff gestigen sein / vnnd den kopff beschweren.

Solches hat der fürtreffliche poet vnnd artzt Q. Serenus auch nit verschwigen/ schreibt deßhalben auff diese weiß in dem tittel / wie man die trunckenheit artznen vnd vertreiben soll:

Quidam lactucæ huic credunt prodesse sapores.
Curandi modus hic, & suauis, & vtilis, idem est.

das ist/

Der Lattich safft gebrauchet wol/
Die trunckenheit vertreiben soll.
Das mag wol sein ein guter fund/
Der leib durch jhn wirt frisch vnd gesundt.

Dannenher/ halt ich/ sey es geschehen/ daß der Lattich von dem artzt Rufo Ephesio/ ἀκρεπάλη/ das ist/ vntruncken/ ist genennet worden/ dieweil er die trunckenheit hindert vnd das hauptwehe zertheilet / welches von dẽ wein verursacht war wordẽ. Doch aber ist zuwissen/ daß man denselben nicht zu vil brauchen soll/ denn er löscht sonsten die flam der ehlichen lieb auß/ wie wir solches auch zuuor gesagt. Es sollen deßhalben die jenige/ welche im ehestand leben / des Lattichs nicht viel essen/ es sey denn/ wo seine kelt mit andern kreutern einer warmen natur / alß mit senff/

senff/kressen / müntz/meioran/vnnd deßgleichen / gedämpfft vnnd geschwecht ist worden / oder daß man etwan den besten wein darauff hab getruncken. Welche aber im celibat leben/alß die priester/münche/Nonnen vnd andere Closterleut/ dieselben mögen gemelte kreuter außlassen/ jhr keusch leben damit zu erhaltẽ/ welchs dann der Lattich offt gebraucht/ zu thun pflegt. Man soll deßhalben des Lattichs mit gutem rhat brauchen/ vnd zuuor ein jeder sein natur vñ temperament betrachten. Es hat Callimachus durch ein verblümbte dichtung nicht vnrecht geschrieben/daß die abgöttin Venus jhren buler Adonin inn dem Lattich hab verborgen. Hat dardurch verstanden/wie Atheneus sagt / daß die jenige zu den ehlichen wercken faul vnnd schwach sein/ welche stäts des Lattichs gebrauchen. Es mögen deßhalben die weiber auffsehen/daß jre männer desselben nicht zu viel essen. Allhie will ich nicht verschweigen ein bewehrt experiment/ welches mir offtmals ist wol gerhaten für die weissen flüß der weiber.

Es wirt aber auff diese weiß gemacht: Nim Lattich samen / laß dieselbe beitzē in dem wasser / da ein stahl außgelescht worden / trucke nachmals den safft auß / thu klein gestossen pulver võ helffenbein darzwischen / vnnd brauche das für gemelte kranckheit. Ich will auch allhie nicht verschweigen / daß der Lattich samen gestossen / vnnd in einer brühe getruncken / das wachen vertreibt / wann einer nicht leicht kan einschlafen. Item seine bletter in gersten wasser gesotten vñ getruncken / mehren die milch wunderbarlich / wo hernach die brüst mit linder hand geiuckt werden. So zeiget auch Galenus an / daß man den Lattich safft mit essig vermischē soll / vnd mit demselben den kopff verbinden / wann jemandts derselbe wehe thut von der hitzen wegen. Man braucht auch die bletter zu den hitzigen schäden / vnnd für den brandt / auff dise weiß. Man muß die bletter wol zerstossen / vnnd ins brot verwickeln / das auff den schaden legen / vnd offtmals verendern / damit solch pflaster darauff nicht erwärme noch erharte.

Aber

Aber daß sey nun genug gesagt von den artzneyischen krefften des Lattichs. Will deßhalbē auffhören daruon mehr zu schrei ben/wo ich auff die letzt noch dieses werde angezeigt habē/ daß der Lattich entwed' in der speiß gebraucht/od' außwendig auffge legt/so wol die inwendige alß die auß wen dige hitz miltert vnd außzulöschen pflegt. Solches hat Antonius Musa/des Keisers Augusti leibartzt wol gewust/hat deßhalben/da sonsten kein artzney helffen wolte/ dem Keiser gerhaten (welcher von erhitzung wegen der leber mit einem fährlichen fluß von haupt schwerlich bekümmert war gewesen)daß er den Lattich brauchen solt/ wie auch oben gesagt. So ist der Keiser mit desselbē hilff widerumb gesund worden/vnnd dannenher der Lattich vertrümpt/vnd gleich alß geadelt worden.

Das Köl oder Kabß kraut/ sampt seinen artzneyen.

Das ander Beth.

ES ist mir nicht vnbekant/ daß M. Cato/der beste ohn allen zweiffel ackermann (welcher nicht allein ein gelehrter mann gewesen/ sondern auch zu Rom triumphiert hat/vnd ein schatzmeister gewesen/welches ampt die Latini Censuram nennen) das kölkraut allen andern speißkreutern vorgezogen hat / vnnd daß auch Plinius dasselbe für das fürnemste garten kraut gehalten. Vber das/daß es Pythagoras auch für allen gepreiset/ vnd daß Chrysippus / ein berümpter artzt / ein eigen bůch von demselben geschriben hat/ welches er durch alle glieder des leibs geführt hat/daß auch Cato seine tugent vnd krafft/ welche zu den artzneyen gebraucht werden/dermassen dem Römischen volck angezeiget vnnd fürgeschrieben / daß die statt Rom vil jar ohne allen artzneyen hat gesundt leben können. Wiewol nun dem also/ doch hat mich solches nicht bewegen mögen (wegen der oberzehlten vrsachen) daß in dieser histozy der gärtenkreuter das Kölkraut voz dem Lattich solt beschrieben werden.

Das Kabßkraut hat von wegen seines grossen stamms vnnd breiten bletter voz allen kreutern diesen namen bekommen/daß es Caulis/ das ist/so viel alß ein sten-

stengel/bey den Latinis wirt genennt/von welchen das Teutsche wort Kol auch här kompt. Wollen jetzt seine artzney beschreiben/vnd den anfang nemen von etlichen alten experimenten/ welche M. Cato beschrieben hat. So sagt nun gemelter Cato von denen / so tröpflicht harnen / oder mit den harnwinden bekümmeret sein / auff diese weiß: Nim Kölkraut/thu das in ein siedend wasser / laß darinnen sieden / biß es halb gekocht sey / geuß nachmals das wasser ab/doch nicht alles/thu darzwischen öl vnnd saltz/ vnnd ein wenig kümmel/ laß ein wenig sieden / supffe hernach das kalt brülin daruon / vnd isse auch das kölkraut selbst/thu solches etliche tag nach einander:

Es legt gemelter Cato auch auff alle geschwulst vnd offene schäden / auch auff die alten/ gestossen Kölkraut: aber das jenige/welches ein kleinen stengel hat/vnnd kleine bletter (die gelehrten nennen dasselb Cramben) Reinigt auch vnnd heilt mit eben dieser artzney den krebs/ welches kein ander artzney thun mag/ wie er schreibet. Doch eh er das kraut aufflegt/ so wäschet er daſſelb mit viel warmen waſſer / oder warmen wein (wie Macer ſolches liſet) legt es demnach geſtoſſen des tages zwey-mal auff den ſchaden. Braucht auch dieſe artzney für die verrenckte vnnd geſchlagen glieder / vnnd für die geſchwer vnnd krebs der weiber brüſten. Mag der offen ſcha-den oder geſchwer die ſchärffe des krauts nicht leiden / ſo miſchet er gerſten meel da-runder / vnd legts alſo auff.

Es zeiget auch gemelter Cato an / daß das zipperle oder geſücht / an den gelenckē durch kein and' ding ſo wol mag gedämpf fet werden / alß mit rohem kölkraut / wann daſſelb zerhackt mit rauten vnd coriander wirt geſſen / oder mit ſaltz vnd gerſtenmeel vermengt / vnd zu rechter zeit auffgelegt. Solches hat der poet / ſo von den kreutern geſchrieben / auch nicht verſchwigen / vnd redet davon alſo:

Hordea quam lederint cauli miſcere farinam,
Idem præcepit, rutam quoq; cum coriandro
Et ſale permodico: ſic omnia mixta terendo
Apponi dire docuit cataplaſma podagræ.
Hoc etiam morbo medicabitur articulorum.

das iſt /

Es hat der alt Cato geſagt /

Wann

Wann jemandt das podagram plagt/
Der misch mit gersten mehl den köl/
Saltz/coriander vnd rauten wol.
Zerstoß diß alles/mach hinfort
Ein pflaster/leg das auff den ort.
So wirt das podagram geheilt/
Auch zipperle mit gleichem Bescheid.

Hört jemandts vbel (sagt noch vorgemelter Cato) der zerstoß Kölkraut mit wein/truck den safft auß/vnnd treiffe denselbẽ warm in das ohr/ so wirt er bald wol hören. Ist melancholey vorhanden/ sind die miltz geschwollen / thut das hertz weh/ die leber / lungen oder gedärm/ solches alles wirt geheilt /mit einem wort zu sagen/ von dem kölkraut/was nur inwendig des leibs ein schmertzẽ bewegt. Welcher mehr will wissen von der krafft des Kölkrauts/ der lese das büch Catonis von dem Ackerbaw / da wirt er finden / das jhm gefallen mag. Hie kan aber einer sagen / Ja der meiste theil vorgemelter artzney kan nicht auff vnser garten köl gedeutet werdẽ / von welchem die ärtzt zu vnser zeit zweiffelhafftig sein. Die vrsach wirt anderswo angezeigt werden. Will jetzt weiter schreiten/ vnnd die geoponicos für hand nemmen.

Diese schreiben/ daß das köl gesotten vnd mit süssen wein getruncken / den weiber fluß der monden zeit außführet. Item/ daß sein safft mit dem besten honig vermischt/die augen heilt/ wo man mit demselben die augen winckel salbet. Hat jemandts gifftige pfifferling oder schwäm gessen/dem wirt geholffen/wo er den außgetruckten kölsafft trinckt. Sie sagen auch / daß der leib viel nahrung daruon empfahet / dermassen / daß man gemeinlich glaubt / die kinder wachsen eher auff/ welche das kölkraut essen. Der safft mit weissen wein xj. tag lang getruncken/ heilt die miltz vnd geelsüchtigen/wie Paxamus schreibt. Sagt auch/daß das Köl mit runden alaun(so inn essig zuuor gebeitzt worden sey)vermischt/ die raud vnd aussatz reinigt. Wann das aber gesotten vnnd gessen wirt/so machts ein gute stim/vnd heilt der keelen gebrest. Deßhalben pflegen die jenige solches kraut gern zu essen / welche ein gute stim haben vnd behalten wöllen. Die bletter vnnd sein samen mit Meisterwurtz(Silphio)vnnd essig gesotten vnnd auffgelegt / heilt den biß eines wütenden/

oder

oder auch andern hundes. Vnd wo es jemands widerfüre/daß jm von der schnuppen das zäpflin im halse in die gurgel fiele/der leg den safft von einẽ rohen kölkraut auff den kopff/ so wirt das zäpflin wieder zu seinen ort auffrucken. Vnd soll das für ein sonderlich geheimnuß vnnd secret der natur gehalten werden. Biß hieher die Griechischen geoponici/die von dem ackersbaw vnd bawren gewerb geschrieben haben. Die medici stimmen inn dem vber eins/vnd sagen einhellig/ daß das köl offt inn der speiß gebraucht/ ein melancholisch geblüt schaffe/vnd dasselb zu vberflüssig mehre. Sein substantz beschädigt auch dẽ mund des magens/vnd vertunckelt das gesicht/ wie wir hernach sagen wöllen. Soll deßhalben von der zal der gesundten speissen außgeschlossen / vnnd nicht braucht werden/man hab denn kein ander besser speißkreuter/dz mans also notturfft halben müste brauchen. Sein roher safft mit wein getruncken/ ist gut für die schlangen biß/vnd derselbe mit bocksohorn mehl vermischt vnd auffgelegt/ soll ein bewehrt artzney sein für dz podagram vñ zipperle.

Es hilfft auch gemelter safft den vnreinen vnd alten schäden / doch vnuermischt / reinigt auch das haupt inn die nasen gestossen / treibt letzlich die weiber zeit mit lilchmeel vermischt / vnnd an die gemächt gelegt. Die bletter für sich selbst auffgelegt / oder mit gersten mehl gestossen / sind gut für die entzündung vnnd geschwulst: sind sie aber mit saltz vermengt / so brechen sie den carfunckel vnd wehren dem außfallen des haars. Eben dieselbe rohe bletter mit essig vemengt / sind gut dem miltzsüchtigen / vnnd wo sie mit honig gesotten sein / so ist jhr artzney gut für böse vmb sich fressende schäden vnnd für das faule fleisch. Die grüne stengel sampt der wurtzel verbrennet / vñ mit altem schweinen schmaltz verwicklet / miltern das langwirig seiten wehe. Solches hat der poet auch gewust / vnd in seinẽ Kreuterbüch nicht verschwiegen / denn also spricht er:

Cum veteri pingui cineres caulis bene triti,
Prosunt ad veteres lateris, coxæq; dolores.
Sit licet hæc vilis, tamen est medicina salubris.

das ist /

Alt schmaltz vnd asch von gebrentem kol /

Zer-

Zerstossen vnd vermischet wol.
Der seiten vnd auch hüfften plag/
So lang hat gwehrt/thut wenden ab.
Das ist ein leichte artzney zwar/
Ist doch bewehrt/das glaub fürwahr.

Will jemandts den feuchten magen außtrocknen/ der neme kölkraut/lasse daßselb bey dem fewer ein wenig sieden/geusse nachmals das vorig wasser ab/vnnd thu von stundan einander warm wasser darein/koche also widerumb das kraut/biß mürb vnnd welck werde: solches geschihet nicht/wann man das kölkraut/stulgäng zu machen gebraucht. Dannenher halt ich/hab jener verß inn der Salernitana schola sein vrsprung genommen:

Ius caulis soluit, cuius substantia stringit.

Das ist/

Die Brüh des Köls/wie man sagt/
Die harten leiber offen macht.
Sein substantz hat ein ander krafft/
Zeucht zsammen/alß ein herber safft.

Dieses alles vnd noch mehr hat Eobanus Hessus mit diesen versen künstlich begriffen vnd fein beschrieben:

Braßica ventris onus bis cocta, comestaq; sistit,
Sed semel & modicè cocta, resoluit idem.

Profuit hanc succo conspergere pinguis oliuæ.
Lac auget, multum seminis esse facit.

das ist/

Des zweymal gsotten krauts iss vil/
Das kan den bauchfluß halten still.
Ists kraut nicht wol gsotten/alßdann
Den harten Bauch es öffnen kan.
Besprengs mit öl/das ist vast gut/
Daß milch vnd samen mehren thut.

Ich will allhie nicht verschweigen/daß ein jedes kölkraut/wie oben gesagt/den augen sehr schadet. Es sollen deßhalben die jenige desselben sich enthalten/ welche des nachts wachen vnd studiren. Es gibt ein geringe nahrung/macht schreckliche träume/wegen des melancholischen saffts/welchen der köl/wie obgesagt / im leib verursacht. Weiter ist auch wol das wirdig zu wissen/daß man vorzeiten das kölkraut zu Athen den kindbetterinnen hat gepflegt in der speiß fürzustellen / vnnd gemeint/es vertreibt alle gespenst vnd gifft/wie Atheneus schreibt. Es sagt auch Suidas/daß die alten vorzeiten inn den malzeiten den köl gebraucht haben / doch welcher zum andermal gesotten war worden/ dermasken/daß er ein vnwillen bewegt hat. Dannenher hat das sprichwort bey den Griechẽ sein vrsprung/daß man sagt/δὶς κράμβη θάνατος. Der zweymal gekochte köl sey der todt. Es hat das kölkraut ein sonderliche krafft wider die trunckenheit/denn es hindert nicht allein/daß einem die vollheit nicht schade/ wann man dasselb vor dem essen oder nach dem essen hat braucht/ sondern zertheilt auch vñ vertreibt das hauptwehe/ welches von der trunckenheit schon entstanden. Will allhie auß vielen nur zwen zeugen anziehen / die solches / was jetzt gesagt/bestetigen. Der erste soll M. Cato sein / ein fürnemer vnnd gelehrter mann in allen sachen/ wie Plinius schreibet: Ist jemandts inn willens/sagt er/ ein guten trunck zu thun auff einem mahl/ der esse rohen köl mit essig vor dem nachtessen/so vil jhm geliebt: vnd esse auch nach dem nachtmahl fünff bletter/das wirt jhm so geschaffen machen / alß hette er nichts gessen noch getruncken / vnnd wirt so vil mögen trincken alß er will. Der ander zeug ist Cl. Galenus/welcher von dem köl kraut so schreibet: Die bletter von dem köl in warmen wasser gebeitzt/ vnnd vmb den kopff gebunden / wehren die trunckenheit auß angeborner eigenschafft / dieweil das kabskraut ein wunderbarliche feindschafft hat mit dem wein / wie Agrius meldet bey dem M. Varrone. Dannenher hat Atheneus nicht ohne vrsach gesagt/ Daß inn den weingärten / inn welchen das kabskraut stehet / ein schwacher wein wachset. Ein solche schädliche feindschafft hat dasselb mit dem Vatter vnnd Sohn / das ist/ mit den weinreben vnnd dem wein. So schreibt auch Theophrastus / daß ein lebendiger rebstock durch den geruch des köls vertrieben wirdt/ das ist/verdorben. Vnd Plinius/ daß der wein inn dem faß durch den schmack vnnd geruch des köls verderbe / werd aber widerumb zu recht gebracht / wann mangold bletter inn den wein geworffen werden. Auß welcher vrsach der weiß mann Androcydes (wie vorangezogner Plinius schreibt) bewegt worden zu gedencken / daß der köl wider die trunckenheit krefftig sey. Es haben auch die Aegyptier eben dieser vrsachen halben (wie Suidas vnnd Atheneus schreibet)

bet) für allen jhren essen ein gekocht kabs kraut gepflegt auffzustellen / vnnd solches das erst gericht zu machen inn jhren malzeiten / den wein also gedämpffet / welchen sie nicht versaumpt haben / wann sie zusammen sind kommen. Den Aegyptiern haben vnter andern völckern / sonderlich die Teutschen nachgefolgt / vnd diese gewonheit behalten. Denn inn Teutschlandt ists auch gebreuchlich / daß man das kabskraut im anfang des essens / vnd bißweilen nach dem essen fürgestellet / die trunckenheit dadurch zu hinderen / vnnd die dämpff des weins abzuwenden / welchen die Teutschen mit so geneigter hand zutrincken / alß sie denselben auch selbs vnuerdrossen außtrincken / können sonsten ander arbeit wol leiden / den durst aber gar nicht. Auff diese meinung hab ich vor etlichen jaren mit meinem guten freundt Geruase Marstaller auß Brißgaw / gescherzt / vnnd jhm diesen verß zu sagen gewohnt:

Germani varios norunt tolerare labores,
O vtinam possent tam bene ferre sitim.

Das ist /

Ein Teutscher leidet manche noht /

An arbeit kein verdruß nicht hat.
Wolt Gott/er könt durst leiden auch/
Wer das sauffen kein gmeiner brauch.

Was noch vbrig ist zu sagen / das ist wol zu mercken. Die asch vnnd die gesotten brühe von dem kabßkraut reinigt das haupt von dem haupt / wann es mit gemelter brüh vnnd aschen wirt gezwaget. Item ein warm brühlein von kölkraut auff den brüsten gehaltẽ / mehrt die milch. Vber das/die äsch mit einem eyweiß vermischt / heilt den brandt/ vnd das wasser/ welches auß dem stengel des köls/ wann es brennet/tropfft/vertreibt die newe flechten nicht anders / alß auch die rind von Mengelwurtz gekewet vnd auff die flechten gesalbt. So wird auch ein gute artzney gemacht für die hitzige flüß der augẽ/ wann man das kölkraut nimpt/ zerknütschet dasselb / vermischt es mit einem klein gemahlen gersten mehl vnd legts auff die augen. Item nim gekochte kölbletter/zerknütsch dieselben / thu essig trüsen darunder/zwey rohe eyerdotter sampt einem wenig rosen öls / vermisch alles wol durcheinander/ vnnd laß warm werden/ so hast

du

du ein bewehrt experiment für das podagram / solt aber eingedenck sein/daß solch pflaster offt verendert vñ immer ein newes darauff soll gelegt werden. Dieses kölkraut soll auch für sich selbst od' mit schweinen schmaltz gestossen/treflich gut sein für die harte entzündunge/phlegmonas vnnd rotläuff / auff diese weiß: Man salbt den schaden mit rosen öl / vnd die gemelt matery wirt gestossen pflasters weiß auffgebunden.

Nun halt ich / sey nichts mehr vberig/ was in dieser histozy von dem köl solt weiter gesagt werden/außgenom̃en das grosse wunderwerck der natur/welches ich allhie beschreibẽ muß/ nemlich daß diß kraut (von welchem die weinreben verderben/ wie oben gesagt) dem sewbrot (cyclamino) vnd den dosten feind vnd zu wider ist/also daß es verdorret / wo diese kreuter neben jhm wachsen. Ein solchen angebornen vnnd heimlichen haß haben diese kreuter wider einander/ nicht anders alß auch der köl den weinstock hasset / vñ herwiderumb der weinstock den köl. So ist kein wunder/ daß wo jemands auff den auffwallenden vnd kochenden köl / ein wenig guts weins tropffet / so kocht derselb nicht weiter/sondern verliert seine krafft vnd farben/vnnd verdirbet / wie Paxamus schreibet / einer auß den Griechischen geoponicis. Auß welchen allen wol mag verstanden werden/daß die jenige / welche vil weins trincken wollen/vnd das feld in dem sauff gestech behalten / rohen köl für den anderen speissen essen sollen / daß sie nicht / wie oben gesagt/ truncken werden. Es schreibt Gulielmus Grataroius / daß solches ein gelehrter mann inn seiner gegenwart hab probirt. Denn alß derselb auff der malzeit ware / hatt er allen denen /.so jhnen zu getruncken/guten bescheid können thun/dieweil er zuuor ein bletlin von einem rohen roten köl hatte eingenommen.

Das sey nun gnug von dem köl gesagt/ wo ich noch dieses hindan werd gesetzt haben/ daß derselb köl / welcher in dürren orten wechßt/ ein sehr jrdische vnd zusamen ziehende natur hat/ welcher aber inn warmen vnnd feuchten orten wachset/ der hat gar ein andere natur. Item daß der rettich / welchen die Græci auch κράμβην nen-

nennen/ eben solche krafft hat/alß der köl. Wie wir solches inn seinem ort weiter beweisen wollen.

Garten epfich/oder petersilge sampt seinen tugenten.

Das dritte Beth.

DIß kraut wirt bey den gelehrten apium satiuum genennet/ bei den Græcis σέλινον / gemeinlich aber Petroselinum / vnd bey den Welschen du persile. Wollen nun allhie nach dem köl seine tu gent vnd kräfft beschreiben/welche zu mancherley kranckheitē im brauch sein. Es sagt Florentinus in seinen Georgicis/ daß der epfich mit brot pflasters weiß auff gelegt/dē rotlauff heilt/welches ein kranckheit/so bey den gelehrten sacer ignis heist. Sein gesotten wasser aber treibt den stein auß/innwendig oder außwendig gebrauchet. Item/ daß seine bletter vnnd wurtzel ein gute artzney seyen für das tröpfelechtes harnen vnd krancken nieren. Solches hat auch der poet/ welcher die kreuter beschreibt/ auffgezeichnet / da er von diesem kraut so saget:

Prouocat vrinas hæc cruda comesta, vel hausta,
Sed mage radicum faciet decoctio sumpta:
Hoc itidem semen operatur fortius haustum.

das ist/

Der rohe epfich treibt den harn/
In speiß/auch tranck gebrauchet warm/
So ist die gesotten wurtzel gut/
Vnd noch vil mehr der samen thut.

Es sagt Florentinus weiter/ daß die blawen massen vergehen vñ die vorige farb wider gebracht werde / wo dieselb mit dem gesotten wasser vom epfich samen geartznet werden. Sagt auch daß man die harten dutten mit dē epfich blettern weichen kan/ wo man dieselb zerstost vnd aufflegt. Plinius schreibt/ daß der epfich samen mit eyweiß vermengt vnnd auffgelegt/ oder mit wasser gesotten vnnd getruncken/ ein gute artzney sey für die nierē brest. So auch wo man denselben in kaltem wasser zerstosset vnd gebrauchet / so soll er die geschwer im mund vertreiben / wirt er aber mit altem wein getruncken / so bricht er den blasenstein / welche krafft auch die wurtzel hat.

Eben

Eben diesen samen gibt man auch dē gelsüchtigen in weissem wein / vnnd solchen frawen/welche zu jrer gewissen zeit nit gereinigt werdē. Sein gesotten wurtzel/oder auch der salat darauß gemacht mit essig vnd öl soll man nicht des winters/im lentz vnd vmb das end des herbsts alß des sommers brauchen. Vnnd solches im anfang des jmbiß oder nachtmals. Denn sie ziehen die humores von den öbersten glidern des leibs hinunder/ führen also dieselben auß den leib vnd machen harnen.

Allhie ist auch das wol wirdig zu wissen / daß der garten epfich nicht allein den nieren bresten behilfflich sey/sondern auch für das bauchgrimmen/die colica/ vñ andere kranckheiten gut ist / welche von den blästen verursacht worden / so kein außgang haben vnnd auß dem leib nicht fahren können. Item/daß der epfich safft mit honig getruncken / das gerunnen blut im magē durch das kotzen außwerffen macht. Vnd sein samen in essig vnd wasser gesotten/bewegt den harn/vnd fürt jn auß dem leib. Das kraut aber selbs gestossen vnd inn das gemächt der weiber gelegt/ zeucht die frucht von der mutter auß / sampt der andern geburt. Wirt aber der safft von dē kraut getruncken / solches reinigt von der mutter die vberflüssige feuchtigkeit.

Dioscorides meldet kein gewisse kranckheit / zu welcher der epfich oder petersilg gut wer / sagt allein / er sey ohn vnterscheid für alle inflationes / das ist / bläst vnd winde im leib / nutzlich. Denn so schreibt er gar kürtzlich Soluit inflationes / vertreibt die bläst. Doch nichts desto minder spricht er / daß der petersilg sehr krefftig sey für die colica / welches ein kranckheit ist inn den gedärm. Item für das magenweh. Denn so sagt er / der petersig ist ein artzney für dē magen vnnd bläst der gedärm vnnd das bauchgrimmen.

Galenus stimmet vbereins mit Dioscoride / vnd sagt weiter / daß der petersilg dem mund gefellig vnd lieb sey. Plinius sagt / daß gemelter petersilg in das wasser gelegt / vñ mit demselben eingesotten / dem wasser ein guten geschmack gibet / vnnd lieblich macht zu trincken.

Epfich safft in einē bißlin weissen brots auffgefangen / vnnd auff die geschwollen

augen

augen od' brüst gelegt/ heilt die geschwulst. Solchs hat auch der poet nicht verschwiegen vnd sagt also vom epsich:

Illius succo si candida mica terendo
Panis iungatur, oculis sedare tumorem
Dicitur, emplastri, noctu, superaddita more:
Sicq́; ferunt mammis prodesse tumentibus illam.

Das ist/

Der epfich safft vermengt mit Brot/
Vertreibt der augen geschwulst vnd noht/
Auff sie glegt pflasters weiß des nachts.
Die gschwollen Brüst solchs heil auch macht.

Es hat Chrysippus der artzt vnd Dionysius gemeint/ daß kein geschlecht des epfichs (weder das männle noch weible) in der speiß soll gebraucht werden (wiewol es zu den zeiten Plinij gar breuchlich gewesen/ wie auch bey vns/ daß der epfich in den suppen in grosser menge geschwummen/ vnnd denselben ein sonderlichen geschmack gemacht hat/ wirt deßhalben von dem Theophrasto εὔοσμον genennet / das ist / wolriechendt) denn sie sagen / der Epfich sey den trawrigen mahlzeiten zugeeignet/ welche man pflegt zu halten/ wann jemands gestorben ist. Oder/ wie Plutarchylo schreibt/daß die gräber mit epfich gekrönt sein wordẽ. Dannenher hat das alt sprichwort sein vrsprung / daß man sagt/ Apio indiget/ Es ist jme epfich vonnöten/ von einẽ sterbenden/an welchẽ man schon verzweifflet hat. Aber das dient nichts zu den krefften des epfichs. Man sagt/daß in dem stengel des weiblins würmle wachsen/vnnd es glauben etliche/ daß welcher dieselbẽ isset/der werd vnfruchtbar / es sey weib oder mann. Auch daß die kinder die schwere kranckheit bekommen / welche nach dem epfich essen die brüst gesogen haben. Doch sagt man / das männle sey nicht dermassen schedlich/wie Plinius schreibt/ sich verlassend auff die zeugnüß vnd meinung der alten. So ist nun kein wunder/ daß die ärtzt zu vnser zeit auß rhat des Auicennæ den fallendsüchtigen den epfich verbieten vnnd sagen / daß derselb die gemelte sucht bewegt / vnnd verursache das anstossen.

Auch ist kein wunder/daß die Griechen den seugammen vnd schwangern frawen/ auch kindbetterinnen epfich inn der speiß zu gebrauchen verbotten haben. Wiewol

es

es auch ein andere vrsach mag haben/warumb solches geschehen sey / nemlich daß der epfich außtrocknet / die milch mindert vnd die jenige so jhn essen/geil machet.

Es schreibt Celsus / daß der epfich ein zu ruck treibend vnnd kalt machend kraut sey / sagt deßhalben / daß derselbe mit öl vermischt die hitzigen feber vertreibt / wo man den leib mit dieser vermischung salbet/welches jhrer viel mit grossem nutz versucht haben / wirt auch von dem poeten Sereno beschrieben auff diese weiß:

Sin autem calidæ depascent corpora febres,
Tunc apij succus leni soluatur oliuo,
Membra line, fotuq; ferus mulcebitur ignis.

das ist/

Hat dich ein feber gestossen an/
Der epfich safft dir helffen kan.
Misch drunder öl mit gutem fleiß/
Vnd salb dich/so vergeht der schweiß.

Will schon auffhören von den krefften des epfichs zu sagen / vnnd nur das hieher setzen/daß der epfich die krancke fisch in dē teuchen oder weihern erquicket vnd frisch machet. Auch daß ein frischer vnd grüne epfich gekewt ein guten athem macht/ daß einem der mund nicht stincke. Solchs wissen die gemeinen metzen auch/ essen stäts epfich/ vnd tragen den bey sich/ wollen damit den gestanck vertreiben/ vnd ein guten athem bekommen.

Diese histori von dem Epfich hette ich schier beschlossen / da kommen mir drey ding in sinn. Das erst/ daß man den Epfich nicht essen soll / wann man sich vor ein scorpionen biss besorgt/ wie solchs Albubater anzeigt / da er an den könig Almansor schreibt. Das ander/ daß die köche des essigs / vnd die weinschenck des weins schweren geruch mit Epfich vertreiben / wie Plinius schreibt. Das dritte/ daß bey den herbarijs/ Petroselinum/ Hipposelinum/ Eleoselinum / Oreoselinum/ vnnd Wilder epfich/ apium rusticum/ so gleiche kreuter sein / vnd mit gleichen kräfften begabt/ daß vast eines für das ander genommen vnd verstanden wirt. Was das Hipposelinum anbelangt / das wirt von dem Gaza auff Lateinisch Equapium genennet/ das ist / pferdeppich/ nicht von wegen der grösse/ wie etliche gemeint haben/ sondern

dern daß die pferd dieses kraut gern essen vnd gesundt daruon werden. Solchs hat Homerus auch gewust/ vnd schreibt deß- halben nicht vnrecht / daß Achilles den müssigen pferden der legaten/so von dem Vlysse vnd Phoenice zu jhn geschickt waren wordē/wilden eppich (palustre apium/ oder eleoselinum/paludapium) hab fürgestellet. Plutarchus zeigt vrsach an / warumb solches geschehe / nämlich daß die pferd / wann sie von der gewönlichen arbeit müssig sein / böse bein vberkommen/ vnd sagt / daß der Epfich die beste artzney sey für denselben bresten. Allhie wirt Eleoselinum vnnd Hipposelinum für ein kraut gehalten / von gleichheit wegen der kräfften vnnd tugenden. Biß hieher von dem garten Epfich vnd Petersilgen.

Burtzelkraut sampt seiner tugent. Portulaca.

Das vierte Beth.

DAS Burtzelkraut ist eines auß den garten kreutern/ wirt vast in alle brühen zu seiner zeit eingeworffen / vnd fengt das essen an bey reichen vñ armen mit öl/ saltz vnd essig vermengt. Ist ein kalt vnnd feucht kraut / heilet deßhalben die hitzige flüß/biliosas fluxiones: denn es verendert die hitz/vñ keltet/auff welche weiß es auch die hitzige feber vertreibt. Solches hat der poet auch gewust/da er also geschrieben:

Humida vis eius, & frigida dicitur esse.
Vnde iuuat febrem, quam dicit Græcia causum.
Trita super stomachum viridis si ponitur herba.
Præstat idem succus si sumitur, herbaq; mansa.

das ist/

Das Burtzelkraut ist feucht vnd kalt/
Vertreibt das hitzig feber bald.
Legs grün gestossen auff den Bauch/
Trinck den safft/vnd iß dskraut auch.

Wenn einem die zän eilig sein/von sawern/herben oder kalten speissen/ oder träncken/ der eß nur Burtzelkraut/so wirt jhm besser/es heilt auch den rotlauff/bricht die geiligkeit / vnnd vertreibt die schreckliche treume/ lindert das hauptweh/ so von der sonnen entstanden ist / mit rosen öl an die stirn gesalbet / wirt auch mit gersten müß nutzlich auff die offen schäden vnd solche

wun-

wunden gelegt / bey welchen zu besorgen / daß der kalte brandt darein wirt schlagen. Man legts auch nutzlich auff die bäuch der kinder / wann jhnen die näbel fallen. Item / es sterckt die bewegige zän offt inn der speiß gebraucht/vnd sein safft heilt die geschwer des munds vnd der mandel im halse. Treibt auß dem leib die spülwürm / gesotten / oder sein distilliert wasser / vnnd heilt die rote rhör inn wein getruncken. Dannenher saget der vorgemelte poet:

Mansa vel hausta potest nimium restinguere fluxum
Sanguinis, & ventri nimium cohibere fluorem.

das ist /

Wann dir die rote rhör thut bang /
Brauch Burtzel in der speiß vnd tranck.

Leontinus / ein Griechischer authoꝛ einer auß den Geoponicis / schreibt / daß ein Burtzel blat den durstigen vnter die zungen gelegt / den durst vertreibt / vnd wann man die wartzen ettliche tag darmit salbet / so vergehen sie / welches auch Plinius nicht hat verschwiegen. Dieser schreibt auch / daß die entzündung der brüst / vnnd des podagrams mit Burtzel safft vnd honig oder kreiden geheilt mögen werden.

Welche ein kalten magen haben / die sollen den burtzel mit müntz/ fenchel/oder deß gleichen kraut einer warmen natur schwechen vnd corrigiren.

Weiter ist zu wissen / daß der Burtzel mit gersten mehl gestossen/vnnd vnter die rippen auff die leber gelegt / alß ein wunderwerck die hitzigen feber lindert. Item/ daß er mit honig vermengt/ gekewet/ vnd im mund gehalten / die scheme vnd mund geschwer heilet.

Auch daß sein gedörte wurtzel mit honig zerstossen zu einer salben / gut sey für die spaltung der liffzen/ vnd ander glider. Auch wirt der schmertzen der offen schäden vnnd wunden gestillet / wann man Burtzel mit öl vnnd gersten müß jhnen aufflegt.

Burtzel gekocht/wirt für krefftig gehalten wider den blutfluß/vnd die hemorrhagias/gulden ader.

Das letzte soll das sein. Die alten haben erfahren / daß der Burtzel safft den auswurff des bluts wunderbarlich stillet. Solches thut auch dz kraut selbs/man brauche es wie man wölle. Wann es aber mit

essig

essig gessen wirt / so ist es gut für die hitze des magens.

Mangold oder Beiß-köl. Beta.

Das fünffte Beth.

ES sagt Claudius Galenus / daß dieses kraut ein salnitrische natur hat / durch welche auch der unflat im leib von jhm wirt außgewäscht vnnd außgetrieben. Der weisse Mangolt hat diese krafft mehr vnnd stercker an sich/also daß er auch zu den stulgang bewegt/vnnd den magen (welcher ein starck füllen hat) beisset vnnd pfetzet / schadet also auch der leber etwas. Dieses hat der weitberümpte vnnd hochgelehrte poet Eobanus Hessus mit zweyen versen fein beschrieben / da er also sagt:

Cruda nocet beta, hanc coctam sumpsisse iuuabit,
Sumpta frequens stomachum vellicat atq; iecur

das ist/

Der rote Mangolt schaden thut/
Koch denselben/so wirt er gut.
Die leber vnd auch den magen/

Zu offt gebraucht/er thut nagen.

Diphilus/ ein artzt vnd geoponicus/ schreibt/daß der weisse Mangolt den stulgang macht/der rote aber bewege dē harn. Etliche halten den schwartzen Mangolt nicht für gut/ dieweil er ein melancholisch geblüt soll schaffen. Der Mangolt safft in die nasen gestossen/reiniget das haupt: eingetropfft in die ohren/ stillet das ohren wehe: gesalbet auff die zän / heilt das zän wehe.

Reibe vnd wäsch den kopff mit Mangolt safft/so vergeht der grind des haupts vnd die leußsucht.

Stoß den safft von der Mangolt wurtzel inn die nasen/ so wirt das zanwehe gestillet.

Schlag gesotten mangolt vber die gerieben füß / so vergehet der schmertzen. Kochstu aber die bletter / so heilen sie den brandt.

Die nyctalopes / das ist / blintzaugen sollen des mangolts stäts brauchen in der speiß/denn er hilfft jhnen.

Seud mangolt mit Melden(atriplice) vnd geuß das in die scham der weiber/solches

ches verendert die bresten der mutter.

Der schwartze oder rote Mangolt gekocht mit linsen / stillet den bauchfluß / der weisse aber bewegt den stulgang.

Weisser Mangolt gekocht vnd mit rohen knoblauch gessen / treibt die spulwürm auß dem leibe. Schafft bessern nutz in offnung der verstopfften leber / alß die pappeln / sonderlich wo man jhn mit senff oder essig braucht.

So heilt er auch auff gleiche weiß gebraucht die miltzsüchtige wunderbarlich. Daß man jhn also mehr für ein artzney / alß für ein speiß oder nahrung halten soll / wann er auff solche weiß gebraucht oder gessen wirt.

Es sagt Menander / einer auß dē Griechischen geoponicis vnd medicis / daß die gebraten Mangolt wurtzel den bösen geschmack des knoblauchs vertreibt / wo man dieselb nach dem knoblauch isset.

Welche ein rote oder rötlicht wurtzel haben / dieselben nehren krefftiger / machen aber ein dicker geblüt alß die bletter. Habē auch dise eigenschafft / daß sie winde schaffen / bleiben sonsten nicht lang im leib.

Dieses kraut/wie auch die anderen/ gibt ein geringe nahrung/wo man aber desselben viel gebraucht/so beist vnnd naget es den magen/wie oben gemeldet ist worden.

Hie ist auch zuwissen/daß der wein/so im faß von dem kölkraut abgefallen/leichtlich wieder zu recht gebracht mag werden durch den geruch des Mangolts/wo man seine bletter darein stosset.

Wilt du aber bald ein essig machen/so leg ein zerstossen mangolt wurtz inn den wein/nach dreyen stunden wirt er zu essig werden. Wilt du aber wiederumb wein darauß machen/so thu nur ein köl wurtzel darein.

Maier sampt seiner natur vnd tugendt.

Blitum.

Rot kol. iarmuet. kol.

Das sechste Beth.

DEr Maier wirt für ein vnnütz kraut dem magen gehaltē/macht den bauch betrübt vnnd vngestüm/also/daß etliche die

die choleram daruon bekommen / welches ein kranckheit ist / wann einer vnten vnnd oben viel gelb wasser außwirffet. Solches soll aber von dem steten vnd vbermessigen brauch verstanden werden. Wirt deßhalben von dem Plinio ein faulkraut genennet / iners olus / vnnd von dem poeten Eobano Hesso / ignauum / ein müssig kraut / vnnd das nur den stulgang macht. Denn so spricht er:

Ignauum sine honore blitum, sine viribus estur
Hoc solo, ventrem quod bene deijciat.

Das ist /

Der Maier hat kein bsonder krafft /
Macht stulgäng allein mit sein safft.

Dannenher geschichts villeicht / daß bey den Frantzosen die träg vnd faule vnnütze leuth / bliti genant werden / das ist / maierisch. Allhie aber ist wol würdig zu wissen / daß die alten den Maier vnd Mangolt / Betam vnd Blitum vermischlet haben / vnd die nammen nicht von einander vnterschieden. Dannenher hat Martialis den Mangolt ein vngeschmack vnnd faul kraut genennet in diesem verß:

Vt sapiant fatuæ fabrorum prandia betæ,
O quam sæpe petet vina piperq; coquus.

das ist/

Der vngeschmackt Mangolt will sein
Mit wein vnd pfeffer gewürtzet sein/
Wilst anders/daß er hab ein schmack/
Vnd dein gesind daran ein gfallen trag.

Denn es hat der mangolt ein salnitrischen geschmack/vnd ist nicht faul/das ist/ vngeschmackt/wie der Maier.

Ein oder zwo tugent hat noch der Maier. Das gesotten wasser von dem Maier/vnd sonderlich dem roten sampt seiner wurtzel / vertreibt die hauptschuppen. Vnd die bletter vnter der aschen gebraten/ oder sonst gesotten / sind ein bewerte artzney für den brandt.

Sawerampfer vnnd seine tugent. Oxalis.

Das siebende Beth.

DEr Sawerampfer hat den nammen von dem sawren vnd herben safft/wirt deßhalben in Lateinischer sprach acetosa/ vnd

vnd inn der Griechischen oxalis geheissen/bey den Frantzosen oxella. Ist zweyerley/groß vnnd klein. Man pflegt beiden inn den suppen zu brauchen/ vnnd in dem salat.

Er ferbt das fleisch/vnd macht jhm ein schön grüne farb/vnd ist kein besser kraut/ das inn die gekochte speiß so nützlich geworffen wirt. Denn ich hab es vnter anderen seinen tugenten erfahren / daß das fleisch / ob es gleich schon alt vnnd leder hart wer/ dennoch mürb gemacht wirt/ so man säwerampfer mit jhm kochet / oder das fleisch in sawerampfer wasser hat gebeitzet. Denn es hat der sawerampfer ein schlüpferige vnnd feuchte natur / weicht deßhalben was hart ist. Eben ein solche/ doch stärcker krafft hat auch die Mengelwurtz/Lapathum/vnd das Oxylapathum/ wirt deßhalben jene sach mit diesen kreutern besser vnnd gewisser außgericht / alß mit dem garten ampfer.

Es ist nichts breuchlicher / denn daß man den sawerampfer isset/ die verlohrne lust zum essen zu erwecken/ oder wo es von nöthen thut / die hitzige leber vnnd magen damit zu temperiren vnd zu miltern. Solches hat der poet Macer auch gewust vnd nicht verschwigen. Denn so schreibt er im Saweraмpfer:

Hanc auidè multi comedunt in tempore Veris,
Expertumq́; ferunt, sibi quòd fastidia tollat.

Das ist/

Den ampfer brauchen vil die leut
Im lentz/ macht lustig zu der speiß.

Der samen von beidem ampfer gestossen/ vnd mit wasser oder wein getruncken/ ist gut für die rote rhur vnd den celiacum morbum/ so einē der stulgang verfessen oder verstopfft ist/ auch für den vnwillen vnd vnlust des magens.

Die wurtzel in essig gekocht/ oder so roh für ein salb gebraucht/ heilt den aussatz vnd rauden/ es muß aber zuuor der aussatz oder raud mit essig vnnd salniter inn der sonnen gerieben werden.

Ihrer viel brauchen das gantze kraut (wie auch die kleine hauß wurtzel) für den rotlauff vnnd eissen die vmb sich fressen/ auch zu den geschwollen augen pflasters weiß. Man brauchts auch für das hitzig podagram mit gersten muß vermischet/

schet/vnd für die alten hauptwehe/mit rosen öl.

Der Sawerampfer / wie Dioscorides schreibet/ stillet den frawen fluß / inn jhre scham gelegt / doch aber nicht die gewönliche flüß der Mondenzeit/ wie es der poet Macer verstehet. Dieser schreibt auch/daß ein jeder bauchfluß mit dem sawerampfer gestellet wirt. Denn so schreibet er:

Omne genus fluxus ventris restinguere mirè
Cum vino potata solet vel mansa frequenter.

das ist/

Der Ampfer getruncken mit wein
Oder stäts gelegt in die speisse dein /
Stillt allen bauchfluß wunderlich/
Das glaub mir/vnd brauchs sicherlich.

Das gesotten wasser von seiner wurtzel vertreibt das jucken / wann man sich inn dem bad damit reibet vnd wäschet.

Es stillet auch das zanwehe mit wein gebraucht.

Jhrer etlich/so kröpficht sein/tragen die ampfer wurtzel an dem halß/ vnd meinen die kröpff vergehen daruon.

Die wurtzel mit wein getruncken / ist auch gut für die geelsucht.

Solches alles thut viel krefftiger die wurtzel von den andern ampfer / welcher Oxilapathum heist / nämlich der spitzige ampfer.

Apuleius braucht den Sawerampffer zu den schlieren inn den gemächten. Zerstöst denselben ohne saltz mit altem fettich / welches zweymal mehr soll sein alß das kraut / mischt es wol durch einander / macht ein küglin darauß / verwickelt das inn ein kölblat / vnd vergrabts vnter heisse aschen / schlegts also warm vber die schlier / deckt ein lemin tüchlin darüber / vnd verbindets.

Koch Sawerampffer in herben zusammen ziehenden wein / vnd laß ein schwanger fraw darab trincken / so vergehet jhr die kranckheit / malacia genannt / wann sie ein lust zu seltzamen speissen bekompt / alß zu kolen / leimen / vnd deßgleichen. Diese krafft hat auch das gesotten wasser von Citronen.

Das wasser / inn welchem die ampffer wurtzel gekocht oder gebeitzt ist worden / bekompt ein solche gestalt / alß wer es ein rötlicher wein / kan deßhalben den febrici-

tanten

tanten für ein wein fürgestelt werden.

Die Sawerampffer bletter mit papier bezogen/ vnd vnter warmer äschen gleich alß gebraten/ nachmals mit wenig rosen öl auff die geschwulst oder beulen gelegt/ machen dieselben eytericht vnnd erschwerendt.

Ich weiß einen/ welcher alle rote rhör vnnd bauchflüß der kinder auff diese weiß geheilt hat. Er hat den Sawerampfer in starckẽ essig gebeitzt/ nachmals grob werck in gleichẽ essig eingetunckt/ das vnter heisser aschen ein wenig alß gebraten/ nachmals den safft außgepreßt vnnd warm zu trincken gereicht.

Es hat der Sawerampfer ein wunderliche krafft wider die gifftig lufft vnnd pestilentz/ wann man denselben in essig beitzet vnd des morgens isset. Solches haben jhrer viel versucht/ vnnd ist jhnen wol gerhaten.

Fürs letzt. Vnsere weiber zerstossen den Sawrampfer/ vnd legen den auff den pulß mit grossem nutz/ wann jemandts das hitzige feber anstosset.

Spinet oder Binetsch/ Spinacea.

Das achte Beth.

ES ist ein wunder / daß bey den alten die binetsch kreuter vnbekannt sein gewesen / so man doch bey reichen vnd armen in der fasten solche kreuter pflegt auff den disch zu stellen/vnd sich damit zu setigen. Sie weichen den bauch vnd feuchten den leib / machen vil winde/ wo man den excrementitium / wässerigen vnd dünnen humorem nicht daruon scheidet/vnd mit warmen dingen vermischlet/ vnnd also corrigiret. Dieweil aber jhrer viel diese binetsch kreuter nicht recht kochen noch zubereiten können / so wollen wir daruon etwas schreiben/ vnd den rechten weg anzeigen. Man wirfft jhre wurtzel weg / , da[illegible]aut inn einem hafen zum fewer o[illegible] [illegible]wasser / denn es gibt von sich selbs viel saffts vnter dem kochen/ hat gnug an demselben/vnnd bedarff kein andern. Thust du jhm aber anders / so wirt sein natürlicher safft verdorben/ vñ gleich

alß

alß vtrsoffen. Nachdem es nun sein zähe feuchtigkeit vnnd leimechtig wasser nach dem sieden verlohren hat / so hackt man das mit einem höltzin messer / oder auff ein ander weiß / vnd das wirt offt vmbgewendet / nachmals macht man küglin darauß vnd kreuter stück (also daß der vbrig safft gentzlich außgetruckt sey) röst es darnach in einer pfannen oder blatten mit dem besten öl oder frischen butter / vnnd thut agrest vnnd ein wenig gestossen pfeffer darzwischen / damit es desto baß schmacke / vnnd die flatulenta humiditas corrigirt werde. Aber dauon sey gnug gesagt / wollen diese sach den köchen vbergeben / vnnd sie lassen daruon sorgen.

Burretsch sampt seinen krefften.

Das neundte Beth.

Burretsch soll das recht buglossum sein. Seine bletter thut man gemeinlich in die suppen / machen ein besondern vnnd gesundten geschmack: es brauchen auch etliche im winter die wurtzel/an stat der bletter / wann man dieselb/ wegen der zeit nicht bekommen mag. Auß der blumen wirt im Sommer ein salat gemacht/vnnd für gesundt gehalten. Diß kraut hat einen lieblichen geruch (denn es schmeckt wie ein pfebē oder plutzer) stercke deßhalbē die krefft/ vnd macht freudig / in dē wein gelegt vnd darab getruncken / wie Galenus schreibt. Dannenher habens die Græci ευφροσυνον mit einem feinen nammen genennet/das ist/ein frölich machend kraut / νηπενθες / das ist / daß das trawren vertreibet. So hat man auch ein solchen verß vorzeiten auß dem nammē gemacht:

Dicit borrago, gaudia semper ago.

das ist/

Das Borretsch kraut leg in den wein/
So macht es dich stets frölich sein.

Man sagt / daß diß kraut gut sey für das ritten der feber/vnnd sein wurtzel/auß welcher drey gerade stengel gewachsen sein/sampt seinen samen zerstossen vnd in wein gesotten / vertreibt die dreytäglich feber: auß welcher aber vier gerade stengel gewachsen sein / dieselb vertreibt das

vier-

viertägliche / welches auch Dioscorides bestetigt.

Etliche sagen / die wurtzel sey trefflich gut für aller hand geschwer.

Galenus schreibt / daß die jenige / so ein rauhen rachen haben / vnd deßhalben husten / die sollen burretsch sieden inn honig wasser vnnd darab trincken / so wirt jhnen geholffen.

Plinius sagt / daß wann der burretsch verdorret / so soll man das marck auß dem stengel nemen vnd das mit siben blettern vor dem anstossen des febers an den halß oder puls binden / so vergehet das feber. Der poet schreibt von diesem kraut also:

Quod choleram rubram nimio feruore perustam
Purgat, cum vino fuerit si sumpta frequenter:
Humores nocuos pulmonis detrahit hausta,
Mixtus aquæ tepidæ si succus sumitur huius.

das ist /

Das gelbe wasser auß dem leib /
Der Burretsch mit wein gnossen treibt.
Sein safft mit warmen wasser Brauch /
So reinigt er die lungen auch.

Sagt vber das / daß der burretsch gut sey für dz hertzweh vñ hufftweh. Auch ein gut gedechtnuß mache denen so es stets in den wein legen vnd darab trincken.

Ich hab gehört es sey versucht worden. Wann ein fraw nach der geburt nit mag frey gereinigt werden / die trinck den safft von burretsch / aschlauch vnd petersilgen mit wein oder öl von süssen mandeln / so wirt jhr wunderbarlich geholffen. Machst aber auch ein rauch von geißklawen vnnd geiß hörnern / so wirst du die mutter bewegen / die vbrige last außzuwerffen / so nach der geburt darjnnen vberblieben.

Die Spargen sampt ihren artzneyen.

Das zehende Beth.

Alhie muß ich anzeigen / daß die Griechen die erste junge vnd zarte schößlein am kraut / so vor den blumen herfür sprossen / mit einem gemeinen nammen asparagos / das ist / spargel / nennen. Wir aber handlen allhie allein von den jenigen Spargen / welche inn den gärten gesähet vnd gezilet werden / vnnd diesen nammen son-

sonderlich vnd eigentlich bekommen haben. Man sagt/ daß dieses kraut ein nützlich speisse sey dem magen/ thut man aber kümmel oder äniß zu jhm / so zertheilt es die wind im bauch vnnd gedärm / macht harnen vnd treibt de stein auß.

Es pflegen jhrer etliche auß der wurtzel mit süssem wein ein artzney zu machen für die schmertzer der beermutter.

Man sagt auch / es werde der von den binen oder immen nicht gestoché/ der sich mit Spargen vnnd öl gesalbet hat (die Spargen werden zerstossen vnnd mit öl vermischlet.)

Plinius schreibt/ daß die Spargen ein bewehrt artzney seyen für brustwehe vnnd schmertzen des ruckgrads/ mache geil vnd weiche den bauch Man muß sie aber vor andern speissen essen. Deßhalben thun die jenige nicht recht daran/welche sie auff die letzt auff den tisch stellen.

Es sagt Dioscorides / daß die Spargen geröst oder gesotten / das tröpffelichtes harnen vnd rote rhör heilen.

Galenus aber spricht / daß sie die nieren vnnd leber reinigen von den vberflüssigen excrementis/ sonderlich aber jr wurtzel vnd samen. Solches hat der poet Q. Serenus auch nicht vnterlassen/ vnd inn zwen verß verfast auff diese weiß:

Aut caput asparagi cum vino sume vetusto
Seu mauis appone: modus conducit vterq;.

Das ist/

Das nieren weh vnd auch der lenden
Der spargen mit wein thut wenden.
Magst solches trincken/ oder auch
Alß dirs gfelt/ salben auff den bauch.

Das gesotten wasser von der wurtzel ist ein gut artzney für die jenige/ so nicht wol harnen können/ auch hilfft es für das zanweh/ wañ es im mund gehalten wirt/ da einem die zän weh thun.

Es sagen etliche/ daß die hunde sterben/ wann sie die brühe von den spargen essen. Welchs ob es wahr sey/ das kan die erfahrnuß beweisen.

Es ist allhie auch zu wissen/ daß die spargen nicht lang wollen gesotten oder gekocht sein/ denn sie verdorren vnd verwelcken bald/ wo sie zu lang beim fewer gestanden sein. Dannenher hat der Keiser Drusus zu sagen gewont/ wann er etwas

was hat befohlen bald außzurichten / citius quàm asparagi coquātur/geschwinder/alß man könt spargen kochen.

Jhrer viel pflegen sie mit einer guten brühen zu rösten/ so behalten sie jhren natürlichen geschmack. Etliche aber in wasser/ gutem öl oder frischer butter/sprentzen saltz vnnd essig vnd ein wenig pfeffer darauff/vnd haltens für ein herrlich essen.

Der ander platz Des Artztgärtlins/begreifft etliche speiß wurtzel in vier Bethen.

Gärten lauch sampt seinen artzneyen.

Das erste Beth.

DJeweil ich mir allhie hab fürgenommen etliche gärten wurtz zu beschreiben / so will ich von dem aschlauch anfangen.

Sotion in seinem büch von dem Feldbaw / sagt / daß der lauch zerstossen vnnd auffgelegt/die vergifften biss der kriechenden würmen eher alß etwann ein ander artzney heilet / vnnd sein samen mit einem süssen tranck oder muscateller getruncken/ sey gut für den gestanden harn vnd tröpffelicht harnen. Sey auch behülfflich für den alten vnd langwirigen außwurff des bluts / wann man den lauch mit gleicher maß der Welschen heidelbeer (baccarum myrti) oder eychäpffel vnd weirauch mehl vermischt/vnd mit wein/wo kein feber vorhanden/zu trincken gibt.

Hippocrates befihlt/ daß man jhn ohn alle vermischung brauchen soll / vnd verbeut ein vbermessigen vnnd steten brauch des lauchs / denn er soll das gesicht schwechen/vnd dem magen schaden. Welchessen halben Eobanus Hessus fein geschriben hat auff diese weiß:

Officiunt oculis capitati segmina porri,
Interiora graui viscera mole premunt.

Das ist/

Der lauch den augen schaden thut/
Ist auch den därmen nicht vast gut.

Sein brauch wirt vnschädlicher/wann er so lang gesotten wirt / daß er schier verwelcket/

welcket / vnnd gleich alß außgedorret ist. Denn so glaubt man / daß er nicht weniger nahrung gebe alß das fleisch selbs / wie wol er nicht bald von dẽ magen verdewet mag werden.

Es helt Plinius dafür / daß der vbermessige safft des rohen lauchs ein gifftig ding sey. Denn man sagt / daß Mela ein Landtuogt des Ritter ordens / alß er von dem Keiser Tiberio fürs gericht alß ein schuldner fürgefoddert war worden / inn der eussersten verzweifflung hab lauchsafft drey quintlein schwer getruncken / vnnd sey von stundan gestorben ohn allen schmertzen.

Der lauch mit honig zerstossen / reinigt die offen schäden. Vnd ein wenig seines saffts mit frawen milch getruncken / gestillet den fluß / so von der mißgeburt entsiehet / heilt auch den alten husten / alß der poet auffgezeichnet / da er so spricht:

Commixtus porri succus lacti muliebri
Et bibitus, tussim fertur sanare vetustam:
Ac varijs vitijs pulmonum subuenit idem.

Das ist /

Misch frawen milch mit lauchsafft wol

Vnd trincks/den hust es heilen sol.
Auch hilffts für ander Kräfften mehr/
So dich die lungen plaget schwer.

Man gibt den lauch mit wein zu trincken den jenigen/welche von den gifftigen würmen oder thieren gestochen sein worden/vnnd es hilfft jhnen wol / ja man legt denselben mit honig zerstossen / wie obgesagt / auch mit grossem nutz auff den vergifften biss.

Sein safft mit einem dritten theil honigs vermischt vñ in die nasen oder ohren warm getropffet / stillet die kalten hauptschmertzen. Eben derselb safft mit essig o oder eychöpffel vermengt vñ auff die stirn gesalbt/stillet das nase bluten. Deßgleichen wirt auch geschehen / wo man das mit weyrauch mehl inn die nasen stosset. Auch heilt gemelte artzney die kranckheit der brüst mit honig gebraucht.

Es schreibt Galenus / daß der lauch sein schärffe verliert vnd weniger bläst bewegt / wo man im sieden sein wasser zwey mal verendert / vnnd nachmals ein kalt wasser darauff giesset. Soll auch auff diese weiß den bauchfluß gestillen vnnd ein gute stimm machen. Dannenher pflegen auch die rephüner (wie Aristoteles schreibet) den lauch zu essen / nur der hellen stim̃ halben. So ist nun kein wunder / daß der Keiser Nero zu gewisser zeit im monat / den lauch mit öl zu essen hat gewohnt / jm selbs ein gute stimm dadurch zu machen begerend / wann er mit dem Phonasco (welcher ein lehrer der stimmen gewesen) in die wett hat singen wollen / zu welcher zeit er nichts anders / auch kein brot hat essen wollen / wie Plinius schreibt. Vnnd ist also der lauch von dieses Keisers wegen verrümpt worden.

Es habens jhrer etliche versucht / daß der lauchsafft in wein getruncken / das lendenwehe gelindert / vnd außwendig aufgelegt die beinbrüch geheilet hab.

Seinen nutz beschreibet auch der poet Macer auff diese weiß:

Contractas vuluas succo curabis eodem:
Hocq; hausto reddes fœcundas sæpe puellas.

Das ist/

Von lauch ein recht gemachter safft
Die gschlossen mutter heilet offt.
Macht auch die frawen fruchtbar sein /
Wann sie denselben trincken rein.

Es schreibt Dioscorides/ Plinius vnd Celsus / daß der lauch ein zusammen ziehend natur hat / vnd das blut kan verstellen/wie auch obgesagt. Dannenher sagt Q. Serenus:

Prætereà nimios reserati vulneris amnes
Fœniculi cinis astringit, vel fimbria porri.

das ist/

Die lauch vnd fenchel asch gebrauchet wol
Das vbermessig bluten verstellen sol.

Der lauch samen zerknitscht vnnd inn einem süssen tranck oder gutem weissen wein/wie obgesagt/getruncken/ist gut für den gestanden harn/ vnnd öffnet die harn gänge. Vnd wo man mit dem lauch safft gänse schmaltz vermischlet / vnd den halß an der beermutter damit salbet / nach der Mondenzeit / das öffnet die verschlossen vnd zusammen gezogen beermutter. Eben derselbe safft mit warmen wasser getruncken/führt die frucht der schwanger frawen auß dem leib.

Ich hab von etlichen für gewiß gehört/ daß der lauch samen sampt myrrhen vnd wasser/ od' wegrich safft zerstossen / ein bewert artzney sey für dē außwurff des bluts

auß

auß der lungen oder brüsten. Deßgleichen soll auch thun desselben samens ij. quintlin mit etlichen grünen heidelbeer vnd burtzel wasser getruncken.

Der dampff von den gesotten lauchbleitern/salbeyen vnd lorbeer bleitern auß dem besten wein / durch den hindern empfangen/auch die warme kreuter auff den bauch gelegt / vertreiben das bauchgrimmen / auch das darmgicht. Solches ist offt vnnd von vielen versucht vnnd probirt worden / sampt den folgenden / nemlich/daß der schnittlauch safft mit honig/ die bärmutter reinigt vnd mit dem besten wein getruncken / bringt den frawen jhre blumen.

Magt sagt daß der lauch stets im essen gebraucht / sehr nützlich sey zu der fruchtbarkeit. Vnnd wo man jhn mit weyrauch oder eychöpffeln zerstosset/vnnd die nasen damit füllet / so verstellet er das nasen bluten.

Wo jemandts erfahren will / ob das glied / das man abhawen will / recht todt vñ gestorben sey/der zerstoß grünen lauch/ vnd leg denselbẽ vbernacht auff das glied.

Wirt der lauch des volgenden tags bleich oder schwartzlecht / so bedeut er / daß das glied noch lebendig sey: wo aber nicht / so ist das glied recht todt / vñ deßhalben von nöten / daß mans abhawe / damit die gesunden glieder von demselben nicht auch verderben. Es hat mir ein Spanier gesagt / er hab solches offtmals probiert / welches ich auch allen nachkommenden hab wollen zu wissen thun.

Hie kan ich auch das nicht verschweigen / daß welcher kümmel zuuor hat gessen / der wirt nach aschlauch nimmer stincken / ob er gleich des lauchs vil solte essen. Deñ der stanck des lauchs wirt durch den kümmel vertrieben / wie Sotion sagt inn seinem büch von dem Feldbaw.

Für das letzt / so ist auß dem Petro Crescentio zu wissen / daß der Lauchsamen inn den wein geworffen / macht daß der wein nicht abfalle / oder essilechtig werde / ja auch daß der essig widerumb zu wein werde / das ist / allen sawren geschmack verliere. Solches kan man mit leichter erfahrnüß vnd geringer mühe probiren / vnd vnzälichen nutz darauß schaffen. Doch sind

vn-

vnsere weinschenck/welche dē wein schänd lich verderben / vnwürdig/ daß sie solches erfahren sollen.

Die Zwybel sampt ihrer artzney.

Das eilffte Beth.

ES haben die alten bawren/wie Columella schreibt / die zwybeln Vniones geheissen / daß sie nur ein eintzigen kopff haben / vnnd nicht mehr wurtzen oder zehen zusammen gesetzt / alß der knoblauch. Solchen nammen behalten noch die Frantzosen / vnnd heissen die zwybeln Oignon / biß auff den heutigen tag.

Hippocrates hat die zwybeln mehr gelobt der gestalt alß der speiß halben: denn er sagt / sie seyen gut im anschawen/ vnnd böß im schmecken/dieweil sie beissen vnnd einer heissen natur seind.

Sotion ein Griechischer author schreibet / daß wo jemandts ein dünne zwybel mit honig alle tag nüchtern isset/ der wirt ein gute gesundtheit für vnd für behalten. Solchs hat auch der poet Macer verzeichnet / da er von den zwybeln schreibt auff diese weiß:

——— *quisquis ieiunia soluerit illis,*
Vnaquaque die viuet hic absque dolore.

Das ist/

Iß zwybel des morgens alle tag/
So fülst am leib kein kräst noch plag.

Es schreibt auch gemelter Sotion/daß die zwybeln die geschwer vnd offen schäden zeitigen vnnd heilen/vnnd die fläcken im angesicht vertreiben / wo man dieselben an der sonnen damit reibet. Auch daß sein safft nützlich sey inn die eyterichte ohren getropffet.

Die zwybeln auff die halß geschwer gesalbt / vertreiben dieselb / alß auch den husten/man muß sie aber vnter der aschen braten/vnnd darnach mit reinem öl essen.

Es sagen etliche / daß die grüne zwybeln mit essig vermischet vber hunds biss gelegt / dieselben innerhalb dreyer tagen heilen sollen. Auch daß sie bey einem fewr gebraten / vnnd mit gersten mehl auff gelegt/

legt/ die augenflüß vnd offen schäden der gemächt vertreiben. Item/ daß der warme zwybelsafft mit frawen milch in die ohren gelassen / das saussen vnd den schmertzen derselben benimmet. Es haben auch etliche den safft mit wasser den jenigen zu trincken gereicht / welche blötzlich erstummet sein. Dieses alles hat der poet mit solchen versen beschrieben:

Appositas perhibent morsus curare caninos,
Si tritæ cum melle prius fuerint, vel aceto.
Apponunt alij cum vino, melleq; tritas,
Transactisq; tribus soluunt cataplasma diebus.
Fœmineo lacti commistus succus earum,
Pellit sæpe graues, infusus ab aure dolores.
Is rursum commistus aquæ, bibitusq; iuuabit
Illos, quos subitus facit obmutescere morbus.

Es haben jhrer viel die zwybel für die rote rhör gebraucht/auch versucht daß sie für das lendenweh sehr nützlich sein. Item den zwybel safft sampt den fenchel saffte den anfangenden wassersüchtigen mit grossem nutz zu trincken gereicht.

Es hat auch der zwybel safft sampt rauten vnd honig die vnsinnige (welche man lethargicos nennet/ die stets schlaffen müssen vnd taubelen) wieder auffgeweckt vnd sampt rosinlin oder feigen die geschwulst/ apostemen vnd geschwer gezeitiget vnnd bald geöffnet.

Gemelter safft inn die nasen gethan/ reinigt das hirn von den schedlichen feuchtigkeiten: vnnd mit wollen für ein zäpflin in den leib gestossen/reiniget die gülden ader/so verstanden war.

Die zwybeln angestrichen/macht haar wachsen/vnnd gerochen oder geschmeckt/ hilfft den gichtbrüchtigen vnd contracten.

Die weisse zwybel (denn es seind zweyerley zwybeln / rot vnnd weiß) in heisser aschen gebraten/vnd mit frischem ancken oder butter vermischt vnd geröst/ demnach auffgelegt / legt die grossen vnnd grausamen schmertzen der gülden adern.

Mit zwybel safft / saltz vnnd honig ein pflaster gemacht/vnd vber den biss so von einem menschen oder wütenden hund geschehen/ein tag auffgelegt/ ist ein köstliche artzney.

Die zwybel mit hüner schmaltz zerstossen vnd angestrichen / vertreiben die roten bleichen maasen des leibs / sonderlich des angesichts. Solches thut auch das blut

von

von einer schwartzen hennen.

Die zwybel mit saltz oder honig zerknitscht/vnd vber die wartzen vnnd geriben füß gelegt/heilt sie wunderbarlich.

Es sagt Galenus/daß welcher ein glatzichten ort mit einer alten zwybel offt reibet/der macht daselbst haar wachsen.

Die zwybel in wein oder wasser ein wenig gesotten / demnach zerstossen/ vnd in gemeinem öl geröstet / letzlich pflasters weiß auff die mutter geleget / stillet die schmertzen / so nach der geburt verlassen sein. Vnnd welcher die zwybel inn heisser aschen gebraten mit sawerteyg vnd lilgen öl vermischlet / der wirt ein köstliche artzney haben / welche zeitiget / weichet vnnd digerirt.

Die zwybel ziehen auß dem gehirn vil schleimige vnnd rotzige matery/nur allein gerochen.

Es haben die alten auff die zerknitschte glieder vnd offen schäden aller thieren/ sonderlich des vichs/ nur den zwybel safft gelegt mit grossem nutz / vnd gelehrt/ daß die zwybel inwendig gebraucht / oder mit weissem wein getruncken / die verstanden

Mondenzeit außführen können / vnd der safft den wolff oder gerieben füß heilen kan / mit hüner fettich vermischet vnnd vbergelegt.

Welcher die zwybel inn heisser aschen gebraten vnnd mit öl vermischt / isset / der vertreibt das beissen vnd rote rhur in den därmen / vnnd die hefftige schmertzen der gülden ader.

Allhie ist aber zu wissen / daß sich die jenige / welche des nachts studiren / vnd immer den kopff zerbrechen müssen / für den zwybeln hüten sollen / dieselben / alß auch den knoblauch nicht offt vñ vil brauchen / denn sie schaden den augen / machen ein tunckel gesicht / bringen durst / vnd schärffen die hitzige geele feuchtigkeit / die man bilem nennet.

Sind aber denen gesundt / so kalt sein von natur / vnnd sonderlich des winters / dann sie verzehren in jhnen die vberflüssige feuchtungen.

Es sagt weiter Galenus / daß die zwybel / so zweymal gesotten ist / die schärffe verliert vnd schwecher wirt / denn es wirt jhr der böse vñ beissende safft also entzogē.

Es

Es ist aber ein groß wunder / daß die zwybel vnter allen speißkreutern allein / wie Plutarchus schreibt / dz abnemen des Mons nicht empfindet / vnnd hat gar ein widerwertige natur / was das zunemen vnd abnemen anbelangt. Denn sie grünet vnd schlecht widerumb auß / wann der Mond veraltet vnnd abnimpt / wirt aber welck vnnd verstrupffet / wann der Mond wider wechst vnnd zunimmet. Dannenher ist es villeicht geschehen / daß die priester inn Aegypten zu Pelusium die zwybel verbotten haben zu essen. Denn weil sonderlich alle kreuter / getreide / bäume vnd gethier nach dem Monden zu vñ abnemen / so hat die zwybel allein ein widerwertige verenderung.

Fürs letzt / will ich das anzeigen. Die zwybeln inn heisser aschen gebraten vnnd warm auff ein verbrennten ort gelegt / heilet den brandt vnnd schmertzen / so von dem brennen entsprungen ist. Deßgleichen thut auch sein außgetruckter safft / in ein düchlin gethan / vnnd so warm im anfang auffgelegt. Denn er öffnet die haut vnd führt die scharffe dünst vnnd funckle des brands auß/ so in der dicken haut verborgen waren. Solches hab ich vnnd viel andere mehr offtmal versucht vnnd probirt.

Garten knoblauch sampt seinen artzneyen.

Allium hortense.

Das dritte Beth.

ES ist niemandt vnbewust/ daß der knoblauch gar ein gemein vnd vast täglich speißkraut sey vnter den gärten gewächsen. Dannenher schreibt Cotion in seinem büch von dē Feldbaw / daß der knoblauch in der speiß gebraucht/ oder auff den magē gelegt/ die spulwürme außtreibt/ vnnd ein pflaster darauß gemacht/ dient wunderbarlich für schlangen vnnd wütender hunds biß / ja auch wann jemands knoblauch gessen hat / der soll desselben tags für den gifftigen würmen vnd schlangen sicher bleiben. Solches bezeugt auch Eobanus Hessus in diesen versen:

Namq; venenatis melius vix vlla medentur
Pharmaca, serpentes illius arcet odor.

das ist/

Der knoblauch fürs gifft dienet wol/
Sein geruch die schlangen vertreiben soll.

Auch der poet Macer/welcher lange zeit vor dem Cobano gelebt hat/ denn so sagt er von dem knoblauch:

—— mansum vel inunctum,
Curat, quos serpens, vel scorpius attulit ictus.
Sanat & appositum morsus cum velle caninos.

das ist/

Jß knoblauch/oder salbe dich
Mit dem/es dient für den stich
Der scorpionen vnd schlangen/
So dich mit list han vmbfangen.
Auch wo dich gebissen hat ein hund/
Der knoblauch macht mit honig gsundt.

Deßhalben hat Volaterranus mit der warheit geschrieben/ daß zu seiner zeit ein bawr sey gewesen/in welchē alß ein schlange auff dem feld durch den offen mund gekrochen war/ hat er von stundan knoblauch gessen/ vnd sich bald erlöst/ doch aber den gifft vñ todt seiner frawē (ein wunderlich ding) im beyschlafen angehenckt. Auß welchem zu verstehn/ daß der knoblauch nicht vnbillich ein Tirlack der bawren genennet wirt. Denn es haben die arbeitende vnnd bawersleuth kein besser artzney für handen für das gifft vnnd vergiffte thier alß eben den knoblauch. Dahin hat der poet Virgilius auch gesehen / inn diesem seinen distichon / da er spricht:

Thestylis & rapido fessis messoribus æstu,
Allia, serpillumq; herbas contundit olentes.

das ist /

Die Thestylis zu dieser zeit
Stoßt knoblauch vnd quendel für jhre leut /
So auffm feld in grosser hitzen
Bey jhren schneiden müssen schwitzen.

Die vrsach mag sein / daß alles was wol reucht vnnd schmeckt / den würmen vnd schlangen schädlich ist / oder / daß der knoblauch die müden spiritus oder geister des leibs erquicken kan / vnnd die fallende krafft stercken vnd auffhalten. So spricht auch der poet Macer von dieser sachen:

Hæc ideo miscere cibis, messoribus est mos.
Vt si fortè sopor fessos depresserit artus,
Anguibus à nocuis tuti requiescere possint.

das ist /

Man mischt den schnittern in die speiß

Gemelte

Gemelte kreuter/alß ich weiß/
Daß wo sie etwann schlafen wolten/
Für den schlangen sie sicher ruhen solten.

Der knoblauch mit honig vermischt/ vnd angestrichen/vertreibt die blawe masen/ vnd bringt die vorige farben wider/ macht auch wol harnen/ mit seinem kraut im wein gesotten vnnd getruncken/ reiniget die nieren/vnd ist gut für das zanweh/ in dem mund gehalten/ sonderlich wo jhr schmertzen von einer kalten vrsach sein vrsprung genommen.

Es schreibt Celsus/ daß der knoblauch vor dem anstossen des viertäglichē febers genützet/ein hitz bewegt/welche das ritten verhindert vnd vertreibt.

Es ist auch vnter andern wol gedenckwirdig/das Serapio schreibt/daß wiewol der knoblauch den augen schadet / doch nichts desto minder so erquicket er auch dieselben/wann sie mit vbernicssiger feuchtigkeit vertunckelt oder geschwechet sein worden.

Der knoblauch mit salniter/ saltz vnnd essig vermengt/vnd das haupt darmit geschmiert/ tödtet leuß vnd niß/welchs auch der knoblauch für sich selbs thut/entweder getruncken oder angestrichen / wie Plinius vnd Auicenna schreibt.

Es sagt Dioscorides / daß man den knoblauch mit wolgemut nützlich gebrauchen kan / er sey roh oder gesotten / für die leuß vnd niß.

Es schreibt Celsus / daß der knoblauch ohne vermischung anderer artzneyen inn der speiß gebraucht / die spulwürme vertreibt / welches auch Rufus Ephesius bezeuget / vnnd setzet darzu / daß der frische knoblauch krefftiger sey alß der alte.

Es ist bewehrt funden / daß der knoblauch mit öl vnnd saltz angestrichen / die bläterlin nicht lest außschlagen: item/daß das die flechten vnnd zittermähler vertreibt.

Der knoblauch so wol gekocht alß vngekocht / dient für das alte husten / doch soll der gekochte besser sein alß der rohe/ vnnd der gesotten besser alß der gebraten/ vnnd macht auch mit dieser weiß ein helle stimme.

Es haben mir etliche für ein gewiß experiment gesagt / daß drey knoblaücher

mit

mit schweinen schmaltz vermischlet/ vnnd zu einer salben gemacht / ein bewehrt artzney gewesen sein für den alten husten / so von der kelte herkommen war / so offtmal die fußsolen mit dieser salb bey dem fewer geschmiert sein worden/vnnd deßgleichen der ruckgrad in dem betth/ wann man hat schlafen wöllen. Man muß aber des morgents vnnd abents ein brusttranck zuuor brauchen.

Gemelte salb ist auch gut für das schitten vnnd ritten der feber / man muß aber mit derselben auch den pulß salben.

Wer knoblauch zuuor hat gessen/vnnd demnach ein gifft darauff getruncke͂/ dem schadet dasselb nicht. Vnd welche nicht wol dewen können / die mögen knoblauch mit grossem nutz brauchen/ doch desselben auch nicht zu vil vnnd vber die maß: denn sonsten wurd er den augen sehr schädlich sein/wie der poet auß Hessen anzeigt/da er von knoblauch also spricht:

Præterea, coctúmve cibo, crudúmve comestum
Calfacit, & stomachos humiditate leuat.
Verùm oculis persæpe nocet, si copia sumpti
Multa sit, & sicca conficit ora siti.

das ist/

Knoblauch rho oder gesotten genützt/
Den leib erwärmet vnd erhitzt/
Dem feuchten magen ist sehr gut/
Den augen dennoch schaden thut/
Desselben zu viel eingenommen/
Bringt auch den durst/vnd mag nit frommen.

Praxagoras braucht auch den knoblauch für die gelsucht/ in wein mit coriander getruncken.

Hippocrates schreibt/daß der rauch von den auffgelassen/ die ander geburt außführet/welches auch Plinius bezeugt.

Diocles sagt bey dem Plinio / daß der knoblauch gesotten vnnd getruncken/gut sey für den nieren stein.

So spricht auch Didymus inn seinem büch von dē Feldbaw/daß gemelter knoblauch wol harnen macht/ vnd das lenden wehe vertreibt.

Es haben mir etliche für gewiß gesagt/ daß der knoblauch gesotten oder in heisser aschen gebraten/vñ mit pech zerknitschet/ alles außzeucht/ was ein essen schaden in sich hat. Item/daß der knoblauch geschelet / vnd inn die scham der weiber gestossen / den frawen jhre zeit bringt / soll aber

mit

mit einem faden an den schenckel gebunden werden/daß man jhn zu seiner zeit widerumb mög außziehen. Sie haben auch gesagt / daß solches viel besser geschehe / wann der knoblauch mit spicken öl zerknitschet / vnnd in ein dinn düchlin / das gleich alß ein langes säcklin gemachet soll sein/gethan/vnnd in die scham tieff eingestossen/demnach das/wann es zeit ist/auß genommen wirt. Denn so ziehet er den frawen jhre blumen viel kräfftiger auß / vnnd reiniget die beermutter dermassen/ daß jhrer viel nach solcher reinigung haben empfahen können/welches schon lange zeit zuvor an jhnen verzweifflet ware worden.

Der knoblauch geschelt vnnd gebraten auff den schmertzhafften zan gelegt / vertreibt das zanweh/wo anders der schmertzen von einer kalten vrsach sein vrsprung genommen. Solches haben wir auch versucht mit der wurtzel von Schölkraut/ welche zerstossen / vnnd auffgelegt solle werden.

Der knoblauch mit wein zerstossen vnd durchgeseiget / ist gut für den schlangen biss / wo man das von stundan trincket vnd den schaden mit einer scharffen zwybel wol reibet / oder ein pflaster von knoblauch / feigen blettern vnd kümmel macht vnd vber denselben schlaget. Solches kan auch für ander vergiffter thieren biss gebraucht werden.

Es sagt Diocles / daß der knoblauch mit pifferkraut (centaurien) oder gezweiten feigen / für die wassersucht nützlich sey / denn das reinigt den bauch / führt das wasser auß vnnd trocknet den leib / doch sagt man / daß der grüne knoblauch baß vnnd gewisser solches würcke / mit coriander zerstossen / vnd in wein getruncken.

Dieses alles beschreibt Macer in diesen versen / welche wir hieher setzen wollen / damit wir beweissen / daß die alten solches erfunden vnd bewert haben:

Prodidit Hippocrates educi posse secundas
Fumo combusti, si vulua diu foueatur.
Praxagoras illo fuit vsus cum coriandro
Et vino, morbos sic curans ictericorum.
Cum centaurea Diocles dare præcipit illud
Hydropicis: sic humores desiccat aquosos.
Idem nephreticis elixum sumere iußit.

Es

Es pflegen etliche für das zan wehtumb so von kalter materien kompt drey knobleucher zustossen / mit essig zu vermischen vnd auff die hole zän zu legen. Etliche waschen nur den mund mit dem gesottē wasser von dem knoblauch.

Der knoblauch mit essig vnnd salniter angestrichen / machet die haut glatt von der rauden vnd aussetzigkeit.

Der knoblauch des morgens gessen vñ im mund gehaltē / ist gut für die kalte lufft vnd trübe / auch schnee wasser / daß einem solche nicht schaden mögen.

Man sagt / daß der knoblauch mit einem halben scrupel laserpitij gemischt vñ getrunckē / das viertäglich feber vertreibt. Item / daß der knoblauch den hünern inn die speiß gemischt vnd zerstossen / sehr nützlich sey für das pfitzen.

Der knoblauch reitzt auch zu der vnkuschheit. Dannenher wo man die geburts glieder des Viechs mit gestossem knoblauch bestreichet / so führt es jhme den gestanden harn auß / vnd wirt zur geilheit bewegt.

Knoblauch mit bonen wol gesottē / vnd

darauß gemacht ein salb / dieselb dienet wol für das hauptwehe/so von kalter materien kompt / auff die schläf gestrichen/ wie solches die erfahrnuß außweisset.

Misch knoblauch mit gänß schmaltz vnd tropff das inn das ohr / solches hilfft für die taubheit.

Knoblauch gesotten vnd genützt/ heilt den husten vnnd das keichen/ vnnd macht ein helle stimme. Kocht man aber denselben mit einem müß/so dient er für den harten bauch vnd kalte schleimige gebräst der lungen.

Es schreibt Galenus / daß wann der knoblauch in zweyen oder dreyen wassern gesotten wirt/so ist er nimmer scharff/vnd gibt ein geringe nahrung dem leib/ welche er zuuor / eh er gesotten worden / nicht geben hette. Sagt aber/daß man den knoblauch nicht viel noch stets essen soll/ja daß man sich auch für allen scharffen wurtzen hüten soll/ vnd gebeut solches inn sonderheit den jenigen / welche biliosi sein / das ist einer hitzigen natur. Denn der knoblauch ist denen allein gesundt / welche ein rohen / dicken vnnd zähen schleim im leib ge-

gesamlet haben / wo man jhn anders zu rechter zeit gebrauchet.

Es schreibt Didymus vnnd Sotion/ daß ein rohe bone auff knoblauch gessen/ seinen geruch nider trucket. Menander aber sagt/ daß man auff den knoblauch ein gebraten Mangolt wurtzel essen soll. Vnsere leuth vertreiben den geruch mit grünem epfich.

Fürs letzt/ so kan ich allhie zwey wunderbarliche wirckung des knoblauchs nit verschweigen. Die erst ist diese / daß die wiesel vnnd eychhörner/wann sie mit den zänen den knoblauch geschmeckt haben / kaum dörffen hinforter beissen / vnd werden auff diese weiß gezampt. Die ander ist diese/ daß der knoblauch auff die äst der bäumen gehenckt/die vögel vertreibt/welche die frucht sonsten abfressen wurden / wie Democritus schreibt inn seinem bůch von dem Feldbaw.

Welcher von dem knoblauch mehr wissen will/wie man denselben mög zilen/daß er gar kein bösen geruch bekomme/ ja auch süß wachse / der lese vnser ander bůch von den heimligkeiten des gartens / da wirt er finden/ daß jhm mög gefallen.

Rettich sampt seinen artzneyen. Raphanus seu radix altilis.

Das vierte Beth.

DEN gärten rettich heissen die Frantzosen Rauen vnd Reforum oder Raphum. Mit dieser wurtzen pflegen vast alle so wol Burger alß bawer einen lust zu dem essen zu machen/ brauchen denselben etwann für sich selbs/ bißweilen mit wasser vnd saltz.

Es schreibt Florentinus in seinem büch von dem Feldbaw/ daß der rettich den kalten naturen sehr nützlich sey / vnnd diene wol für das nierenweh vnd den stein/sonderlich wo jemands sein außwendige rinden mit weissem wein vnd wasser siedet oder zerstösset/nachmals durchseiget vnnd des morgents nüchtern solches trincket/ etliche tag nacheinander.

Der rettich zerstossen vnd nüchtern in warmen wasser getruncken/macht kotzen:

es

es brauchen aber die Medici lieber den samen alß das fleisch in dieser sachen.

Rettich vor oder nach dem essen gebrauchet/macht auffstossen/thut aber solches nicht/mit baum öl gessen. Denn das öl lest die dämpff nicht vbersich.

Rettich safft mit süssem wein getruncken/heilt die gelsucht/ vnd mit honig/den husten. Ist auch denen gut so da keichen vnd schweren athem haben.

Medius ein artzt bey dem Plinio sagt/ daß man für das blut speien gekochte rettich brauchen soll. Mit welchem Q. Serenus vbereins stimmet / denn so spricht er:

Sin autem rutilus referetur pectore sanguis,
Sorbitio menthæ, raphanus vel cocta iuuabit.

das ist/

Müntz vnd rettich safft gebraucht wol/
Für das blutspeyen gut sein soll.

Es sagt auch vorgemelter Plinius/daß der gärten rettich inn sawerm tranck oder essig gesotten vnd vbergelegt/für den gifftigen biß der schlangen heilsam sey. Serenus gedenckt des essigs oder sawren trancks nicht/da er diese sach beschreibt. Denn so spricht er:

Proderit & caulem cum vino haurire sabuci:
Aut coctum raphani librum, tritúmve ligare.

Das ist/

Die holder Bletter trinck im wein/
Auch rettich safft/es hilffet fein.
Ein gleiche krafft das pflaster hat
Auß rettich/gebunden auff den schad.

Es sagen etliche/daß die gantze wurtzel dem gifft widerstehe/dermassen/daß wer sie des morgens gessen hat/dē schadet kein gifft desselben tags. Vnd welcher die hend mit rettich safft geschmieret hat/der kan die schlangen one schaden angreiffen vnd halten/doch rhat ich einem jeden/daß er solches lieber glauben/alß erfahren soll.

Das aber ist wunderlich/daß welcher den rettich zuuor hat gessen/vnnd von einem scorpion gestochen wirt/der wirt ohn allen zweiffel mit dem leben daruon kommen. Vnd wo der rettich auff die scorpionen gestrewet wirt/so sterben sie.

Es sagen die Griechischen Geoponici/daß wo jemandts striemen vnnd blawe masen hat empfangen/oder zerknitscht wer worden/der kan sich heilen mit gestossen vnnd auffgelegtem rettich. Denn er

bringt

bringt die vorige farben wider / vnd dilget die mähler vñ fläcken auß dem angesicht / vertreibt auch das viertäglich feber / wo man denselben stets gebraucht vnnd darmit das kotzen bewegt / dadurch der magen sich pflegt zu reinigen.

Den rettich gibt man auch den kindbetterinnen vnd seugammen / denn er mehrt die milch / macht auffstossen vnnd bewegt den harn. Bißhieher Florentinus / einer auß den Griechischen Geoponicis.

Hippocrates sagt / man soll die außfallende haar der weiber mit gestossen rettich reiben. Auch vber den nabel legen für die mutter.

Praxagoras braucht den rettich für das darmgicht. Plistonicus aber für die colica vnd bauchgrimmen.

Rettich mit honig vermischt vnnd getruncken / bringt nicht allein den weibern jhre blumen / sondern treibt auch die spulwürm auß dem leib / ist gut für das halßgeschwer vnd breune mit essig vnd honig gegurglet oder gargarisirt / wie die Medici reden.

Galenus sagt / daß der rettich mehr ein

obst alß ein nahrung sey. Es schreiben jhrer viel/daß er inn der speiß gessen oder getruncken / ein bewehrte artzney sey für die gifftigen schwämme. Macht ein scharff vnd beissend geblüt / ist deßhalben den hitzigen naturen schädlich. Es sagen etliche daß er böß zu verdewen sey / vnnd mache auffstossen/item/böse vnnd rohe feuchtigkeit/die man cruditates nennet/wann der magen nicht starck solt sein. Welches alles von dem vbermessigen brauch desselben zu verstehen ist / vnnd wenn man den rettich so schlecht isset/oder sonsten mit wenig andern speissen gebraucht. Denn wie man jhn jetziger zeit isset/so wirt sein krafft leichtlich nidertruckt.

Es verwundert sich Galenus / daß etliche den Rettich nach dem nachtmal essen/vnd mainen er dewe wol die speissen. Welches ob sie gleich sagen / spricht Galenus/daß sie es erfahren haben / doch hat jhnen niemandts ohne schaden können nachfolgen.

Das gesotten wasser von den Rettich blettern ist gut für die verstopffung der leber/vnnd für die geelsucht. Deßhalben thun

thun die jenige recht / welche mit rettich blettern/inn stat des köls/ jhre suppen vnd brühen geschmackt machen.

Der Rettich safft oder sein öl in die ohren gelassen/legt das saussen vnd bläst in den ohren.

Der Rettich samen mit weissen wein gestossen / durchgeschlagen vnnd getruncken/ist so krefftig für das gifft/ alß der teriack selbs. Solches hab ich zur zeit der pestilentz offtmals bewehrt gesehen.

Der Rettich samen mit essig gestossen vnnd auff das faule fleisch gelegt / heilt dasselb.

Der Rettich safft mit honig zerstossen vnnd angestrichen / vertreibt die striemen vnnd blawe maasen oder mähler/ so einer vom schlagen oder streichen hat bekommen.

Der Rettich mit essig zerknitscht / ist gut für die anfangende entzündunge initiantes phlegmonas.

Der Rettich mit der wurtzel von seeblumen gesotten / legt den blasen schmertzen vnd macht wol harnen/pflasters weiß auff die scham gelegt.

Der Rettich safft mit gesaltzenem käse vermischt/dilget die blawen masen auß.

Rettich stets vnd offt gebraucht/mehrt die milch/wie auch obgesagt. Es sagt Plinius/daß die rettich scharff sein nachdem sie ein dicke rinden haben/vnd daß sie den zänen schaden thun/dieweil sie dieselben abreiben.

Es ist wunderbar/daß der rettich vnd weinstock ein solche feindtschafft gegen einander tragen/daß wo sie neben einander gepflantzt werden/so fleucht einer von von dem andern/daß mans wol mercken kan/geschihet ohne zweiffel auß verborgner widerwertigkeit jhrer naturen.

Wo etwann einer inn des andern ort gepflantzet wirt/so bekleiben sie nicht vnd schlagen nicht auß. Deßhalben schreiben die Græci/daß der rettich ein artzney sey für die trunckenheit/nemmend den rettich vnd den köl für ein kraut/vnd geben jhm ein widerwertige tugent/was den wein anbelangt. Denn wo der rettich inn ein verdorben wein gethan wirt/vnnd nachmals außgenommen/so sagt man/daß er denselben wider gut mache/vnnd den bösen

sen geschmack an sich ziehe. Das widerspiel thut der köl/welcher inn den wein gelassen / denselben verderbet vnnd zu essig machet.

Petrus Crescentius (damit ich nichts außlasse/was ich entweder gelesen/gehört oder versucht hab) sagt / daß auß dem rettich ein geartzneter essig auff diese weiß mag gemacht werden. Stoß die gedörten rettich wurtzel zu puluer/ schütt das in ein weinfaß/misch es mit dem wein/vnnd laß ettliche tag lang stehen / so hast du ein rettich essig / welcher sehr nützlich ist für den nieren stein / vnnd andere kranckheiten mehr.

Man hat den rettich bey den alten inn solchen ehren gehalten / daß Moschion ein Griechischer author von seinem lob ein gantz büch geschrieben hat. Schreibt vnter anderen auch / daß der rettich inn Griechenland allen anderen speissen dermassen vorgezogen sey/ daß man jhn inn gold hat gefaßt / den mangolt inn silber / vnnd die rüben inn bley / vnnd also dem tempel Apollinis geschenckt vnnd zugeeignet. Solches hat der poet Eobanus mit diesen versen fein beschriben/ da er also sagt:

Fabula narratur sacros ab Apolline Delphos
Omnibus hunc alijs præposuisse cibis.
Ex auro vt raphanum sacrarent, pondere betam
Argenti, plumbum rapa fuisse ferunt.

Ehe ich von dieser histori die hand abrucke/ so will ich ein bewehrt experiment anzeigen für den nieren stein vnnd colica oder bauchgrimmen/ so von dem stein kompt/ auch für das tröpffelingen harnen/ vnnd wirt also gemacht: Nim die rinden von dem schärffsten rettich/ ein vntz/ mispel körner ein halb lot/ zerstoß beide stück groblecht/ vnd beitz sie acht stunden inn vier vntzen guten weissen weins/ seig das ab/ vnnd gibs warm zu trincken des morgens vnd abents. Dieser tranck muß offt widerholt werden/ wo es von nöthen thut/ vnnd auff einmahl wenig oder viel gebraucht werden/ nach gelegenheit der personen vnnd des alters. Welcher das brauchen wirt/ der wirt mir ohn zweiffel für dieses heilsam geschenck/ danck wissen zu sagen. Es ist auch wol wirdig zu wissen/ daß der rettich das helffenbein wol po-

pollren vnd außfegen kan. Auch daß grosse saltzhäuffen zu wasser von stundan zerfliessen/ wo man rettich mit jhnen vermischet. Auch wo derselb in den wein gelegt wirt/ so zeucht er allen bösen geruch vnnd schmack an sich.

Der dritte platz Des Artztgartens/ welcher etliche wolriechende kreuter begreifft in xj. bethen.

Garten salbey sampt ihren artzneyen. Saluia.

Das erste Beth.

ES sind keine/oder ja wenig gärten/ so wol in den Stetten alß dörffern/ inn welchen dieser staud nicht zu sehen wer/ von welchem der poet nicht vmb sonst noch vnrecht gesagt/da er spricht:

Cur morietur homo, cui saluia crescit in horto?

das ist/

Wie kan doch einer sterblich sein/
Dem salbey wechßt in seim gärtlein.

Denn es ist ein heilsam kraut/salutaris herba/hat vileicht dannenher seinen nammen bekommen/ wie auch vorangezogner poet vast zu verstehen gibt inn diesem reimen:

Saluia saluatrix, naturæ conciliatrix, &c.

Die salbey soll in sonderheit fruchtbar machen/vñ deßhalben hat Agrippa Saluiam nicht vnrecht Sacram / das ist/ ein heilig kraut genennet/vnd geschriben/daß die löwen solches suchen vnd essen/ damit sie leichtlich gebären mögen.

Es sagt auch Aetius / daß die schwanger frawen / wann sie flüssig vnnd offen sein/ salbey nützlich brauchen können/ deñ dieses kraut behelt die frucht im leib/vnnd bringt dieselb lebendig auff die welt.

Wenn ein fraw ein quart des salbeyen saffts mit wenig saltz/den vierten tag nach dem ehlichen beyschlafen trincket/vnd sich nach einer viertheil stunden mit dem mañ vermischet / so wirt sie ohn allen zweiffel empfahen / wo anders die alten recht geschrieben haben. Dannenher sagt man/ daß alß inn der statt Copto inn Aegypten landt nachdem sterben wenig einwohner

bey

ben leben gebliben waren/ da hab man die weiber disen safft gezwungen zu trincken/ vnnd sollen deßhalben auch vil kinder gemacht haben.

Es sagen die Medici / daß der salbeyen rauch die vbermessige flüß der weiber verstopffet/ vnnd die neruen stercket / welches auch geschicht / wann die salbey getruncken wirt. Denn sie trocknet die feuchtigkeit auß / durch welche die neruen relarirt vnd außgedent werden. Deßhalben sagt man/ daß sie das zitteren der henden vertreibt.

Die bletter inn den tranck gelegt / benemmen alles was böses oder schedliches darinnen ist/ welches auch durch diesen gemeinen verß pflegt angezeiget zu werden:

Saluiaq́ cum ruta faciunt tibi pocula tuta.

Das ist/

Salbey vnd rauten/sagt jederman/
Die tränck vnschädlich machen kan.

Salbey zerstossen/vnd auff die vergiffte schäden gelegt/heilt dieselben / vnd verstellet das bluten der wunden.

Salbey safft mit wein warm getruncken / heilt den alten husten vnnd das seiten weh.

Salbey getruncken oder vnden auffgelegt / reinigt die beermutter / vnnd führt die ander geburt auß / schleist auch die gestanden frucht bald auß dem leib.

Die salbey wirt auch mit wermut nützlich getruncken für die blut rhur / vnd man sagt / daß sie auffgelegt / die todte geburt außziehe / auch die würm der ohren außführe. Item daß sie mit öl zerstossen / vnd vber schlangen biß gelegt / dieselben heilen soll.

Macht das haar schwartz / vnd reinigt die wüste offen schäden / bringt den frawen die verstanden blumen wieder.

Salbey gesotten sampt dem stengel / darnach durch ein düch geseiget / heilet das iucken am gemächte / manns vnnd frawen damit gewäschen vnnd gebähet. Solches bezeugt auch der poet Macer / welcher von der Salbeyen auff diese weiß schreibt:

Pruritus vuluæ curat, virgæq; virilis,
Si foueas vino, fuerit quo saluia cocta.
Illius succo crines nigrescere dicunt,
Si sint hoc uncti crebro sub sole tepenti.

Es wirt ein wein von Salbey gemachet/welchen man Saluiatum genennet/ ist zu vielen dingen gut vnd nützlich/ darvon lise inn dem andern bůch von den geartzneten weinen.

Für das letzt / Orpheus hat befohlen/ daß man den Salbeyen safft mit honig den jenigen geben soll nüchtern zu trincken/ welche blut speihen / vnd hat sie von stundan gesundt gemacht.

Es pflegen ettliche ein salsament mit der salbey zu machen/auch die speissen damit zu würtzen/ solches bringt lust zum essen / sonderlich wo der magen mit bösen vnnd rohen feuchtigkeiten beladen vnnd beschwert ist.

Hie kan ich nicht verschweigen / daß man die salbeyen nicht setzen soll / sonder weinrauten / sonsten wurden sie von den schlangen vnnd krotten (mit grossem gefahr der jenigen / so von denselben staud essen) genagt vnd abgebissen/ welche gern vnter der salbeyen wonen. Ist aber die Salbey von gemelten gifftigen thieren verderbt / das wirt gemerckt / wo die bletter inn der spitzen schwartzlecht vnnd gleich alß verbrennt sein. Alßdann wisse/daß sie gifftig vnnd schädlich sey zu gebrauchen.

Es hat die salbey noch ander tugent vñ krāfft/welche auch mit der zeit einem jeden sollen mitgetheilt werden.

Ysop sampt seinen artzneyen.

Das ander Beth.

DER Isop ist den Frantzosen ein gemein vnd wolbekant kraut/auch nur deßhalben/daß sie jhre speiß damit pflegen geschmack zu machen/vnd den frischē bonen zu vermischen/wann sie dieselben kochen oder rösten. Denn er zertheilt die bläst/welche die bonen sonsten erwecken. Der Isop mit wein gekocht vnnd gegurgelt heilt die breun vnnd halßgeschwer/wirt auch getruncken für das keichen vnd die spulwürme.

Der Isop heilt den grind des viehs/mit öl genützt. Mit wasser aber/honig/feigen vnnd rauten vermengt/vnnd ein tranck

tranck darauß gesotten/ist gut für die lungen vnd lebersucht: item für den alten hasten/schweren athem/ seiten stechen/vnnd flüssige brüsten/tödtet auch die spulwürm im leib / vnnd reiniget die fliessende offen schäden.

Das gesotten wasser von Ysop mit essig vnnd honig getruncken / zerschneidet den zähen vnnd dicken schleim / pituitam genannt / vnnd führet denselben auß dem leib.

Ysop mit feigen/salniter vnnd schwertel gesotten/vnnd alß ein pflaster auff die geschwulst des miltzes gelegt / vertreibet die zu hand. Ist auch gut für die wassersucht.

Er vertreibt die blawe masen/mit warmen wasser den ort gewäschen / heilts singen in den ohren/der rauch vnd dampff in die ohren gelassen.

Ysop gesotten / vnnd so warm mit wenig essig inn dem mund gehalten / stillet das wehetagen der zän / sonderlich wo der schmertzen von einer kalten matery entsprungen.

Der wein / darinn Ysop gesotten worden/getruncken/öffnet die verstopffte mutter / vnd reiniget sie von den vberflüssigen feuchtigkeiten. Dieses alles beschreibt auch der poet Macer mit diesen versen:

In pectus, capitis si destillatio fiat,
Quæ persæpe solet tußim, phthisimq; creare,
Prodest hyssopi decoctio, sumpta decenter:
Sic vt cocta simul sint mel, ficus quoq; sicca,

Für gemelte lungen brästen ist auch gut das Ysop puluer mit honig vermenget / vnnd alß ein loch oder latwerg zubereitet / oder mit oxymelite. Diese artzney vertreibt auch die bläst / vnd zertheilet den zähen phlegmatischen schleim/vnd macht außwerffen.

Johannes Mesue / ein berümpter artzet vnter den Arabischen / schreibet also von dem Ysop. Der Ysop/sagt er/ reiniget auß der brust vnd lungen vnnd anderen lufftgängen den schleim / pituitam / vnd alle faule feuchtigkeit/auch den eyter/ so inn denselben verborgen war / machet leicht speien vnnd außwerffen / dieweil er die matery zerschneidet/dünn machet vnd abwischet. Ist deßhalben gut für das keichen / vnnd schleimige fallend sucht/vnnd

an-

andere feuchte kranckheiten des hirns/ein tranck darauß gemachet/vnnd vermengt mit oxymelite scyllitico. Hilfft auch verdewen/macht leichten athem vnd ein gute farb.

Wirt inn dem wein gesotten vnnd getruncken für die geschwulst der leber/des miltzes/vnnd ander innwendiger glieder. Welcher Ysop ein scharffen geruch vnnd schmack hat/der wirt für den besten gehalten/vnnd soll zur selben zeit eingesamlet werden/wann er blühet. Bißhieher Mesues.

Allhie kompt mir zu rechter zeit in sinn ein secret oder heimlich stuck eines gelehrten artzts/welches gar leicht vnnd wol zu bereiten für den nieren stein. Wirt allein gemacht von dem Ysop syrup/mit zwey oder dreymal so viel wassers von Parietaria/glaßkraut auff Teutsch genannt. Mit dieser artzney hat vorgemelter artzt jhren vielen geholffen/den krancken dieselb zehen oder zwölff tag nüchtern zu trincken gegeben/vnd so den stein auß den nieren gebracht. Das sey nun gnug gesagt von den krefften des Ysops/will al-

cei für das l etzt anzeigen / daß er zimliche
oction vnd z erknitschung leiden mag.

Sedeney oder Saturey / Satureia / sampt seinen artzneyen.

Das dritte Beth.

SAturey wirt võ den Frãtzosen de la sarriette genant / auff Teutsch auch Garten Ysop / oder zwybel Ysop.

Macht wol harnen / vnnd bringt den frawen jhre blumen. Sein kraut sampt den blumen gerochen oder krantz weiß auff den kopff gelegt / erwecket die schläfferigen.

Sein safft mit rosen öl vermischt / wirt inn die schmertzhafften ohren nützlich getropfft / vñ mit weitzen mehl auff die hüfft gestrichen. Ist auch gut mit wein genützet für die lungen / der brüst vnnd blasen brästen.

Tödtet die flöhe / mit wasser zerstossen vnnd gesprenget / reiniget wol die frawen nach der geburt / reitzt zu der vnkeuschheit / vnd

vnd soll deßhalben von den geilen Satyris seinen nammen bekommen haben/daß er heist Satureia / alß solte man sprechen Satyreia.

Saturey hilfft die speiß verdewen / vnnd benimpt den vnlust vnnd vnwillen des magens.

Sein puluer mit gekochtem honig vermischt/vnd mit mählich in dem mund gelassen zergehen/oder mit wein getruncken/ führet den zähen vnnd dicken schleim auß der brust/durch das außwerffen oder außspeihen.

Gemelts puluer mit warmen wein getruncken/legt das bauchgrimmen.

Man kan die schlafendsüchtige aufferwecken/wo man saturey mit warmen essig vermischt/vñ mit dem das haupt stäts reibt vnd verbindet.

Das puluer von saturey in einem weichen ey getruncken / soll die schlaffend ehliche lieb erwecken. Das sey von dem Saturey gnug gesagt.

Maioran sampt seinen artzneyen. Maiorana seu Sampsuchus.

Das vierte Beth.

DIeses edle vñ wolriechende kraut wirt Maioran geheissen / vñ eicht von dem Lateinischen wort Maior/ dieweil es mit grösser fleiß vnd sorgen von den weibern gezilet wirt/ alß sonsten viel andere kreuter. Sein natur soll heiß vnd trocken sein/deßhalben wirt das wasser darinn maiorana gesotten / für die anfangende wassersucht nützlich gebraucht/ auch für den harnwind vnnd bauchgrimmen. Ein salb von dürren maioran blettern mit honig gemacht / heilet die blawe masen. Maioran im wasser gesotten/vnd den dampff vnten auffgelassen / oder ein zapffen darauß gemacht / vñ in die scham gelegt/bringet den frawen jhre zeit. Stillet die entzündung der augen / vnnd auch die geschwulst derselben mit gersten mehl oder müß vermengt.

Maioran mit essig vnnd honig angestrichen/

strichen/ist gut für die scorpionen biss: mit wachs aber vermengt / hilfft wunderbarlich den verzenckten.

Maioran in wein gebeitzt/ vnd außgetruckt / demnach der safft in die nasen gethan oder gezogen / sterckt das hirn / machet niesen / vnnd reiniget das haupt von dem schleim.

Maioran öl öffnet die verstopffte beermutter / wo derselben halß mit diesem öl wirt angestrichen / wie Auicenna daruon schreibt.

Es ist wunderlich vnd wolgedenckwirdig/ daß die meuse heuffig zu der maioran wurtzel lauffen (wie ich solchs offtmals gesehen hab) alß suchten sie bey jr etwan ein hilff vnnd gewiß artzney / weiß aber noch nicht/warumb/vnd für welche brästen.

Fenchel sampt seinen artzneyen. Fœniculum.

Das fünffte Beth.

ES ist der Fenchel in allen gärten gemein / vñ von den schlangen gleich alß geadelt vnnd berümpt worden.

Denn man sagt / daß dieselben den Fenchel brauchen / wann sie jhr alte haut außziehen / vnd das gesicht clar machen wöllen. Dannenher hat man verstanden / sagt Plinius / daß auch der menschen augen dadurch erleuchtet vnnd heiter gemachet mögen werden.

Sein samen getruncken / mehret den frawen die milch. Dioscorides mischts mit gersten wasser vnd sagt / daß auch das kraut selbs ein solche krafft hat / die milch zu mehren.

Fenchel samen gestossen / vnnd mit wasser getruncken / legt den vnwillen / lindert den hitzigen magen vnd sterckt denselben. Ist auch gesundt der lungen vnnd leber. Verstellt die vberflüssige stulgäng / mässig genützt / bewegt den harn / legt von stundan das bauchgrimmen / geröstet inn der kost gebraucht.

Fenchel gesotten ist gut für das nieren wehe / vnnd bringt die Monden zeit der frawen. Deßgleichen thut auch die wurtzel mit gersten wasser gebraucht vnnd genutzet.

Fenchel wurtz mit wein getruncken / hilfft

hilfft wunderbarlich den wassersüchtigen vnd gichtbrüchtigen.

Die bletter mit essig gesotten / sind gut für aller hand brennende geschwulst/außwendig auffgelegt.

Der gestossen fenchel samen mit müntz vnd schmaltz vermengt/heilt die geschwollen brüste der weiber.

Nim vj. vntzen der rinden von der fenchel wurtzel/ sieds inn einem pfund essigs vnd honigs/das ist gut für den kalten magen/vnnd für die jenige/ welche mit einem zähen vnd dicken schleim bekümmert sein. Man truckt den safft auß gemelten stücken / nachdem sie eingesotten sein / wirfft die wurtzel weg/vnd der safft wirt mit honig vermengt / vnnd das wiederumb gesotten biß es dick werde. Dieses saffts soll man drey löffel voll mit wasser trincken / mehr oder minder nach dem alter des krancken.

Ihrer vil brauchen die Fenchel wurtzel mit wachs zu den blawen masen vnd mälern. Mit honig für die hunds biss vnnd tunckel augen: mit essig aber/ für die beulen die von dem schlagen herkommen.

Solches beschreibt der poet Macer mit disen versen.

Radicis succus oculis cum melle perunctus
Pulsa reddit eos omni caligine claros.
Illatos ictu subito quoscunque tumores
Apponens tritam iuncto sedabis aceto.

Der Fenchelsamen ist inn sonderheit nützlich die blást in dem magen vnd dármen zů zertheilen vnd außtreiben/ wie solches der gemeine reim auch bezeiget / welcher also lautet:

Semen fœniculi reserat spiracula culi.

Das ist/

Der Fenchel samen/glaube mir/
Die blást der dármen treibt auß dir.

Der Fenchel gebraucht wie man will/ mehret den natürlichen samen/ vñ ist sehr nützlich für die heimliche glieder: deñ seud fenchel wurtzel in wein/vnd báhe dich damit / oder zerstoß die wurtzel mit öl / vnnd lege es auff die verschrte schám / es hilfft wunderbarlich.

Man macht ein safft von Fenchel auff diese weiß. Man zerstoßt den samen so noch new vnd frisch/ sampt den blettern/ ásten vnnd stengel/drucket den safft auß/ vnd vñ dörret jhn an der sonnen/daß soll gůt sein für die augē. Es kan auch ein safft gemacht werden von der wurtzel/wann dieselb in dem ersten außsprossen genommen vnd zerstossen wirt.

Etliche nemmen die mitlen stengel/ dieweil er noch blůet/vnnd setzen den zum fewer/so schwitzt er ein gummi/ist viel besser vnnd kräfftiger zum gesicht/darein gethan/alß der vorige safft. Q. Serenus braucht den fenchel safft mit honig/denn so lautet sein carmen:

Si tenebras oculis obducit pigra senectus,
Expressæ marathro guttæ cum melle liquenti,
Detergere malum poterunt.

Der berůmpt artzt Paulus Aegineta macht ein wasser für das tunckel gesicht auff diese weiß. Thůt inn ein new geschirr den grünen fenchel/schüttet regenwasser darüber/vnnd lest solches etliche tag stehen/nimpts demnach herauß/vnd behalt dz wasser zu der notturfft/welches ein gantzen monat des morgents inn die augen getropfft soll werden.

Alhie ist wol würdig zů wissen/daß man den fenchel nicht alß ein speiß/sondern alß ein artzney brauchen soll/denn er wirt langsam verdewet/vnnd gibt ein böse vnd geringe nahrung. Man pflegt jhn dennoch bißweilen in der kost zu gebrauchen/die böse vnnd schädliche speiß damit zu bessern vnd zu corrigieren. Denn gleich alß wir bißweilen mit dem lattich / petersilgen/müntz / maioran / oder deßgleichen vermischen / den lattich dadurch seine kelt zu benemen/ oder dieselb zu mässigen/ also pflegen wir auch den fenchel mit den kürbsen vnnd napen einzukochen / daß jhrer schad vnnd böse qualitet dadurch benommen oder gemessigt werde. Solchs pflegt auch mit den fischen zu geschehen/ sonderlich mit den Meerfischen / welche mit fenchel blettern bißweilen auch gefüllt werden / jhnen ein guten schmack dadurch zu machen / vnnd den schweren geruch des Meers zu vertreiben / ab welchen die zarten meuler ein abschew tragen. Aber das gehört mehr zu der kuchen alß zu der artzney. Will deßhalben nun diese sachen beschliessen.

Gär-

Gärten müntz sampt seiner krafft vnd würckung. Mentha hortensis.

Das sechste Beth.

ES hat die müntz bey den Frantzosen den Lateinischen namen behalten vnd heist mentha. Florentinus inn seinem büch vom Feldbaw schreibet/ daß die müntz/ wo kein ander vrsach wer/ doch nur deßhalben für vnnütz gehalten solt werden/ daß wann sie ein verwundter braucht/ so hindert sie/ daß die wundt nit mag heilen oder geschlossen werden. Wirt dennoch in einē brühlin für das blutspeien gebraucht/ wie Q. Serenus schreibet inn den versen/ so auch oben angezögen sein worden/ welche so lauten:

Sin autem rutilus referetur pectore sanguis,
Sorbitio menthæ, raphanus vel cocta iuuabit.

Das ist/

Von rettich vnd müntz bereit ein tranck/
Hilfft dem/ den sblut speyen macht kranck.

Es ist gewiß/ daß dieses kraut sehr nützlich sey für mancherley kranckheiten der gemächt / gesotten vnnd damit zu rechter zeit dieselben gebähet. Es ist auch gut mit Honig vermengt für die ohren schmertzen vnd rohe zungen. Vnd bringt die geburts zeit mit gesottenem most (sapa) vermischt / heilt auch die hunds biss mit saltz auffgelegt.

Müntz in die milch geworffen / lest dieselb nicht gerinnen noch dick werden / ob man gleich käßrennen darcin thete / wie Florentinus schreibt. Dieser sagt auch / daß die müntz auß gleicher krafft hinderlich sey zu der generation / vnd mejnt deßhalben / daß sie wenig nutzes schafft.

Etliche sagen das widerspiel / nemlich daß die müntz ein gut vnnd heilsam kraut sey dermassen / daß wo mans auff die brüst der weiber legt / so lests die milch weder gerinnen noch keck werden. Soll deßhalben inn die milch gelegt werden / damit wenn man dieselb trincket / kein gefahr vorhanden sey des wurgens / welches dann zu geschehen pflegt / wo die milch im leib gerinnet vnd zusammen laufft.

Es haben mir jrer vil für gewiß gesagt / sie habens versucht / daß die käse nicht verderben

derben noch verfaulen / welche mit müntz safft oder dem wasser von gesottner müntz vermengt oder besprengt sein worden. Solches hat auch der poet Macer beschrieben auff diese weiß:

Caseolos succus putrescere non sinit eius
Admixtus, vel si viridis superadditur herba.

das ist/

Wer seinen käß will behalten wol
Daß jhn kein wurm verderben soll.
Der misch darunder müntzen safft/
So wirt er bhalten seine krafft.
Auch thut deßgleichen / allein gebraucht
Das grüne kraut / gelegt darauff.

Es schreibt Democritus in seinem büch von dem Feldbaw / daß der safft von der müntzen mit granaten safft gemischt / das kluxen vertreibt vnnd das brechen / wann einer schleimige / vnnd auch rote blutige matery kotzet.

Müntzen safft mit kraffmehl vnd wasser vermischt vnd genützt / lindert das bauchgrimmen / vnnd verstellet die vberflüssige flüß der frawen.

Müntz für die nasen gehalten / sterckt das hertz vnd macht frölich. Sein schmack aber macht ein lust vnnd appetentz zum essen.

Frischer safft von müntz inn die nasen gezogen / heilt die brästen derselben / wirt auch für das hauptweh an die schläf mit grossem nutz gestrichen.

Gemelter safft mit essig vermischt/verstellet die inwendige blutfluß.

Man sagt/daß die müntz/auch nur getragen vnd inn den henden gehalten / die flechten verhindert / daß sie nicht wachsen mögen/ welches ettliche der wilden müntz zuschreiben.

Müntz stercket den magen / vnnd lest nichts darinnen faul werden / vertreibet die spulwürm so auß den därmen inn den magen kriechen / vnnd den leib plagen. Solches bezeugt die schola Salernitana mit diesen versen / so rheim weiß gemacht ein worden:

Mentitur mentha, si sit depellere lenta
Ventris lumbricos, stomachos vermesq; nociuos.

Das ist/

Hett die müntz nicht ein solch natur
Daß sie die würm auß dem leib führ/
So wer jhr nammen warhafft nicht
Vnd jhr beschrieben krafft ein dicht.

Man muß aber das gesotten wasser brau-

brauchen / alß auch mit dem wermut geschicht vnd nicht die substantz. Cornelius Celsus meint / man soll solches von den runden würmen der kinder verstehen.

Dioscorides sagt / daß der safft von müntz mit essig getruncken deßgleichen thut. Q. Serenus bezeugt solches auch von der müntz / daß sie ein solche krafft habe / welchessen schöne verß ich nicht mag vnterwegen lassen / sondern muß sie allhie anziehen / vnd lauten also:

Quid non aduersum miseris mortalibus addit
Natura? interno cum viscere teinea, serpens,
Et lumbricus edax viuant inimica creanti?
Quod genus aßiduo laniat præcordia morsu:
Sæpe etiam scandens oppletis faucibus hæret,
Obsessaq; vias vitæ concludit anhelæ,
Democritus memorat menthæ conducere potum.

Das ist/

Wie hat der mensch so manche noht/
Die jhm aufflhengt der gerechte Gott/
Es wechst auß seinem fleisch vnd bein
Schlang/maden vnd würm groß vnd klein.
Vnd plaget nicht allein den Bauch/
Ja in den magen kriechet auch/
Bleibt in dem schlund offtmals kleben/
Verschleist den athem vnd das leben.
Man sagt/für solche brästen soll
Die müntz getruncken dienen wol.

Die müntz getruncken födert auch die geburt / mehrt die milch / vnnd weichet die harte brüst / da die milch innen verhartet vnd geschwollen ist / gesotten vnd pflasters weiß auffgelegt. Sie bewegt auch zur vnkeuschheit / darumb fragt Aristoteles inn den problematibus / warumb die müntz zu der zeit des kriegs nicht solle geseyet noch genützt werden. Denn welche inn der kost stets müntz brauchen / die werden geil vnd vnkeusch. Nun wirt durch die geilheit der leib geschwecht / die krefft gebrochen / vnd das gemüt schwach vnd krafftloß. Welche drey ding ein guter kriegsmann haben soll / wo er sein ampt recht vertretten will. Aristoteles aber bringt ein ander vrsach für / vnd sagt / es geschehe deßhalben / daß die müntz den leib erkeltet / denn sie mindert auch / wie oben gesagt / den natürlichen samen / soll deßhalben für ein kalt gewechs gehalten werden. Was aber kalt ist / das macht forchtsam vnnd krafftloß. Es sey jm aber / wie es wolle / so sagt Dioscorides / daß die müntz zu der vnkeuschheit reitzet. Dannenher ist kein wunder daß die alten / wann kriegszeit vorhanden ge-

gewesen / den kriegsleuten verbotten haben dieselb zu essen / vnd das Aristoteles geschrieben hat:

Mentham nec comedas, nec plantes tempore belli.

das ist /

Kein müntz nicht iss / auch pflantze nicht /
Wann Krieg dein Vatterland anficht.

Denn durch stete vnkeuschheit wirt auch der dapfferste vnnd sterckste kriegsmann schwach vnd krafftloß. Daß sey nun von der müntz gnug gesagt / oder ja villeicht mehr alß von nöthen wer gewesen.

Welsch Quendel / Thymchen / Thymus.

Das siebende Beth.

DEn Welschen quendel nennen etliche auch maioranā Anglicam / das ist / Engellendischen maioran. Die immen haben seine blumen lieb / vnnd wirt deßhalben auch immen kraut genennet. Denn es gibt dem honig ein gute farben vnnd lieblichen schmack / wie auch Virgilius anzeigt / da er spricht:

—— *redolentq; thymo fragrantia mella.*

Der Welsch quendel mit honig gesotten/ ist gut für das keichen vnnd schweren athem/macht wol außspeien den wust inn der brust/bringt den frawen jre zeit/treibt die todte vnnd nachgeburt auß dem leib/ vnd föddert den harn.

Das kraut gestossen / vertreibt die rote wartzen/vnd das hufftwehe mit wein vnd gersten muß genützt / wirt auch den fallendsüchtigen mit grossem nutz gereicht/ durch welchessen geruch ich offtmals gehört/daß die hingefallene aufferweckt sein worden. Man sagt auch / daß die jenige / so die gemelte schwere kranckheit haben/ in weichem Welschen thym schlafen sollen.

Die bletter gestossen vnd inn ein wollen gelegt / demnach mit öl vber die verrenckte glider gebunden / helffen wol/sind auch gut für den brandt mit schweinen schmaltz angestrichen.

Johannes Mesuæ ein fürnemer artzt redet von dem Thym also : Der Thym/ sagt er / wermet / macht dünn was keck war/ zerschneidet/ zerschmeltzet/ öffnet die ver-

verstopffung/ vñ zertheilt die dicken bläst/ führet miltiglich den schleim auß dem leib mit saltz vnd essig vermengt/wie Dioscorides sagt / vnnd auch wie es etlichen gefelt / die melancholey / doch langsam mit salgemmæ oder sale Indo gebrauchet. Macht auch den dicken vnd zähen schleim von der brust vnd lufftgängen leicht außwerffen/also auch vom hirn. Ist deßhalbẽ sehr nützlich für die kalten vñ schleimigen kranckheiten gemelter glieder vnd der neruen / alß für das keichen / husten / lungen schmertzen/sonderlich wann sein syrup/oder gesotten tranck/oder öl von seinen eingesotten blumen gebrauchet wirt. Gemelt öl machet auch das gesicht clar/ vnd behelt die gesundtheit. Sterckt die glieder / welche voll neruen sein / durch seine wärm. Vnd ein rauch darauß gemacht/ vnd inn die ohren gelassen / vertreibt das ohren wehe vnd das saussen. Der thym ist den alten gesundt / vnd gut für die kelt des Winters / macht lust zum essen / hilfft die speiß verdewen / todtet die spulwürm mit honig vnnd salniter gebraucht/bringt den frawen jhre zeit/macht harnen/vnnd vertreibt das ritten inn dem kaltenweh. Sein hefftige wärm wirt geschwecht mit vermischung anderer artzneyen/denn er wirt bißweilen mit rosinlin gesotten/bißweilen in essig geweicht/bißweilen mit mehr vnd wenig saltz (Salaeminæ genannt) vermischt/welches sein purgation föddert. Mag ein zimliche coction vnd zerknütschung leiden.

Aetius auch ein fürnemer artzt auß Cappadocia schreibet dem Thym noch mehr krafft vnd tugent zu. Denn so sagt er: Gib denen/so mit dē zipperle bekümmert sein/ nüchtern ein lot klein gestossen Thym/mit anderthalb lot Oxymel zu trincken/es führet die hitzigen vnd vberflüssige feuchtigkeit auß dem leib. Ist auch gut für die brästen der blasen. Welchen aber der bauch auffgeblasen vnnd geschwollen ist/denen gib j. quintlin des thyms nüchtern zu trincken mit einem löffel voll michts. Man gibt auch für das lendenwehe/hufftwehe/ seiten vnnd brustwehe/auffgeschwollen därme/ein quintlin des gestossen thyms mit anderthalb quintlin oxymel einē nüchtern zu brauchē. Auch für das böß gesicht

vnd

vnd hefftig augenwehe/ des morgens vnd vor dem nachtmal. Item/ wirt für das podagram/ auch wann einer schon nicht gehen mag/ mit wein nützlich getruncken. Letzlich für die geschwollen gemächt/ nüchtern zwey quintlin gebraucht. Diß sey von dem Thym gesagt/ von welchem ich desto weitleuffiger geredt hab/ dieweil ich weiß/ daß ein sehr krefftig kraut sey/ vnnd in allen gärten gemein vnd vberal wol zu bekommen.

Garten Basilig sampt seiner krafft vnnd würckung.

Das achte Beth.

GArten basilig (denn es ist auch ein wild basilig) ist dermassen bekant/ daß selten ein fenster ist/ welches nach derselben nicht weit vnd breit schmecket. Ein solchen starcken vnnd lieblichen geruch hat dieses kraut/ von welchem es auch Ocymum wirt genennet/ von dem wort ὄζω/ welches so viel lautet/ alß/ ich gib ein geruch. Psellus ein Griechischer author nennts βασίλικον/ Latinis regium/ das ist/ ein königlich vnnd herrlich kraut/ welchen nammen es noch behelt bey den newen Herbarijs/ nicht allein in Griechischer/ sondern auch Lateinischer/ Teutscher/ Italiänischer vnnd Frantzösischer sprachen. Heist villeicht deßhalben basilicum/ das ist/ königlich/ dieweil es allein in den Königs gärten gezilet worden/ oder von wegen seines guten geruchs/ welcher bey Königen lieb vnd wert.

Es haben die alten daran gezweiffelt/ obs nützlich oder schädlich sey inn der kost zu brauchen. Chrysippus ein alter artzt nennts cacostomachum/ das ist/ das nicht wol zu verdewen ist.

Galenus vnd Paulus Aegineta wollen nicht/ daß mans innwendig gebrauche von wegen des vberflüssigen saffts/ so den innwendigen gliedern schaden thut/ (solches soll von dem vbermessigen nutz verstanden werden) doch nicht verbotten außwendig zu gebrauchen.

Dioscorides vnnd Plinius halten das widerspiel vnnd sagen/ es sey dem magen nütz-

nützlich / denn es zertheilt die bläst/ mit essig gebraucht.

Mein meinung ist/ daß ich glaube/ basilig sey ein nützlich kraut / wo es messiglich gebraucht wirt/ dargegen aber schedlich/ wo es zu viel vnd zu offt genützt wirt. Denn welcher dasselb mit solchem hauffen alß die anderen speißkreuter brauchet/ der wirt ohne zweiffel ein bösen magen bekommen. Braucht ers aber messiglich alß wer es ein artzney / so wirt er nutz erlangē.

Basilig weicht den bauch/ zertheilt die bläst/ macht harnen/ vnd mehrt den frawen die milch.

Basilig gestossen / vnnd inn die nasen gethan / macht niesen / man muß aber die augen zuthun / wenn einem das niessen ankompt.

Basilig für die nasen gehalten/ erfrewet die trawrigen/ vnnd macht die forchtsamen mutig / vertreibt die wartzen mit vitriol vermengt. Reitzt zu der vnkeuschheit / wirt deßhalben den pferden vnnd eseln in das futter nützlich vermischt/ wañ man sie will reiten lassen.

Man hats erfahren/ daß basilig mit essig gebraucht für die önmacht nützlich ist/ auch für das hauptweh/wo dasselb auß einer kalten matery herkompt/ mit rosen öl oder essig vermischt.

Dioscorides sagt/ daß basilig mit gersten mehl/ essig vnd rosen öl angestrichen/ ein gute artzney sey für die entzündunge der lungen. Item/ daß sein safft die flüß außtrocknet/ auch daß der samen getruncken/ gut sey für das tröpffelicht härnen/ vnd sonderlich den jenigen/welche vil melancholisch vnd schwartz geblüt haben.

Es sagt Plinius/ daß Chrysippus ein artzt diß kraut gantz vnnd gar verworffen hat/vnd gebotten/man solls nit brauchen/ dieweil die ziegen oder geissen dasselb verwerffen. Denn es pflegen sonsten die geissen all ander futter zu essen/ außgenommē diß kraut allein/ob sie gleich sehr hungrig weren. Solches hat Botion auch verzeichnet Dieser sagt noch weiter/ daß diejenige vnsinnig werden/ welche basilig stets in der kost brauchen/ auch daß der/so basilig hat gessen/ vnd desselben tags von einem scorpion gestochen wirt/ nicht mag bey leben erhalten werden.

Pli-

Plinius schreibt das widerspil/vnnd sagt/daß die geissen gern basilig essen/vnd sey niemandt vnsinnig worden / der dieß kraut gessen hat/ja es sey ein heilsame artznei für die vergiffte scorpion biß so mit wein vnd wenig essig gebraucht.

Dioscorides schreibt auch/daß die jenige so basilig gessen haben / kein schmertzen empfinden/wo sie von einem scorpion gestochen werden. Ich halt deßhalben dafür / daß des vorgemelten Sotionis wörter anders gelesen / vnnd die negatio außgeloschen soll werden.

Diodorus sagt in seinen experimenten/ daß diß kraut leuse machet/wañs jemandt zu viel brauchet / von wegen des vberflüssigen saffts/welchen es in sich behelt. Ich will für das letzt noch das anzeigen / welches mir ein guter freund hat mitgetheilt. Wann ein schwanger fraw grosse noht leidet inn dem gebären / die neme basilig wurtzel mit einer schwalben fedder inn die hand/so wirt sie von stundan gebären. Es sind noch andere wunderbare secret dieses krauts/welche ich mit der zeit(wils Gott) auch an tag zu geben in willens.

Scharlach sampt seiner krafft vnd wirckung.

Orualla.

Das neunte Beth.

VOn diesem kraut/welches Orualla heisst/vnnd zu Pariß gemeinlich Tota bona genennet wirt/ haben die alten kein wort nicht geschrieben / so vil ich weiß. Etliche setzen es vnter den Scharlach / Orminum satiuum / wie recht aber solchs geschehe/ das gebe ich den herbarijs zu vrtheilen.

Dieses kraut zerstossen/zeihet die spreissen vnd dorn auß dem leib. Item/ fördert die verstanden geburt / vnnd macht ohne mühe gebären. Machet frölich/ in den wein gelegt / vnnd reitzet zu der vnkeuschheit. Braucht mans aber zuuiel/so schadet es dem kopff/ vnd macht schmertzen.

Sein samen heilt das trieffen der augen/wo man denselben in die augen thut/ vnnd vmbdrähet. Denn so zeihet er den schleim an sich / vnd wirt voll saffts/wie dann solches allen wol bekant vnd bewust.

Ge-

Gemelter samen mit honig vermischet / heilet auch die augen geschwer / argemata / vnnd das weiß im aug / Albugo genannt / auch den husten / wie ettliche sagen.

Ob aber diß kraut bey dem Plinio Aske orolophos heisse / das geb ich gelehrten leuten zubedencken.

Für das letzt / so setze ich das hieher / daß die blum vnnd samen von dem Garten scharlach inn ein wein faß gelegt / weil der wein noch järet / ein solchen geschmack dem wein machet / alß wer es ein Maluasier. Mercket solches jhr weinschenck / doch seind vermanet vnd gebetten / daß jhr niemandts mit ewern bösen vermischungen betrieget.

Roßmarin sampt seiner krafft vnd wirckung.

Das zehende Beth.

DIeser staud wirt Roßmarin genennet so wol von dem gemeinem volck / alß auch in den apotecken / ettliche nennen jhn Libanotin. Man zilet jhn allenthalben /

macht meyen vnd kräntz darauß. Sein geruch ist wie ein hartz oder weyrauch/ reucht so lieblich/ daß welche für onmacht niderfallen / dieselben werden gesterckt vnd wider erweckt durch seinen geruch.

Ein rauch auß rosmarin gemacht/heilt die flüß/schnupffen vnnd husten/auch ein tranck darauß gemacht/ vertreibt die geelsucht. Sonderlich aber hat rosmarin diese tugent / daß sein rauch vnnd schmack zur zeit der pestilentz das hauß sicher machet von böser vnd vergiffter lufft.

Roßmarin blumen stercken sonderlich das haupt vñ hirn/ deßhalben pflegt man sie gemeinlich zu brauchen für die kranckheiten des haupts.

Etliche pflegen den Roßmarin mit zucker einzumachen / vnnd behalten das für sich vnd jhre freund.

Der gantze staud ist gut für alle kalte kranckheiten/ stärckt vnd wärmet die glieder vnd neruen.

Der saffe von der roßmarin wurtzel vnd den blettern geseubert/ vnnd mit verschaumptem honig alß ein collyrium bereitet/ist gut für die kalten augenflüß. Ist aber

aber der fluß von einer hitzigen matery/so magst du ein eyweiß mit dem safft vermischen/vnd soll das eyweiß zuuor mit öpfel safft vnnd rosen wasser gerürt/vnnd lang durch einander vermischt werden.

Der samen mit pfeffer vnnd wein getruncken/ist ein bewert artzney für die geel sucht/auch für die verstopffung vnd bläst der leber.

Die wurtzel gedört/ gepuluert/ vnd mit wein getruncken / legt vnnd verstellet das bauchweh/ob es gleich ein colica wer/welches auch die rauten thut / vnnd saturey. Die ander krafft vnnd wirckung des roßmarins such in dem büch von den geartzneten weinen.

Lauendel sampt seiner krafft vnnd wirckung. Lauandula.

Das eilffte Beth.

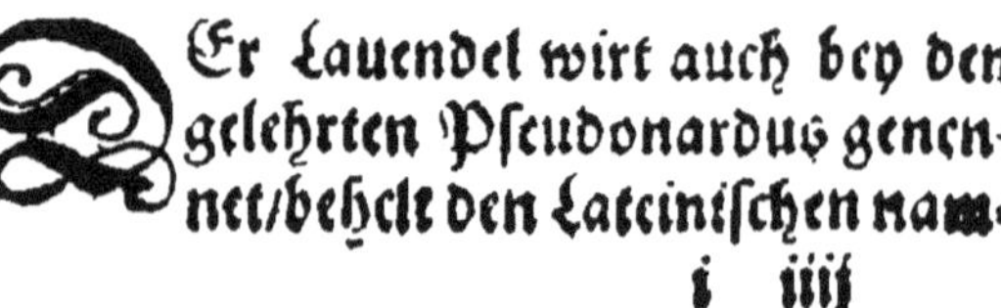

DEr Lauendel wirt auch bey den gelehrten Pseudonardus genennet/behelt den Lateinischen nam-

men Lavendel inn Italiänischer / Teutscher vnd Frantzösischer sprach von dem
wort Lavo, das ist/ich wasche. Denn sein
brauch ist inn den bädern/vnnd was darmit gewaschen wirt / das behelt ein lieblichen geruch. Ist ein bekanter vnnd gemeiner staud/welcher von wegen seines guten
geruchs auch Spicenardi / vnnd Aspico
bey den Frantzosen genennet wirt. Wiewol etliche wollen/daß dieser namme dem
grossen Lavendel soll zugeschrieben werden. Die spitzen von diesem staud pflegt
man zusammen zu binden/ meyen darauß
zu machen/vnd also auff den märckten zu
verkauffen / sonderlich zu Pariß / da man
dieselben inn allen gassen auff den karren
vnd körben zu Sommers zeit pflegt vmb-
zuführen/vnd auß zu ruffen.

Alle medici schreiben / daß der Lavendel gut sey für alle kalte gebräst des hirns/
vnnd contracte / auch gichtbrüchtige glieder. Item / sterckt den magen/ vnnd reiniget die leber von den eingefüllten feuchtigkeiten.

Der Lavendel heilet auch das verstopf
te miltz/wärmet die beermutter/vnnd führet

ret die Mondenzeit auß vnd nachgeburt.

Es wirt auß seinen blůmen ein öl gemacht/Spicken öl genant/welches ein so starcken geruch hat/daß es alle wolriechende öl weit vbertrifft. Deßhalben pflegen die apotecker dasselb ausserthalb der Apotecken vnd läden zů halten/damit es nicht dem bysem/ambra/zibet/vnd anderen gewürtzen den geruch vnd gůten geschmack benemme. Ist gůt für solche kranckheiten/ alß der staud selbst / sein krafft aber vnnd wirckūg ist vil stercker vñ durchtringend.

Das sey von den gärten kreütern vnd wolriechenden stauden auff dißmal genugsam gesagt.

Der vierte platz

Des Artztgartens / welcher etliche gärten frücht in vj. bethen begreifft.

Kürbß/sampt jhrer krafft vnd wirckung.

Das erste Beth.

DIeweil die kürbsen vnter den gärent früchten die fürnemsten sein / deßhalben wöllen wir von jhnen erstlich anfangen zů handlen

Chrysippus/ein artzt/hat gemeint sie seien dem magen schädlich/ vnd deßhalben verbotten dieselben in der kost zů brauchē.
Diphilus sagt das wiederspil / nämlich daß sie im wasser vnnd essig gesotten/den magen stercken sollen.

Es schreiben die Geoponici auß Africa vnd Griechenland / daß die kürbß den bauch weichen/vnnd jhr safft sey gut für das ohren weh/inn die ohren getropffet.

Das inwendig fleisch/auß welchem d' samen genommen worden/heilet die hartē vnd geschwollen füß.

Kürbß gesotten / vnd der safft darvon gebraucht/befestiget die bewegige zän / leget jhren schmertzen / so von warmer matery kommen.

Kürbß weicht den bauch/gibt aber kein güte narung/wie der poet auß Hessen bezeuget in diesen versen:

Humida frigoribus cognata cucurbita, paruo,
Quod vires faciat, pondere corpus alit.

das ist/

Kalt vnd feucht ist der kürbsen safft/

Nehrt

Nehrt wenig vnd gibt gringe krafft.

Kürbß gebraucht alß ein schlecht artzney/macht kalt vnd feucht. Braucht man jhn aber alß ein speiß/so soll man warme species darunder vermengen/alß Petersilgen/Zwybel/Pfeffer/Müntz/Römische quendel/vnd deßgleichen/machet sonsten ein wässerigē safft/der leichtlich verdirbt/sonderlich wo jhn ein kalter magen verdewen muß.

Die rinden von den kürbsen zerstossen/vnd der kinder köpff damit gesalbet/löschet die entzündung/welche auß der kranckheit/Siriasis genãt/zů entspringē pflegt.

Nim ein rohen kürbß/mach denselben hol/vnnd geiß wein darein/setze es in die lufft/vñ gib es denen temperirt zů trinckē/welche ein harten bauch haben/es hilfft.

Die äsch von einem dürren kürbß auff den brandt gelegt/hilfft wunderbarlich.

Alhie ist zů wissen/daß der kürbß in einer pfannen oder platten geröst/viel gesunder ist/alß gesotten. Denn wann man jhn bratet oder röst/so legt er den wässerigen safft ab/vnnd gibt ein besser nahrung. Wirt er aber gesotten/so muß man scharse species hinzu thůn / sonsten wirt er vngeschmack / sonderlich aber wirt sein geschmack gůt gemacht durch sawre / herbe / gesaltzen oder deßgleichen kreüter oder gewürtz. Da er nun sonsten ein vnwillen bewegt hette / so wirt er auff diese weiß vnschädlich / vnd macht lustig zum essen / wie Galenus schreibt.

Kürbß in einem hafen od' topff gebreñt / vnnd mit gänse schmaltz zerstossen / ist ein köstlich artzney für die offen schäden.

Kürbßsafft für sich selbst / oder mit rosen öl gemischt / heilet ein jeden brand / so in der haut geschehen. Sonderlich aber ist das wasser von den kürbsen wunderbar für die geschwinde vnd hitzige feber / wirt aber auff diese weiß gemacht. Man nimpt ein frischen kürbß / verwickelt denselben in ein newen teyg / backt jhn in einem warmẽ ofen sampt dem brot / ofnet jn / vnd samlet das wasser / welches dariñen schwiñet. Will aber jemands einẽ andern weg brauchen / der zerhack zů kleinẽ stücken ein gantzen kürbß / thů das in einem newen hafen / backe es (wie zůuor) in einem warmen ofen / trucks auß vnnd behalte den außgetrucktruckten safft. Sein brauch ist mit zucker/ die hitzigen feber zů löschen / den durst zů legen/vnnd den bauch weich vnd lind zů machen ohn ander speiß gebraucht. Deßgleichen krafft hat auch das wasser von dē samen des Psilien krauts mit rosen zucker vermischt oder feilchen juleb / wie ich dañ auß vielen erfahrnussen solches erlehrnet hab.

Es schreibt Auicenna/daß derselb/welcher die colica oder bauchgrimmen hat/ (wirt in den weibern die mutter geheissen) sich hůten soll für den kürbsen vnnd cucumern oder ogurken / sie seien bereitet wie sie wöllen / sonsten wirt er außschreien műssen:

Heu patior telis vulnera facta meis.

Das ist/

Mit einem pfeil hab ich gemacht
Die wund/vnd mich in kummer bracht.

Wiewol nun aber der kürbß kein schmack nicht hat/jedoch wenn man jhn kocht/so empfengt er ein jeden geschmack vnnd geruch / ja auch farben / wie man will/nach natur/vnnd eigenschafft der kreuter oder gewürtz/so man jm vermischet. Wie man aber ein purgierender kürbß machen soll/ das wirt in vnserm Secreten bůch angezeigt.

Cucumer oder Ogürken sampt ihren artzneyen.

Das ander Beth.

CVcumer oder Ogurken sind so wol bekant beide bey burgern vnnd bawren/daß man im gantzen garten kein ander gewächß besser kennet alß dieses. Matron hat den Cucumer in seinen versen Terræ filium/das ist/einen sohn der erden genennet: denn er wechßt auß der erden/vnd ligt auch im̃er in derselben schoß.

Heraclides nennet den cucumer Hedigeon/das ist/terræ suauitatem/ein lust der erden.

Diphylus Carystius/ein gelehrter artzt bey den Griechen/welcher auch von dem feldbaw geschrieben/hat die Cucumer im ersten essen verworffen/alß seyen sie schädlich/vñ steigen auff alß der rettich/sagt aber/sie seyen besser vnd mögen leichter verdewet

dewet werden / wo sie auff die letzt gessen werden. Sollen deßhalben sonsten in der kost gar nicht gebraucht werden.

Etliche ärtzt schreiben/daß der Cucumer same die kalten seich vnnd scharpffen harn miltern vnd temperiren soll.

Cucumer fleisch hat ein kalte natur/wirt deßhalbẽ mit not in den leib außgetheilt/ vnnd gehet schwerlich durch die krumme vmbgäng der därm/macht deßhalben zu zeiten ein schlitten alß ein feber/ vnnd legt dir vnkeuschheit. Welches die Greci mit diesem spichwort auch haben bezeigẽ wöllen/in welchem sie sagen/Mulier pallium texens, cucumerem deuoret. Ein neherin oder weberin soll cucumer essen.

Denn die neherin vnd weberin sind gemeinlich/wie Aristoteles sagt/vnzüchtig/ vnnd geneigt zů der vnkeuschheit.

Cucumer an die nasen gehalten ist gut für die onmacht / so von warmer matery härkompt.

Cucumer samen inn milch oder süssen tranck getruncken/hilfft denen/so ein raudig vñ schwerend blasen haben / auch für den husten/desselben so viel genommen/ alß drey finger begreiffen/mit kummel gestossen/vnd im wein getruncken. Item/für die wanwitzigkeit in frawen milch/vnnd für die rote rhur/anderthalb becher eingenommen/auch für die jenige so eyter vnd blůt außspeihen/mit so viel kümmel vermengt/alß der samen ist.

Cucumer hat ein abwäschend vnd zerschneidend tugent/macht deßhalben den leib glatt vnd schön/vnd solchs desto baß/ wo jemands den samen dörrt/zerstost/vnd durch ein sib seubert/demnach also alß ein seiffen puluer braucht.

Galenus schreibt von dem brauch der cucumer also: Es können wol ettliche die cucumer ein zeitlang wol verdewen/doch wann sie sich darauff verlassen/vnnd im brauch derselben verharren/so bekommen sie ein kalten magen vnd dick geblůt/welches nit leichtlich zů ein besser geblůt inn den adern mag verendert werden. Deßhalben rathe ich/daß sich ein jeder vor allen früchten vnd speisen enthalten soll/so ein böß geblůt machē wiewol solche speiß jrer vil ein zeitlang wol verdewen könnē.

Denn

Denn es wirt nach vñ nach on vnser empfinden auß jhnen nach langer zeit ein böser safft in den adern gesamlet/welcher alß bald er ein geringen anlaß zů den faulen hat bekommen/von stundan ein hitzig feber anzündet vnd verursachet. Das ist die vermanung Galeni / welche viel golds werd/die ein jeder mit fleiß merckẽ soll/welcher sein gesundheit in willens zůerhaltẽ. Es ist wol gedenckwürdig / daß ich in den alten bůchern der Quintiliorum gelesen hab/vnd auch gehört/es sey von jhrer vielen mit grossem nutz versucht worden.

Was ist nun das?

Leg neben ein kind/so noch sauget / oder ein wenig grösser ist/einẽ gleich so langen vnnd grossen cucumer / vnnd laß das beides also mit einander schlaffen/so wirt das kind gesundt/vnnd vergehet jhm das kaltweh von stundan.

Athenæus schreibt/daß die cucumer in den gärtẽ im vollẽ Mon sonderlich wachsen/vñ augenscheinlich zů nemmen / auch mit safft gefüllet werden/alß die meer igel (echini genannt) welches ein anzeigung ist/daß sie ein wässerigen safft haben. Mit dem Atheneo stimmet Plinius vber eins/ vnnd sagt auch/ daß die cucumer alß erschrocken / wann es donnert / sich vmbwenden/vnd gleich alß verwelcken. Solches hab ich mit meinen augen gesehen/ vnd etlichen meinen freunden bewiesen.

Die esel vnd maulesel haben die cucumer lieb / empfinden jhren schmack vnnd geruch auch von weiten. Deßhalben soll man die gärtē/darinnen die cucumer wachsen/wol verwahrē/ daß kein esel od' maulesel darein komme/ vnnd dieselb zertrette vnnd verwüste.

Nim den samē von cucumer/von kürbß vnd citrullen/ein jedes so vil alß das ander/misch darunder lattich vnd purtzel samen/halb so vil alß die vorige samē / auch liquerizen safft ein viertheil vnd mach kleine küglein darauß mit psylien graupen (mucilagine psylij)halt dieselbē im mund oder mach ein tranck darauß mit einem sawren syrup vnd gersten wasser/es vertreibt den durst vnd hitzig feber.

Citrul-

Citrullen / Melonen / Pfeben sampt jhrer krafft vnd würckung / pepones, melones ac melopepones.

Das dritte Beth.

IN dieser beschreibung begreiffen wir alle geschlecht der citrullen / sie heissen pepones / melones oder melopepones / dieweil sie vast alle ein krafft vnd würckung haben.

Der melon wirt alßdann für reiff vnd zeitig gehalten / wann sein stiel sich von dem leib sondert vnd ein lieblicher geruch auß seiner mitten an die nasen kompt. Diocles Carystius schreibt / daß der melon leicht zu verdewen sey vnd dem hertzē ein freud mache / doch gebe wenig nahrūg.

Galenus sagt / daß alle pfeben kelten / vnd einen vberflüssigen safft haben / doch den wust vnd fläcken an der haut vnd angesicht wol abweschen könnē / sonderlich mit jhrem samen. Sagt auch sie machen ein böß geblüt / ob sie gleich vom magen recht verdewt werden. Item / daß sie die ge schädliche vnd geschwinde kranckheit/cholera genennt/ in vilen erwecken/vnnd vil gelb wasser vnten vnnd oben außwerffen machen. Man soll sie im ersten essen brauchẽ/doch aber also/daß welche einer schleimigen vnd rotzigen natur seind/die sollen alten wein darauff trincken. Welche aber ein hitzig natur habẽ/die sollen ein essélechtige vnnd zickende speiß zůuor essen. Deñ auff solche weiß wirt den pfebẽ aller schad benommen/sonsten verendern sie sich gar leichtlich inn ein gelben vñ rotzigen safft/ flauam bilem vnd puitam. Vnnd schadet deßhalben ein süsser pfeb hitzigen naturẽ/ ein vnzeitiger aber kalten naturen. Etliche halten die langen für besser alß die runden/doch haben alle pfeben diese eigenschafft/daß sie den bauch weichen/vñ harnen machen / wo sie anders zeitig sein. Sollen deßwegen für das nierenweh gebraucht werdẽ/sonderlich jhr samen/welcher den sand inn nieren zerbricht vnnd außstosset.

Die rind von den pfeben auff die stirn gebundẽ/legt dz augenwee/so von hitziger matery kompt/deñ sie verstellet den fluß/ welcher

welcher auff die augen felt.

Der pfeben safft vnnd sein samen außgetrocknet vñ ein mehl darauß gemacht/ macht ein seiffen / so die haut vnnd angesicht glatt vnd schön kan machen.

Alle pfeben machen kotzen/inn solchen menschen / welche sonsten zum kotzen geneigt sein / es sey denn wo man ein gute speiß drauff isset/denn also werden sie desto eher hinunder gestossen.

Die ärtzt sagen/daß die pfeben die geilheit vertreiben/vnnd den natürlichen samen mindern.

Es schreiben etliche für gewiß/daß ein stücklin von einem melon inn den hafen gethan das fleisch bald kochen macht. Welche krafft auch der samen soll haben von den nesseln/oder senff/od' ein ast von dem feigenbaum/wie ich solchs in seinem ort auch will anzeigen.

Fürs letzt/die katzen haben die melonē sehr lieb/vnd essen nicht liebers alß dieselben/man soll deßhalben die gärten da die pfeben wachsen wol verwahren/daß kein katz darzů mag kommen.

Pfeben samen geschelt vñ in zucker eingemacht/macht harnen vnnd lindert das nierenweh.

Pfebenschalen auff den nacken gebunden/vertreibt die wanwitzigkeit der kinder/welche Siriasis heist/wann jhr hirn erhitzt vnd geschwollen ist.

Artischaw/sampt seiner krafft vnd würckung. Cinara, carduus hortensis.

Das vierte Beth.

ES sind wenig gärten inn Franckreich/in welchen dieß kraut nicht in grosser menge stehet/vnd wirt kein köstlich malzeit zu gerichtet/da nicht artischaw solt auffgetragen werden/es sey denn/daß man jhn der zeithalben im jar nicht könne bekommen. Man heist jn altilem vnd hortensem carduum/denn er ist nichts anders alß ein garten distel/welchē die cultur oder arbeit besser hat gemacht/ wie es sonsten auch mit den andern kreutern geschihet/daß wann sie inn den gärten gezilet werden/so bekommen sie ein bessern fern schmack/vnnd mögen in der kost baß genützt werdẽ. Ein wunderlich ding/daß die menschen sich nicht genügen lassen an den andern gewechsen / sondern müssen auch die wilden gewechs/welche bißwei-len kein esel mag essen/inn jhrer speiß brau chen.

Die Frantzosen nennen diesen distel al ticocalum vom Arabischen artickel Al vñ cocalos/welches so viel heist/alß der kern von einer fiechten nuß/den der artischaw hat ein gestalt alß dieselbe nuß.

Die reichen thun den artischaw in jre suppen nicht anders alß die spargen / vnd stellen jhn auff den disch mit ancken oder butter/saltz vnnd essig/machen also ein sa lat darauß.

Etliche essen jn so rohe mit saltz vñ pfef fer/oder gestossen eniß od' auch coriander.

Galenus schreibt/der artischaw sey ein böse speiß/sonderlich wann er schon hart worden vnnd sein blumen anfengt zu be-kommen. Denn zur selben zeit hat er ein hitzigen safft in sich/biliosum succum/ soll deßhalben nicht roh/sondern geröst oder gesotten gebraucht werden.

Sein newer vnd zarter kern macht wol harnen. Lest man jhn aber in einem guten wein weichen/so reitzt er zu der vnkeuschheit/wie Hesiodus sagt. Denn so spricht er/daß wann der artischaw blůhet/so singen die hewschrecken am hefftigsten vnnd die weiber sind am geilesten / die månner aber ohn geil.

Nim das marck auß der wurtzel/koch dieselb in wein vnnd mach ein tranck darauß/es legt den bösen athem vnd böckelechtigẽ gestanck vnter dẽ achseln. Es sagt Xenocrates / daß die stinckende matery durch den harn pflegt außzufliessen / weñ man den artischaw brauchet.

Artischaw inn wasser gesotten / sterckt den magen/vnd hilfft/daß die frawen ein knåblin empfangen / wie Therias vnnd Glaucias schreiben.

Ob aber vnser artischaw vnnd der alten ein kraut sei/das geb ich den gelehrten zu vrtheilen.

Artischaw wirt von zweyen thierlen sonderlich angefochten vñ befressen. Erstlich von den meusen/welche wann sie einmal die wurtzel von artischaw geschmeckt haben/

haben / so lauffen sie hauffig dartzu / auch von weiten. Zum andern/von den schärmeüsen oder maulwerffen / welche offtmals inn einer nacht den artischaw vnnd sonsten andere distel alle verwüsten / wie ich solches selbs gesehen hab.

Wie man aber solches wehren möge/ das hab ich inn einem andern büch angezeigt / nemlich inn dem büch von den gärten secreten.

Die wurtzel von artischaw in wein gesotten vnd getruncken/macht wol harnen/ treibt auß ein stinckend wasser (wie Oribasius schreibt/vnnd legt den gestanck des leibs/sonderlich d' von den achseln kompt/ wie auch obgesagt. Ist deßhalben auch gut für den fluß des samens / wie solches Joannes Langius/ ein hochgelehrter artzt bezeugt / welcher auch sagt / er hab es mit grossem nutz versuchet.

Die zarte sprossen von artischaw mit butter gesotten/ vnd in der kost gebraucht/ reitzen zu der vnkeuschheit/ beide die mannes vnd auch weibs personen / die manns bild im sommer / die weibsbild im winter/ wie Plinius schreibt / item Hesiodus vnd

Aristoteles. So ist nun kein wunder/daß die weiber dieses kraut mit solchem fleiß in den gärten zilen/verwahren vnnd brauchen.

Erdbeer vnnd himbeer sampt jhren artzneyen. Fragraria & Framboesia.

Das fünffte Beth.

DJe Frantzosen heissen die erdbeeren fresam/ vnd daher kompt der Lateinische nammen framboesia. Diese frucht ist vil anders alß ein rote maulbeere/nur daß jhr schmack vnd geruch viel stercker vnnd lieblicher. Dannenher / wann die Frantzosen ein guten wein loben wollen / so sagen sie / er schmecke nach erdbeeren / olet framboesiam.

Beide frücht wehren nicht lang / sondern faulen vnd verderben bald. Deßhalben stost die jenige leichtlich ein feber an/ welche vil erdbeer oder himbeer essen.

Die bletter von erdbeer in einer suppen gesotten/vnnd gebraucht/ sind gut für die milß miltzsucht / deßgleichen vermag auch jhr safft mit honig getruncken.

Brauch die bletter sampt der wurtzel zu den offen schäden / es hilfft / auch für die vbermessige flüß der weiber vnd roterhür / item tröpffeling harnen.

Das kraut sampt der wurtzel gesotten / ist gut für die entzündung der leber / reinigt auch die nieren vnd blasen.

Das wasser von dem gesotten erdbeer kraut sampt seiner wurtzel / inn dem mund gehalten / vnd den damit außgeschwenckt / sterckt das zanfleisch / befestnet die krancke zän / vnd verstellet die flüß.

Der wein võ erdbeerẽ gebraucht / durch ein distillation vnd sublimation oder putrefaction / vertreibt die blatter im angesicht so von hitziger leber herkom̃en / heilt auch die pocken / vnd den näbel in den augen / item die hitzige flüß / außwendig auff gelegt. Es haben mir jhrer viel gesagt / sie habens erfahren / daß gemelter wein auch die aussetzigen fläcken vnd blatter kan heilen. Item daß das erdbeer kraut sampt seiner wurtzel in wein gesotten vnd nüchtern einer suppen etlich tag nach einander getruncken / ein bewehrte artzney sey für die gelsucht.

Erbsal oder sawerach sampt jhren artzneyen. Grossularius / albus & niger.

Das sechste Beth.

ES wechst der sawrach nicht allein in den gärten / sondern auch neben den zeunen allenthalben / sonderlich der mit weissen beeren / welche beer so wol bey den armen alß reichen in den suppen zu seiner zeit / ehe sie gantz sein / genützt werden / auch pflegt man sie inn pasteten vnnd würst zu füllen / inn stat des agrests. So wirt auch ein speiß darauß gemachet für die schwanger frawen vnd kindbetterinnen / welche dieselb gern essen.

Es ist noch ein ander staud / dem vorigen gleich / tregt rote beer / welche mit gantzen trauben vom stengel hangen / sind sawr vnnd bringen die verlohren lust zum essen wider / alß auch die kern von granatäpffeln. Vnser leut heissen denselben grosellam

sellam rubram oder transmarinam. Etliche meinen es sey der staud / welchen die Arabes / Ribes nennen.

Beide frücht / so wol die weissen alß die roten / kelten den hitzigen magen / vnd stillen den durst / welcher beide die gesunden vnnd sonderlich die febricitanten pflegt zů plagen.

So sind sie auch gut für das auffstossen vnd kotzen / stercken den magen / verstellen dē bauchfluß / so von flaua bile kompt / vnd das grimmen / auch reissen im leib. Item die beer von beiden erbsal miltern das hitzig geblůt / schwechen die scharffe feuchtigkeit / bilis acrimoniam / verstellen die vbermessige flüß der weiber / vnd sind ein bewerte artzney für die roterůhr vnnd choleram

Die grempler pflegen gemelte frücht mit zucker oder honig für das gantze jar einzumachen vnnd zu behalten.

Diese krafft kan man auch dem hagdorn oxyacanthe genannt / zu schreiben. Was ich aber von den erbsal geschrieben / das hab ich alles selbs versucht / vnd weiß / das solches gewiß sey.

Der fünffte platz Des Artztgartens / welcher etliche blumen in ix. bethen begreifft.

Gärten rosen / vnd jhre krafft.

Das erste Beth.

ES wachsen kein lieblicher / schöner noch wolschmeckender blumen inn den gärten alß die rosen / werdē deßhalben für jhre zierd gehalten. Wo ich nu vor allen blumen erstlich dieselben beschreibe / so halt ich / daß dieser anfang nicht vnrecht werd angestellet sein. Muß aber erstlich jhre partes oder theil erkleren / welcher sechs erzelt werden / wol gedenckwürdig / vnd die von den Medicis offtmals in sonderheit genennet werden. Die bletter oder blumen haben zwey theil / der eine hengt an den rosen knopff / ist weiß wie ein nagel / wirt deßhalben von den Medicis vnguis rosarum genent / der ander fillt den vbrigen theil der bletter auß. Im mitten der blumen sind auch zwey ding / dz eine heist semen /

semen/der samen/das ander capillus oder filamenta/die fädemle. So hat der kopff auch zwey theil/der eine heist cortex/die rinde/der ander calyx/der rosen knopff. Was nun die krefft dieser stück anbelangt/davon ist zu wissen/daß die bletter das hertz/magen/leber vnd die därm stercken/legen die schmertzen/so auß hitziger matery kommen/vnd zertheilen die entzündunge. Die negel thut man in die bäder/bähunge/vnd cristier/die zu verstellen. Die innwendige blust sampt seinen fademle verstellet wunderbarlich die flüß auff dz zanfleisch/vnd die weissen frawen flüß. Der knopff/welchen die gelehrten calycem vnnd auch caput nennen/legt den bauchfluß vnd blut speyen.

Ohn diese jetztgemelte sechs theil/welche sich in den rosen blumen erzeigen/hat jhre frucht/wann sie reiff worden/noch ander drey theil. Der ein ist dz rote fleisch/substantia carnis rubescens/der ander der samē/der dritt die eingeschlossen woll oder haar/welches bey den gelehrten lanugo heist. Diese drey stück alle sampt haben ein zusamen ziehende krafft vñ wirckung.

Sind deßhalben ein gute artzney für den bauchfluß vnd vbermessige zeit der frawen/in sonderheit aber für dē samenfluß.

Ein krantz von newen vnd frischen rosen gemacht/ auff den kopff gesetzt / legt das hauptwee/so von der sonnen hitz oder trunckenheit herkommen. Hat man aber kein frische vorhanden / so nim die alten/ netz dieselben im wasser mitwenig essig vermischt/ vnnd brauch sie/wie Galenus schreibt.

Die dürre rosen gesotten vnd in demselbē wasser ein schwam̄ genetzt/demnach auff den augen für vnd für gehalten/heilt das augen trieffen im sommer. Galenus. Dieser sagt auch / wo jemandts raudige vnd flüssige augen hat bekom̄en von der sonnen vnd staub/der neme dürre rosen/ zerstoß vnd leg sie in weissen wein/ thu sie demnach auff die augenwinckel/es hilfft. Es muß aber der kranck des abendts die augen mit öl salben vnnd sich von allen scharffen speisen enthalten.

Dürre rosen in weissem wein biß auff den drittentheil eingesotten/vnd für vnd für im mund gehaltē/heilts zanwehtum̄/

so

so von hitziger matery kommen.

Dürre rosen inn wasser gesotten / oder jhr blust / sind ein bewehrte artzney für die entzündunge des munds / vnnd zäpfflins / welche kranckheiten sonsten breune / die litte im halß / vnnd niderschiessen des zäpfleins heissen.

Nim rosen drey vntz / zwey gebraten eyer dotter / misch es vnnd klopff es vnter einander inn weissem wein / vnnd mach ein rosen pflaster (rosaceum ceratum) darauß / es lindert die hitzige vnnd fewrige schmertzen des hindern / alß auch die gülden ader.

Mesues ein artzt auß Königlichem stamme von Damasco schreibt von der rosen auff diese weiß.

Die Rose ist kalt im ersten grad / trocken im andern / sein substantz ist mancherley / wässerig / irrdisch / lüfftig vnd fewrig / vnd hat seine besonder eigenschafft. Denn die irrdisch substantz astringirt / ziehet zu sammen / die lüfftig ist süß vnd hat ein gewürtzten geschmack / die fewrig ist rot / vnd bitter / begreifft auch die volkommenheyt vnd form der rosen in sich.

Die frische rosen sind mehr bitter alß zusammen ziehendt / läxieren deßhalben von der bitterkeit wegen / sonderlich mit jhrem säfft. Die dürre oder trocken rosen ziehen zusammen vnnd stopffen / doch die weissen mehr alß die roten.

Die rosen öffnen / trocknen / legen die hitz / stercken den leib / sonderlich jre samen vñ fademle / welche auff dem rosen knopff wachsen.

Die best rosen sein / welche jhre farb haben / auch wenig vnd eben bletter.

Die weissen rosen purgieren nichts / oder gar wenig / ziehen aber zusammen / vnd stercken viel besser vnnd krefftiger alß die roten.

Das wasser / inn welchem frische rosen gebeitzt worden / oder jhr saffte purgirt flauam bilem auß den adern / öffnet die verstopffte leber vnnd magen / ist gut für die geelsucht vnnd kaltwehe / sterckt die därm / vertreibt das hertzklopffen / macht daß die därm biß zu rechter zeit die speiß behalten / löscht ein jede entzündung / vnd legt die hitzigen schmertzen / macht schlafen / heilt Zäpfflein / so niedergeschossen / nimpt

nimpt weg die trunckenheit/ vnd heilt den schnupff.

Dieweil aber die rosen ein gute artzney geben / doch aber nicht krefftig gnugsam sein/ so muß man jhnen ander species vnd artzneyen vermischē/ welche jhre wirckung fördern / alß da ist molcken oder honig. Denn ein vntz rosen saffts mit zwey oder drey vntzen molcken vnd wenig spica vermischt vnd brauchet/laxirt wol. So auch die bletter in molcken gebeitzet/vñ der safft außgedruckt / demnach mit wenig honig vermengt/purgirt ohne gewalt.

Rosen mit honig eingemacht/trocknen den leib / waschen den wust ab / purgiren vnd stercken. Mit zucker aber eingemacht/ trocknet nit so wol/stercken aber baß vnnd ziehen besser zu sammen. Rosen essig heilt ein jede entzündung / purgirt vnnd sterckt. Frische rosen mögen kein sieden leiden/ oder müssen ja nicht lang sieden / denn jhr krafft verzeicht bald / vnnd verderbt bey dem fewr. Jhr safft wirt dünner / wann man jhn einkocht/ vnnd trocknet auch besser. Bißhieher Mesues.

Die rosen conserua wirt von den roten

rosen gemacht/von welchen die spitzlin(oder nägel) zuuor abbrochen sein worden. Dieselben zerstöst man in einem steinern mörsel / vnnd thut zwey mal so vil zucker darzu / alß der rosen sein. Dann behelt man das alles / darffs nicht an die Sonnen stellen / doch soll das gefäß nicht voll gefüllt werden / daß die eingemachte rosen nit herauß steigen/vñ so verjären können.

Zoroastres in seinem bůch von dem feld baw sagt / daß einem durch das gantze jar die augen nimmer nit werden wehe thun/ welcher die rosen knöpff / ehe sie blühen / anrůret / vnnd mit dreyen rosen knöpffen das angesicht wäschet / lest aber dieselben in dem staud vnuerletzt vnd vnabbrochen bleiben. Es sagen jhrer viel/solches sey gewiß in dem jenigen/welcher der erst die verborgen rosenknöpff in dem staud gesehen hat. Es sey jhm aber wie es wölle / so ist das gewiß / daß der taw / welcher auff die rosen gefallen / mit einem reinen fedderlin gesamlet / vnd auff die augbrawen gestrichen/das trieffen der augen vertreibet.

Dürre rosen in wein gesotten / vnd ein safft darauß getruckt/ ist gut für das wehthumb

thumb des haupts/augen/zanfleischs vnd ohren. Hilfft auch für den brästen des afterdarms/mit einem federlin angestrichen oder eingestossen.

Rosen gestossen/vnd auff den rotlauff gelegt/hilfft/lindert auch den hitzigen magen vnd brust.

Mit wein getruncken/oder cristier weiß gebraucht/verstellet den fluß des bauchs/vnd mutter.

Dürre rosen gepülvert/ist gut für die brästen des munds/für sich selbs/oder mit honig gebraucht.

Von dem rosenwasser will ich allhie schweigen/nur das allein anzeigen/daß solch wasser am geruch besser vnd stercker wirt/wenn man das distillier gefäß/darinn die matery zum abzug ist/in heiß wasser hengt/oder nach der alten weiß/durch ein balneum Marie in gläsern kolben distilliert/wie wir solches anderswo auch anzeigen wollen.

Für das letzt. Die rosen/alß auch andere blumen/an der sonnen/oder heissen backofen/da das brot ist außgenommen/gedörret/behalten den geruch vnnd krafft besser/ alß wenn sie in dem schatten weren gedörret / wo sie anders nicht zu lang im ofen verbleibē. Gleiche gestalt hat es auch mit andern wolriechenden blettern vnnd wurtzen. Das sey ein mal gnugsam gesagt vnd geschrieben auch von den nachuolgenden blumen. Es sind noch vil heimliche rosen wunderwerck vbrig/ welche inn einem andern buch erzelet sind worden.

Garten Lilgen vnnd ihren artzneyen.

Das ander Beth.

DIeweil die Lilgen nach den rosen für die besten blumen gehalten werdē/ wie Plinius schreibt / vnd mitten in dem blühen der rosen auch anfangen jhre blumen außzubreitē/ so wöllen wir jhnen auch den andern ort nach den rosen geben / vnd jetzt daruon schreiben. Ettliche nennen die lilgen von wegen jhrer fürtreffligkeit/ florem regium/ ein königische blumen/ vñ Junonis rosam/ das ist / ein rosen der abgöttin Juno. Ihr farb ist gefleckt weiß/ haben ein

ein lieblichen/angenemmen/edlen geruch.

Lilgen wurtzel mit wein getruncke/hilfft für den schlangen biss. Mit honig wein gebraucht/purgirt dz vnnütz geblüt durch den stulgang/ vnd bringt der gestalt grossen nutz dem miltz.

Lilgen vertreiben die fläckten vnd schupen inn dem angesicht/vnd machen glatt den leib.

Lilgen mit schmaltz vnnd öl gesotten/ hilfft für den brandt/ macht daselbst wieder haar wachsen/ erweicht auch die harten bärmutter.

Lilgen bletter in essig gebeitzt/ mit nützlich auff die offen schäden gelegt/ vnd der safft auß jhnen gedruckt/ ist gut die harte mutter zu heilen/schweiß zu machen vnnd den eyter zu zeitigen.

Lilgen bletter sind auff die schlangen biss gelegt/vnd gewärmet für den brandt.

Lilgen wurtzel mit öl geröst/schleust die wunden/ vnnd mit honig vermischt/auff die gehawen neruen gelegt/heilet dieselben. Ist auch sonderlich gut für die verrenckten glieder:item/vertreibt die fläcken. Ein solche krafft haben auch die bletter ge sotten/ein pflaster darauß gemacht.

Lilgen wurtzel in wein gesotten vnd zerstossen/ ist gut für die ägersten augen/oder harten blätterlin auff dē zehen/ oder sonst am fuß/ soll aber von dannen nicht weggenommen werden / biß auff den dritten tag.

Lilgen wurtzel mit bilsam blettern vnd weitzen mehl vermengt/lindert die entzündung an den gemächten.

Lilgen wasser wirt braucht/ das angesicht der frawen glatt vnd weiß damit zu machen.

Lilgen wurtzel / wie man will/außwendig auffgelegt/öffnet die gülden ader.

Ein salb von lilgen wurtzel/bitter mandel öl / vnd weissem wachs gemacht/ glettet vnnd polirt wunderbarlich das angesicht der frawen.

Lilgen wurtzel in wasser gesotten oder bey heissen kolen geröst/ vnd mit süssem öl vermischt/hilfft wol für den brand/ so von dem fewr oder auch vom wasser geschehen/wie Galenus vnd Auicenna schreibt.

Lilgen wurtzel in essig gesotten heilt die hitzigen geschwulst der gemächt / wirt sie

aber

aber mit honig zerstossen/ vnd für ein salb gebraucht/so vertreibt sie die schuppē von dem haupt/welches abgeschoren soll sein. Ist auch gůt für die flüssende schäden des haupts.

Lilgen bletter in essig eingesotten / vnd auff das harte miltz gelegt/ist wunderbarlich gůt/erweicht dasselb/wo man anders zuuor etwas daruon hat getruncken.

Lilgensafft sampt dem samen zerklopfft vnd getruncken/ist gut für die gifftige biß vergiffter thier.

Der safft von den blumen außgetruckt/ heilet die inwendige geschwulst inn der mutter.

Lilgen wurtzel gesotten vnd mit öl vermischt/in die bärmutter durch ein tüchlin gestossen/ bringt den frawen jre zeit/erweicht die bärmutter/vñ eröffnet sie auch.

Lilgen samē zerstossen/mit weissen wein getruncken/führet schnell auß dem leib die gestorben frucht.

Frisch lilgen öl mit saffran vermengt/ zerteilt ein jede entzündung.

Lilgen bletter vnd wurtzel gesotten / vñ vnten auff die mutter damit gebähet / bewegt die Mondenzeit / welche sampt der ersten vñ andern geburt hetten sollen außgeschlossen werden. Mann soll aber nach der bähung in vorgemelten gesotten wassen/vnd mit der bähung außwendig fortfahren.

Für das letzt/lilgen wurtzel sampt knoblauch gesotten/zerklopfft/vnnd mit heffen eines roten weins vermengt / machet das angesicht der frawen schön / welche nach der geburt jhre farben verlohren haben/ wann sie sich mit gemelten vermischungen des abends salben/vnd des morgents mit gersten wasser abwäschen / solches so offtmal widerholen/biß sie jhre vorige/oder noch hübscher gestalt bekommen. Doch soll dieses den bäwrinnen mehr geschrieben sein(welche knoblauch gern riechen)vnd nicht den burgers weibern/ welche lieber nach bysem vñ rosen schmecken wollen.

Seel

Geel vnnd andern Feilchen/sampt jhren artzneyen. Leucoium & violæ.

Das dritte Beth.

Ich befinde dz die feilchen nach den rosen vnd lilgen bey den alten inn den grösten ehren gehaltẽ sein worden. Die geele feilchen werden bey den Mauritanis vnd in apotecken auch Keiri genennet / blühen vast am aller ersten / vnd haben ein edlen anmütigen geruch.

Dürre feilchen lind gesotten/bringt den frawen jhre blumen: mit honig vermischt/ heilet es die schäden im mund: mit öl vnd wachs vermengt / heilet es den gespalten hindern. Ein bähung darauß gemacht/ vnd vnten auffgelassen/ist sehr gut für die entzündung der mutter.

Feilchen wurtzel mit essig angestrichen/ heilt das miltz/vñ lindert das podagram.

Feilchen samen ein quintlin mit wein getruncken / oder mit honig inn die gemecht der frawen gethan/zeuhet auß dem leib die zeit/nachgeburt/vnd todte frucht.

Es sagt Galenus / das gantze kraut hab ein trockend vnd abweschend natur/ vnnd ein dünne substantz / doch haben die blumen diese tugend kräfftiger/vnd vnter denselben die dürren mehr alß die grünen/ in welchen noch excrementitia humiditas vorhanden. Können deßhalben die mhdeler der augen/ob sie gleich dick weren/dün neren vnd vertreiben.

Feilchen blumen inn wasser oder sonsten gebeitzt/ist ein bewert artzney für die entzündung/welche in der mutter oder andern gliedern geschehen / sonderlich die schon lange zeit gewert vñ verhartet sein.

Feilchē mit öl vñ wachs vermēgt/heilt die wunden vñ offen schäden / welche sich nicht leichtlich schliessen lassen.

Etliche nemen die feilchen wurtzel/sieden dieselb/zerklopffen vnnd legen sie auff die gelenck / welche mit einer entzündung beladen sein/es hilfft jhnen.

Der samen von geelen feilchen zerstossen/inn weissen wein gelegt(wo kein feber vorhanden)führt den frawen jhre blumen

mit

mit gewalt auß. Ein bähung darauß gemacht/hilfft für das weh des podagrams.

Feilchen blůmen ein halber becher/mit drey bechern wasser etliche tag nach einander getruncken / bringt den frawen jhre Mondenzeit.

Mertzen feilchen sampt jhren artzneyen.

Das vierte Beth.

DJe mertzen feilchen haben diesen namen bekommen/dieweil sie im mertzen blühen/vnnd den frühling anfangen. Wachsen aber bey vnß nicht allein blaw/ sondern auch weiß/welche eben so lieblich vnnd wolgerüchig sein alß die blawen/ wiewol solches Matthiolus in seinẽ Herbario nicht erkennet.

Tarentinus in seinem buch von dem feldbaw schreibt/daß die blawen feilchen kälten/vnd deßhalben die enzündung heilen/alß auch das feilchen öl vnd der feilchen essig/wie hernach soll angezeigt werden.

Feilchen inn wasser gebeitzt / heilet die mund geschwär der kinder vnnd jhre geschwulst / ist auch trefflich gut für das seiten stechē / breune / vnd beulen auff der brust.

Feilchen blůmen an die nasen gehaltē / od' krantzweiß auff der stirn getragen / ist gut für die trunckenheit vnnd hauptweh.

Laß die fallendsüchtigen an die feilchen schmecken oder riechen / vnd sonderlich die kinder / das erfrischt dieselbigen. Deßgleichen thut auch das wasser getruncken / in welchem die feilchen gebeitzt worden.

Feilchen wurtzel mit myrrhen vnd saffran zerstossen / ist gut für die entzündung der augen.

Feilchen bletter zerstossen / vnd mit honig vnd essig vermischt / heilt die geschwer auff dem haupt.

Feilchen bletter gesotten / heilet ein jeden schaden vnd geschwulst der beermutter / mit dem gesotten wasser die mutter vndenauff gebähet.

Feilchen mit wachs vnd öl vermischt / heilet die schrunden des hindern / welche kranckheit bey den medicis ragadiæ ani heissen.

Feil-

Feilchen samen mit weissem wein zerstossen/lindert das hitzig podagram / den schmertzhafften ort damit gebähet / demnach die bletter zerstossen/vnnd mit rosen öl vermischt/darauff gebunden / vnd offt malß verendert.

Feilchen samẽ in weissem wein (wo kein feber vorhanden) zerklopfft getruncken/ treibt auß dem magẽ die choleram/dz geel wasser/nit anders alß das rhabarbarum. Deßgleichen krafft sollen auch haben die grüne bletter oder blumen inn wasser oder oximelite gebeitzt / also daß etlich mal frische bletter oder blumen darein gelegt / vñ die alten darauß genommẽ werden. Solches ist auch gut für die hitzige kranckheiten/seiten vnd lungen wehe / auch husten/ vnd keichen der kinder.

Feilchenbletter für sich selbs oder mit gersten muß vermischt/leg auff den hitzigen magen/entzündung d' augen vnd niderschiessen des afterdarms/ec hilfft.

Alhie muß ich ein oder zwey arcana anzeigen / die mich ein Italiener gelehrt hat/welche ich doch hernach auch bey einem glaubwürdigẽ scribenten gelesen vñ verzeichnet hab. Ist irgend jemand (sagt er) an dem kopff verwundet / oder sonsten vom schlagen beschädiget worden / dem gib von stundan zerstossen feilchen zů trincken / vñ solches thu etliche tag nach einander / es hilfft. Item / hat jemands am rechtẽ fůß ein schaden empfangen / so bind jhm feilchen mit wein zerklopffet vnter den lincken fuß / ist der schad am lincken fuß / so bind sie vnter dem rechten

Johannes Mesue schreibt von den feilchen also. Die frische feilchen / sagt er / sind kalt vñ feucht in dem ersten grad / die dürren aber sind minder kalt vnnd feucht alß die frischen. Denn die frischen haben noch außwendig inn sich ein wässerige feuchtigkeit / welche laxirt / weil sie schlipfrig ist / vnd truckt vnter die verborgẽ wärme. Die dürren aber sind wärmer / dieweil sie jhre vorige feuchtigkeit verlohren / von welcher die wärme (wie gesagt) vnterge truckt war worden. Haben deßhalben ein bittern geschmack / welcher purgiert / dieweil er die matery nach sich zichet. So lindern nun die frischen feilchen die hitzigen schmertzen nit anders alß die narcotica

tica & stupefacientia/ das ist/ die schlafmachende artzneyen/ löschen die entzündung/gletten die rauhe kelen vnnd brust/ reinigen bilem flauam vnnd scheiden die hitz von derselben bile flaua/ welche ein hitzig vnd gelb feuchtigkeit im leib. Machen schlafen/sind gut für die breun vnd mund geschwer/ legen das hauptwee/so von warmer matery kompt/heilen die entzündet vn̄ verstopffte leber sampt der geelsucht/ vertreiben den durst/ lindern die hitzige feber/ bewegen aber dennoch den schnuppen.

Man soll aber die feilchen abbrechen des morgents/vnd sorg haben/daß jhr krafft weder von der sonnen zerschmoltzen/noch von den regen dissipirt oder zertheilt werden. Die feilchen mit honig eingemacht/ trocknē baß vnd kelten minder/ mit zucker aber eingemacht/ thun das widerspiel.

Feilchen säfft vnd syrup/welcher von frischen vnnd offtmals ernewerten feilchen gemacht worden/laxirt alß auch der rosen safft. Feilchen essig aber kület/vnd legt die hitz des febers. Bißhieher Mesues/mit welchem wir diese history von den feilchen auch beschliessen wöllen.

Negelin oder garten betonick. Betonica hortensis.

Das fünffte Beth.

BEy den Frantzosen heist diese garte betonick/ocellum od' oillethum/ ein äuglin/von gestalt wegen der blumen. Wirt vberal gezilet von den weibern vnd Mönchen/so wol in gärten/alß in häfen/auch an den fenstern.

Die blumen haben ein geruch alß die negelin/bekommen noch ein stärckern vnd edlern geruch/auff gewisse weiß gezilet/ wie inn vnsern gärten secreten dieselb beschrieben ist worden.

Es ist ein wunder/daß diese so edle vnd liebliche blum die alten gantz vnd gar verschwiegen/vnd mit keinem wort derselben gedacht haben/welche doch so schön vnnd anmütig von jhrer farben vnnd geruchs wegē/daß sie den rosen nicht weicht noch jhnen etwas nachgibt/nur allein/daß ein frische rosen von weiten baß reucht vnnd schmeckt/wehret aber nur einen tag/die negelin aber schmecken vnnd behalten jhren

geruch

geruch vber vier tag.

Von kräfften vnnd wirckungen dieser blumen will ich kein wort allhie machen/ dieweil die alten scribenten/so von der artzney oder feldbaw geschriben/wie obgesagt/dieselben entweder nicht gekennt oder ja verschwigen haben. Denn daß etliche den hyacinthum für ein negelin erkennē/daß will sicht nicht wol reumen. Von d' wilden betonick haben die Arabier vnd Griechen gnugsam geschriben/sonderlich aber Antonius Musa/des Keisers Augusti leibartzet/welcher ein gantz bůch darvō geschrieben.

Freischam kraut oder Jesus blůmlin sampt seiner krafft vnnd wirckung. Phlogium, siue bellis hortensis.

Das sechste Beth.

Diß kreutlin hat keinē geruch/wirt von den Frantzosen pensca genennet/von Apoteckern aber trinitatis herba / wechßt im früling bald nach den braunen feil-

chen. Tregt ein blume mit dreyeckichten blettern / wirt zu den kräntzen gebraucht von wegen seiner schönheit / ob es gleich kein geruch nicht hat / wie zuuor gemeldet. Es wehret zwischen den blumen vast am aller lengsten / deñ es behalt seine blumen biß auff den herbst / ja auch biß auff den winter in solchen orten vnnd gärten / da es nicht kalt ist / vnnd der garten wol verwahrt vnd gewartet wirt. Von seiner krafft vñ würckung haben die alten ärtzt / so viel ich weiß / nichts geschrieben / eben auch wie von der vorigen blumen gesagt ist worden. Will dennoch etwas melden was ich von andern daruon gehört hab. Diß kreutlin wirt gebraucht die wunden zu samen zu hefften / so wol außwendig angestrichen alß innwendig eingenommen. Es soll auch den bruch der gemächten heilen / auff solche weiß gebraucht.
Das kreutlin wirt gedört / zu puluer zerstossen / vnd ein halber löffel voll mit sawren wein getruncken.

Jetzt kom ich auff die monat blumen / welche bey den Herbarijs / flores bellij oder bellidis hortensis heissen (denn es ist noch

noch ein and' wild geschlecht/welchs bellis sylvestris heist/Maßlieben auff Teutsch) Diese blumen heissen bey den Frantzosen margaritæ/ vnnd von ettlichen inn dem land Burbon pasquete/ villeicht daß sie vmb Ostern sich erzeigē/oder deßhalben/ quod pascant oculos/daß sie die augen erlustigen.

Monat blumen mit beyfuß zerstossen/ heilt die kröpff.

Ist auch gut für das podagram/hufft weh/ vnnd gicht/ wirt deßhalben auch herba paralysis genennet.

Item/ist gut für die brüch vnd schäden des haupts vnnd brust wunden/der safft getruncken.

Blaw lilien/ sampt seiner krafft vnnd würckung Iris.

Das siebende Beth.

Blaw gilgen/diewell es gespitzet alß ein schwert/wirt von den Frantzosen du glaiz auch genennet/alß solt

man sagen gladiolum/ein schwerdtlin o-
der däglin/schwert lilien/auff Latein heist
es iris/welchs so viel ist alß ein regenbogē/
deñ es hatt ein solch gestalt alß ein blaw-
er vñ mancherley ferbiger regenbogen.

Die bawern nennens in Welschland flammam/ein flañ/von wegen der roten farben/oder daß es brennet alß ein flañ.

Blaw lilgen hat ein knottige wurtzel/ welche wol reucht/wirt im früling außgegraben/vnd zu kleinen tellerlin geschnitten/inn ein faden gehenckt vnnd so behalten. Etliche weichen die wurtzel zuuor in laugen vnd benemen jhr die vberflüssige feuchtigkeit/daß kein maden noch würm jr schaden mög/trocknen demnach dieselb auß. Deñ es wachsen gern würme in der wurtzel/auch wann sie noch in der erden steckt. Wirt nachmals in ein kisten gelegt zwischen die kleider vnnd dücher/welchen sie ein guten geruch vñ geschmack macht.

Die wurtzel wermet vnnd trocknet/ist deßhalben gut für das husten/denn sie weicht die dickē feuchtigkeiten/welche mit not können außgeworffen werdē/heilt gemelter vrsachen halben auch das grimmen.

Blaw

Blaw lilgen wurtzel mit essig vermischt/ ist gut für die miltzsucht/kalte naturen/contracten/vnd die jenigen/welchen der natürlich samen außfleust.

Blawgilgen wurtzel mit wein gesotten vnnd getruncken/bringt den frawen jhre zeit/vnd macht leicht außspeyen.

Blaw gilgen wurtzel mit hartz vermischet vnnd angestrichen/heilt das lenden vnd hufftweh.

Das puluer oder safft von blaw lilien inn die nasen gethan/macht niessen. Reinigt das haupt/macht weinen/vnnd zertheilt das keichen inn einem süpplin getruncken.

Blaw lilgen wurtzel gessen/vertreibt dē stinckenden athem/auch den gestanck der achsel/sich damit gebähet.

Blaw lilgen wurtzel inn wein gesotten vnnd getruncken/heilt den husten vnnd macht schlafen.

Blaw lilgen puluer inn wein getruncken/wo kein feber vorhanden/treibt den dicken vnd zähen eyter auß der brust.

Gemeltes puluer mit essig genützt/heilt das schwere grimmen.

Nim blaw gilgen wurtzel/misch honig darund/vnd gebrauchs/es treibt die nach geburt auß mit gewalt.

Der safft von einer frischen blaw gilgë wurtzel in einem cristir gebraucht/ist gut für das hufft weh.

Blaw gilgen wurtzel gesotten vnnd ein bähung darauß gemacht/heilt die franckheit der weiber/weicht die harte beermutter vnnd öffnet was zu santmen gezogen war.

Blaw gilgen wurtzel gedört vnnd zu kleinen puluer gestossen/reinigt die offen schäden/vnd fült die fistel/auch lenglichte löcher. Ist auch gut für den wurm an dem finger/vñ mit wein vermischt/für die wertzen vnd geschwollen hende.

Blaw lilgen wurtzel mit honig auffgelegt/zichet die gebrochen bein herauß/vnd bedeckt die blossen mit fleisch. Item macht ein schöne haut/lindert das zanweh/das gesotten wasser daruon im mund gehalten/wo anders der schmertzen von einer kalten matery kompt. Item erfüllt die löcher der offen schäden mit gutem fleisch reinigt auch dieselben / mit honig vermischt/

mischt / außwendig gebraucht. Solches thut auch / wie Rhasis schreibt / das puluer von einem gebrennten menschen bein mit aloe vnd honig vermischt.

Blaw gilgen wurtzel zu puluer gestossen vnnd mit spicken öl vermischt / reinigt das haupt von den rotzigen vberflüssigkeiten / an die nasen gethan / doch soll zuuor der gantze leib purgiert sein worden.

Der safft von blaw gilgen wurtzel inn die nasen gethan/vertreibt jhren gestanck. Mit essig getruncken/heilt das miltzwehe.

Johannes Mesue schreibt võ der blaw gilgen wurtzel auff diese weiß Blawgilgẽ wurtzel/sagt er / ist warm vnnd trocken im dritten grad/vnd wenig scharff. Trocknet/ zertheilt / lindert/öffnet/legt die schmertzẽ/ reinigt die gallen vnd schleim/vnd dünne wässer im leib/ vnnd solches alles ohn alle vberlegenheit / dünnet die zähe vnd dicke matery inn der brust vnd lungen/führt dieselb auß/vnd reinigt alle därm. Item öffnet die verstopffte leber / miltz vnnd ander glieder vnnd heilt die kranckheiten/ so von gemelten gliedern verursacht sein worden alß die wassersucht/schmertzen/erhärtung auffblasung / vnnd deßgleichen. Dewet auch vnd macht zeitig alle geschwulst vnd harte peulen / auch die kröpff / sonderlich in den neruen vnnd gelencken / mit mangolt oder köl safft oder wein vnd honig sampt chamillen vermischt. Item heilt das alt hauptweh / pflasters weiß auffgelegt vnnd sein safft in die nasen gezogen. Denn sie macht niesen / vn̄ zeucht also den wust auß dem haupt. Mit gesottenem most (sapa genannt) vermischt / heilt den alten husten / so von dicker vnd zäher matery herkompt / heilt also auch das keichen. Item reinigt die mutter / vnnd alß ein zäpfflin eingelassen oder pflasters weiß auffgelegt / legt den schmertzen der mutter / bringt den frawen jhre zeit / vn̄ treibt die vnzeitige geburt auß dem leib. Mit einem cristir gebraucht / oder alß ein pflaster auffgelegt / dient für das hufftweh. In essig gesotten vnd im mund gehaltē / legt das zanweh vnd schnuppen / öffnet auch die gulden ader alß ein zäpflin gebraucht. Sein safft mit bonen mehl vnd asch angestrichen / macht ein schön angesicht / vnd wäschet ab die fläcken. Damit sie aber dem magen nicht schade / so wirt

sie

sie mit einem tranck von honig vnd wein vnd wenig spica oder mit molcken/ honig vnd mastix gebraucht vnd eingenommen. Bißhieher Mesues.

Es sagt Paulus Aegineta/ dz die blaw gilgen wurtzel so schwer alß vier scrupel eingenommen / purgirt / nicht anders alß der Agarick/ es sey denn wo die wurtzel alt vnnd wurmstichig wer. Dioscorides sagt/ man soll derselben mehr auff einmal einnemmen.

Blaw gilgen wurtzel mag zimlich zerstossen vnd gekocht werden. Die beste ist/ welche viel knotten hat/ dick ist vnnd weiß mit rot vermengt / nit leicht mag brechen/ vñ hat ein feilchen geruch/ darzu ein scharfen vnd beissigen geschmack/ auch niessen machet/ so man sie zerstosset.

Die von Florentz vnd auß Langedock bracht wirt / ist besser alß die vnser. Auch die jenige / welche blaw / ist besser alß die weisse. Soll gegraben werden/ wann die blumen abfallen.

Auß blaw gilgen wurtzel wirt ein öl gemacht/ welchs in vilen sachen nützlich/ wie in einem andern büch gesagt soll werden.

Samat blum/oder Tausent schön/vnnd seine krafft.
Amaranthus.

Das achte Beth.

WIewol Plinius sage/ Tausentschön sey viel mehr spica purpurea/ das ist ein rote äher/ alß ein blume/ doch nichts desto weniger wollen wir dieselb allhie vnter dē blumen beschreiben/ dieweil es ein schön vnnd lustig gewechs. Denn es vbertrifft die roten vnnd purpur farben meerschnecken vnnd muscheln welche in dē meer bey der statt Tyrus gefangen werden. Dannenher heists bey den Frantzosen du passe velours. Dēn es gibt dem roten purpurfarben carmesin nichts nach/ was die schöne vnd anmütige farben anbelangt/ wiewol es kein geruch nicht hat/ vnnd ist ein wunder/ daß wann schon alle blumen verblühet haben/ so blühet dieses kreutlin/ wann mans mit wasser befeuchtiget/vnd gibt schöne krāntz des winters. Dannenher heists auch bey den gelehrten Amaranthus/ quod non mar-

marcescat/daß es nicht außdorret oder verwelcket.

Samat blum ist kalt vnd trocken. Die blum gesotten vnnd getruncken in einem brühlin/ist gut für den bauchfluß vnd das grimmen / verstellet auch die vberflüssige zeit vnd weisse flüß der mutter. Item hilfft denen so blutspeyen/sonderlich wo jrgend ein ader in der lungen oder brust zerrissen wer / wie Matthiolus schreibt in seinen commentarijs in Dioscoridem.

Es sagen ettliche / daß diese blum dem magen zu wider sey / legt aber das kotzen vnd bauchfluß mit wein eingenommen.

Samatblum in wasser gebeitzt / machet ein tranck/welcher dem wein gleich sihet/ auff welche weiß die febricitanten mögen betrogen werden/welchen der wein schädlich / vnnd sie dennoch denselben haben wöllen.

Fürs letzte sey das für die jungfrawen geschrieben. Samatblum inn dem backofen/ nachdem das brot außgenommen/ge tröcknet / kan biß auff den winter zu den kräntzen behalten werden / also daß seine farb nicht verderbt / sondern schön bleibt/

alß wann sie frisch abgebrochen wer.

Ringelblumen sampt ihren artzneyen. Solsequium.

Das neunte Beth.

ES haben jhrer viel diesen falschen wohn / daß Solsequium das jenige kraut sey/welches auch heliotropium heist. Es folgt zwar der sonnen nach/wie auch das heliotropium/ sein beschreibung aber reimpt sich nicht auff das heliotropium. Wirt sonsten in den Apotecken calendula genennet / quod singulis calendis floreat/ dieweil es alle monat blühet/oder wie etliche sagen/mit newen stengeln außschlahet. Die Frantzosen nennens du soulzils / das ist solsiam/ alß solt man sagen solsequiam / sonnenwirbel. Denn seine blumen wenden sich nach dē schein der sonnen / vnnd folgen jhr nach von auffgang an durch den mittag biß auff den niedergang / alß lebten sie von jhren stralen. Wirt deßhalben der bawren vhr/rusticorum horologium/ vnnd Solis sponsa/der sonnen braut / vnd herba solaris/ein sonnen kraut genennet.

Der rauch von dürren ringelblumen vndenauff gelassen / zeucht die gestanden nachgeburt auß dẽ leib. Frische ringelblumen in wein gebeitzt vnd getruncke͂/bringt den frawen jhre blumen. Solches thut aber viel krefftiger jhr safft innwendig gebraucht.

Der safft von ringelblumen mit wenig wein oder warmen essig vermischt / vnd in dem mund gehalten / ist ein bewert artzney für das zanweh. Deßgleichen krafft hat auch das blat / mit den fingern groblecht zerknitscht vñ auff den schmertz hafften zan gelegt. Man muß aber dasselb zuuor ein wenig gewermet haben. Denn alles was kalt ist/das schadet den neruen/ zänen/beinen/ gehirn vnd dem ruckgrade/ wie Hippocrates spricht.

Das wasser von ringelblumen soll allen augenbrästen nützlich sein / so wol denen so von kalter/alß die von warmer matery herkommen/legt auch das hauptweh.

Hie muß ich ein groß secret öffnen/wel-

ches ich vnnd meine freund offtmals pro=
birt vnd versucht haben. Hat jemands ein
pestilentzisch feber angestossen/ der trincke
von stundan den safft von ringelblumen
zwey vntz / vnd leg sich in das beth vnnd
schwitz wol gedeckt / es hilfft wunderbar=
lich. Dieses secret hat auch Alexander
Benedictus beschrieben.

Alß ich diese histori von den ringelblu=
men wolt beschliessen/ kam einer auß mei=
nen freunden vnnd sagt mir/ er hab einen
Mönch gekennet / welcher das viertägig
feber hat geheilt mit dẽ ringelblumen auff
diese weiß. Er hat sieben grän von ringel
blumen genommen / dieselben zerstossen/
vnnd in weissen wein gelegt/ vnnd solches
vor dem anstossen dem krancken geben zu
trincken etliche tag nach einander.
Solches hab ich mennig-
lich wöllen offen=
baren.

Der

Der sechste platz Des Artztgartens / welcher etliche zu dem essen vntüchtige kreuter in xj. bethen begreifft.

Wermut vnnd seine artzneyen.

Das erste Beth.

ES pflegt die natur / so alle ding erschaffen hat / in dieser weiten vnnd breiten welt guts mit bösen / süsses mit bittern zu vermischen. Diesem exempel will ich nun auch in dieser histori von den gärten kreutern nachfolgen / liebliches mit vnlieblichen / auch was anmütig ist / mit sawren vnd vnangenemen vermischen. Demnach ich nun etliche wolriechende vnd anmütige kreuter erzelet hab / so will ich jetzt auch etliche vnliebliche beschreiben von dem Wermut anfangend / welcher weder am geruch / noch an dem geschmack angenem / wie menniglichen wol bewust.

Des Wermuts sind drey geschlecht. Das erst heissen die Frantzosen Aloyne /

alß sollt man sagen aloinam / dieweil es gleich wie das bitter aloe schmecket. Die Burbonier heissens Fortum/võ dem starcken vnnd hefftigen geruch vnnd schmack vnnd soll dem Pontico absinthio gleich sein. Das ander heist Seriphium oder Marinum / mit welches samen die ärtzt die spulwürm vertreiben / wirt deßhalben Semen contra lumbricos genennet/ das ist/wurmsamen. Die Frantzosen heissens barbotinam vnnd mort du vers/verinium mortem / den wurmen todt / welche nammen die Apotecker auch behalten. Das dritt wirt Romanum vnd Santonicum genennet / ist kleiner alß die andern/ auch nicht so bitter / hat weisse bletter/vnnd ein anmütigen geruch vnnd nicht gar vnlieblichen geschmack/ wirt jetziger zeit inn vielen gärten gezilet / vnd mit dem salat vermengt / mit grossem nutz des magens vnd der leber.

Des wermuts krafft vnnd wirckung.

Wermut gesotten / vnnd der rauch daruon empfangen / stillet das zän vnnd ohren wehe / wirt auch mit nutz in die ohren getropfft/wo dieselb eyterricht sein.

Wer-

Wermut wirt von vielen verworffen/ daß mans in träncken nicht brauchen soll/ denn es soll dem magen vñ haupt ein weh thumb machen / sonderlich der gemeine wermut/doch sind die bletter gut / dz man sich außwendig auff gemelte glieder legt.

Wermut mit pfeffer / rauten/saltz/vnd wein vermischet / machet wol dewen/ vnd reiniget die brust mit blaw lilgen wurtzel gebrauchet/ sonderlich der Römische wermut.

Wermut inn regenwasser gesotten / vnd vnter dem himmel gelassen erkalten/ soll den magen vnd leber mit gewalt stercken/auch wol harnen machen/ inn einem tranck getruncken.

Wermut mit epfich oder widertod (adianto) gesotten vnnd getruncken / ist gut für die geelsucht.

Wermut mit honig getruncken / oder inn einer wollen außwendig auffgelegt / bringt den frawen jhre Mondenzeit oder blumen.

Wermut gesotten vnnd sich damit gewaschen/legt das jucken.

Wermut mit wein getruncken/oder an

die nasen gehalten / oder auff den magen gelegt / vertreibt den vnwillen / welcher einem auff dem meer begegnet.

Wermut mit essig getruncken / heilt die miltzsucht / vertreibt auch das gifft so von den schwämmen herkommen.

Wermut mit wein getruncken / ist gut für das gifft des wützerlings / vnnd allerley gifftige biss / auch blawe maasen / wo mans außwendig aufflegt.

Wermut mit honig vnnd salniter vermischet / vertreibt die bräune vnd halßgeschwer.

Wermut gestossen / vñ auff frische wunden gelegt / hilfft / sonderlich den wunden des haupts.

Wermut mit ochsen gall vermischet / vertreibt das ohren saussen.

Wermut gesotten / vnd ein pflaster darauß gemacht / auff das harte miltz gelegt / heilt dasselb.

Wermut grün mit öl gesotten / vnnd ein salb darauß gemachet / stärcket den magen.

Die asch von Wermut mit rosen öl vermischt / macht das haar schwartz.

Wer-

Wermut vnter das haupt gelegt/vnnd sein geruch empfangen/machet schlaffen/ es muß aber der krancke darumb nichts wissen.

Wermut wein/absinthites vinum bey den gelehrten genannt/ist ein fürtreffliche artzney zu den kranckheiten des magens/ wie solches in dem bůch von den geartzneten weinen wirt angezeigt.

Wermut zwischen die kleider gelegt/ bewahrt sie/daß sie kein maden noch schaben befressen.

Wermut gesotten / vnd mit demselben die dint vnd farben vermischt / macht daß kein mauß die bůcher oder buchstaben benagen. Dioscorides vnd Plinius.

Es sagt Aegineta / welcher im anfang des zechens wermut wein trinckt/ der wirt nicht truncken.

Die alten wann sie den wermut safft jren kindern haben zu trincken geben wöllen/ haben jhre liffzen zuuor mit honig bestrichen/ wie solchs Lucretius fein beschreibet/da er spricht:

Ac veluti pueris absinthia tetra medentes
Cùm dare conantur, prius oras pocula circum

Aspirant mellis dulci flauoq; liquore.

Etliche haben die bletter in feigen verwickelt / vnd so den bittern geschmack verborgen / welches ein guter vnnd nützlicher betrug gewesen.

Wermut mit rosen inn herben zusammen ziehenden wein gesotten vnd auffgelegt / stillt das bauchweh.

Wermut mit rosinlin auff die augen gelegt / heilt jhren klopffenden schmertzen. Deßgleichen thut auch der dampff des wermuts in weissem wein gesotten / mit offnen augen empfangen.

Es sagt Galenus / daß der wermut gesotten / vnd in die ohren gelassen / legt das saussen vnnd singen derselben. Deßgleichen thut auch der rettich safft mit rosen öl vermischt.

Wermut zerknitscht vnd auff einen ziegel gelegt / welcher gewermet / vñ mit wein besprengt soll sein / geröst / heilet die zerknitschten vnd geschlagen glieder.

Wermut gesotten / vñ mit kleyen / chamillen / oder steinklee / pappeln / wein vnnd wasser / auch anodynis oleis (das ist / ölen so den schmertzen miltern) alß mit rosen / lil-

lilgen/dyllen/chamillen öl vermischt/ vnd auff die geschlagene vnd zerknischten glieder gelegt/heilt wunderbarlich.

Wermut bletter mit honig zerstossen vnd in die scham der frawen gelegt/bringt jhnen jhre blumen.

Der wermut samen mit blaw lilgen wurtzel gesotten vnnd getruncken / reiniget die brüst vnnd vertreibt oder heilet die geelsucht.

Joannes Mesue schreibt von dem wermut also:

Der wermut hat zweyerley substantz/ die ein ist/warm/ bitter/ salnitrisch/purgirend / vnnd die verstopffung aufflösend. Die ander ist irdisch/ zusammen ziehend/ vnd die glieder sterckend/sonderlich wann der wermut gedört ist. Dieweil aber sein warme substantz in superficie ist/so wirckt dieselb erstlich/ wann der wermut wirt ein genommen/ darnach folgt die irdische / welche zusammen ziehet/ durch welche etliche gemeint / daß der leib werde auffgelöst / inn dem sie comprimiert/zusammen drucket/vnd verhaltet. Doch ist diese meinung falsch : denn der wermut purgiert die gallen/vnnd das wasser auß dem magen/dårmen / leber vnnd adern/bißweilen auch durch den harn. Purgiert aber den schleim / pituitam genannt / entweder gar nicht / oder desselben gar wenig / wiewol Auenzoar gemeint/absinthium sey phlegmagogum. Der wermut in wein oder wasser gesotten/lest in dem leib nichts faulen/desselben ein oder zwey vntz eingenommen/oder des branten wassers.

Wermut mit einem leinin duch vmb die gemåcht geschlagen / heilet die geschwulst.

Wermut mit honig oder wein vnnd wenig kümmel gewårmet vnd auffgelegt/ist wunderbarlich gut zu den geschlagen vnd zerknitschten gliedern.

Wermut vnnd die wurtzel von wilden cucumer in wein / wasser oder öl gesotten/vnd darinnen ein schwamm genetzt / auff den schlaf gebunden / heilet das hauptwehe.

Wermut inn wein oder wasser gesotten/vnd der dampff in die ohren gelassen/legt das saussen / schmertzen vnd taubheit der ohren.

Wer-

Wermut mit citron schalen in essig/oder wein gesotten/hellet den gestanck des munds / so von verfaulung wegen des zanfleischs vñ der zän/oder von verderbnuß der materien im magen härkommen. Deßgleichen thut auch sein brantwasser.

Wermut safft mit pfersig kernen/tödtet die würm inn den ohren vnnd andern gliedern des leibs/vnd führt dieselben herauß. Sonderlich aber tödtet die spulwürm dise latwerg. Nim vier lot wermut/anderthalb quintlin Euphorbium/ein halbe vntz gebrenten hirtzhorn/vnnd honigs so viel alß gnug ist.

Nim wermut/tauben kropff/rosinlin/myrobolanos citreos/vñ mach ein tranck darauß/es hilfft für das jucken vnd raud.

Wermut sterckt den magen vnd leber/macht lustig zum essen / öffnet die verstopfunge/vnd heilt die geelsucht vnnd wassersucht/so von verstopfungen härkommen/ist auch gut für die langwirig faule febres.

Wermut soll man im früling brechen/vnd den safft mitten im früling außziehē/vnd an der sonnen/oder auff heisser äschē in gläsern guttern/alß das aloe trocknen. Die blust wirt im anfang des sommers abgebrochen/vnnd leidet ein zimliche coction. Bißhichär Mesues/mit welchem wir auch diese historÿ von dem wermut beschliessen wöllen.

Gertwurtz sampt seinen artzneyen. Abrotonum.

Das ander Beth.

Gertwurtz ist bitter wie der wermůt/ ich muß sie deßhalben bald nach den wermut beschreiben.

Gertwurtz ist zweyerley/das mänle/ vnd weible.

Das weible wirt von vielen Cypreß genennet/hat weisse bletter. Das männle ist nicht so weiß. Die Pariser nennen beide gertwürtz Auronne vnnd custodem vestiarium/das ist/kleider hüter/denn sie verhüten/daß kein schaben den kleidern schaden/in die kästen gelegt.

Gertwurtz im wein getruncken/ist ein be-

bewehrte artzney für den gifft/wie die alte geschrieben haben.

Gertwurtz mit öl angestrichen/hilfft den erfrornen vnnd verzauberten/welche des ehlichen wercks nit brauchen können.

Gertwurtz inn der kammer gestrewet/ vnd ein rauch darauß gemacht/vertreibt die schlangen/vnnd alle gifftige würm.

Die äsch von gertwurtz mit rettich öl/ kreutzbaumöl/oder Seuenöl angestrichē/ machet den bart wachsen.

Gertwurtz gesotten/ist trefflich gut für die kranckheiten der neruen vnd brusts. Wirt deßhalben mit wein vnnd wenig honig getruncken für das keichen/husten/ vnd lenden/auch mutter weh/so auch für das hufft weh/vnnd gestanden zeit der frawen.

Gertwurtz mit warmen wasser getruncken/ehe einem der frost ankompt/od' mit dē öl von gertwurtz der ruckgrad gesalbet/ legt das ritten vnd frühren.

Ettliche zerstossen die stengel vnd bletter/vnd machen mit öl ein salb darauß/salben demnach mit denselben die fußsolen/ ruckgrad vnd pulß.

Der samen von gertwurtz / ein quintlin / sampt ettlichen blettern inn weissem wein zerstossen / vnd ein welsche nuß vnd bolus armenus darzwischen gemengt / demnach durchgeseuhet vnd getruncken / ist wunderbarlich gut für gifft vnd pestilentz / wie ich solches sampt meinen freunden mit grossem nutz erfahren hab.

Gertwurtz samen in weissem wein zerstossen / vnd getruncken / bringt den frawen jhre blůmen.

Gertwurtz mit brot vnd quitten in wasser gesotten vnd auff die geschwollen hitzigen augen gelegt / hilfft.

Gertwurtz für sich selbs auffgelegt / oder mit schmaltz zerstossen / zeühet die dörner auß vnnd die stachel / so inn der haut stecken.

Gertwurtz innwendig oder außwendig gebraucht / oder auch durch ein cristir oder zäpflin / tödtet die spulwürm / nicht anders alß der wermut.

Gertwurtz vnter das küssin oder polster gelegt / vnd darauff geschlafen / reitzt zur vnkeuschheit. Will solches ehleuten zu erfahren lassen.

Gär-

Gärten rauten sampt seiner krafft.

Das dritte Beth.

ES sind vast keine gärten inn den stätten vnnd dörffern / inn welchen nicht rauten für vnnd für grünend vnd starck schmeckend zu finden wer.

Es sagt Plinius vnd Palladius / daß die gestolen oder verborgen rauten am besten wachse/vnnd sich gern laß pflantzen vnter dem schatten eines Feigenbaums. Dannenhär sagt Theophrastus/daß die beste rauten sey/welche in ein feigenbasten gesteckt/in das erdrich vergraben wirt. Solches ist auch Plutarcho nicht vnbewust gewesen. Denn so schreibt er in seinẽ Symposiacis. Die rauten/welche vnter einem feigenbaum wachset / oder nur an seine wurtzel reicht/wirt für besser/ anmütiger vnnd lieblicher gehalten. Dioscorides lobt auch dieselben / vnnd sagt / man soll die jenig inn der kost brauchen/welche neben einem feigenbaum gewachsen/verwirfft sonsten die andern/vnnd verbeut sie zu essen/welche anders wo gewachsen. Dannenher kompt die wunderbarlich sympathia vnnd freundschafft zwischen der rauten vnd feigen/welche Plinius beschreibt vnd rhůmet/vnnd wiederumb die wunderbarliche antipathia vnnd feindtschafft zwischen der rauten vnnd wützerling/welche auß dem wirt bewiesen/daß welche die rauten samlen vnd abbrechen/die salben jhre händ mit wützerling safft/damit sie nicht von jhrem brennen beschädigt werden. Solches ist von der wilden rauten gesagt/wie die erfahrnuß außweiset/ein meisterin aller zweiffelhafftē dingē

Florentinus schreibt von d' rauten auff diese weiß. Die ohren mit dem marckt von rauten oder frischen rauten safft verstopfet/legt das hauptweh.

Rautensaffe mit dem besten honig oder milch von einer frawen so ein knäblin hat geborn/oder seuget/vermischt/vnd die augen damit gesalbet/benimpt das funckeln für den augen/vnd die tunckelheit. Deßgleichē thut auch der safft allein/wo man denselbē an die augenwinckel/nicht allein der menschen/sondern auch des viehs salbet.

bet. Wie solches auch die schola Salernitana hat angezeigt mit diesen reimen:

Nobilis est ruta, quia lumina reddit acuta:
Auxilio rutæ, vir lippe, videbis acutè.

Vnnd der poet:

Ruta comesta recens oculos caligine purgat,
Et melius marathri cum succo, felleq; galli,
Melleq;, si succus ex æquo iungitur eius:
Indéq; sint oculi patientis sæpe peruncti.

Rauten safft mit wein getruncken/dienet für das gifft der schlangen/vnd schwere kranckheit.

Rauten mit feigen biß zum halbẽ theil eingesotten/ist ein gute artzney für die wassersucht / auch für alle schmertzen inn der brust/seiten vnd lenden. Item/für den husten vnd gebräst der lungen vnd leber/itẽ/der nieren/vnd das kaltweh.

Rauten mit wein/hyssop/vnd äniß gesotten/getruncken/oder außwendig auffgelegt / ist gut für das bauchgrimmen/vnd bringt den frawen ihre blumen. Inn die nasen gehalten / verstellet das bluten. Vnnd offtmals geschmeckt/heilt die stinckendẽ geschwer bey den naßlöcherẽ: item inn dem mund gehalten / ist gût zu den zänen.

Es ist gewiß / daß der Basilisck dem menschen vnnd anderen thieren schädlich sey/vnd alle gewächs vnd saat durch sein anrüren vñ gifftigen hauchen vergifftet/ auch daß kein ander thier sey/welches wider jn streitet alß der wiesel. Dieser greifft den Basilisck allein an / doch isset zuuor rauten/vnd reist demnach gemelten feind auß seiner hölen. Wañ nun der Basilisck todt ist/vnnd er nicht bald darüon fliehet vnnd widerumb rauten isset/so steckt er in gefahr/daß jn die vergiffte lufft auch vmb bringe. So thun die jenige nicht vbel daran/welche vmb jhre Meyer/bawrhäuser/ ställ vnd äcker/viel rauten pflantzen vnnd wachsen lassen / dieweil sie dem gifft widerstet mit grosser gewalt / vnnd lest kein schlangen od' gifftigē wurm zu sich nahē.

Hat jemandts alraun / bilsamkraut/ bleyweiß/magsamen safft vnd ander gifftige kreuter gessen/so der grossen kelte halben schlafen machen vnd tödten/d' brauch rauten safft oder rauten gesottē im wein/ es wirt jhm geholffen.

Es

Es ist aber nicht zu vergessen / daß die rauten schadet inn einem hitzigen leib / wo man dieselb zu viel brauchet. So hab ich zur zeit der pestilentz offtmals gemerckt / daß / welche die rauten in essig gebeitzt vñ in die nasen für vnd für gestossen / die habē eissen vnd blatter inn den lefftzen / nasen / vnd vmbliegenden orten bekommen. Deñ sie zerzerret die haut außwendig auffgelegt / vnnd reibt blasen auff / wann man ein glied damit kratzet. Wirt deßhalben den carfunckel vnd pestilentzischen peulen vñ andern geschwerē mit grössern nutz auffgebunden. Denn sie zeucht das gifft auß / vnnd lest nicht wider hinein weichen die gifftige dämpff vnd dünsten. Man macht aber ein pflaster für gemeltes gifft auff diese weiß. Nim rauten / zerstoß dieselb / vnnd misch scharffen sawrteyg vnnd schweinin schmaltz darunder / item zwybel vnd feigē / koch oder röst dieses alles / thu demnach Sal ammoniacum / lebendigen kalch / seiffen / goldwürmlein / vnnd ein wenig Theriack darunder / so hast du ein trefflich pflaster gemacht / welches auff die peulen zu rechter zeit muß gebunden werden / so ofnets dieselb von stundan. Versuch das/so wirst du sagen/es sey wahr/vnd wirst dich frewen/daß du solches gelehrnet hast.

Rauten safft in einer rinden oder schalen von Granat äpffeln gewärmet/vnnd inn das ohr gelassen/endet seine schmertzen/heilt auch das sausen/vnnd tödtet die würm.

Rauten bletter gessen/benimpt den bösen gestanck des munds/welcher von dem Knoblauch vnnd Zwibeln herkommen/es soll aber der mund hernach alßbald mit essig gantz sauber außgespület werden.

Rauten bletter gesotten/vnd mit schwebel vnnd wenig essig zerstossen/demnach auff die harte brüst pflasters weiß auffgelegt (außgenommen die wartzen/die soll man ledig lassen) heilt die geschwulst vnd coagulation der milch.

Es schreibt Galenus/daß die rauten alle böse schäden heilt/sie seyen faul oder vmb sich fressend/muß aber inn einem zarten leib gebraucht/mit brot oder gersten mehl vermischt vnnd zerstossen werden. Inn einem harten leib/meint Galenus/

nus/ soll man lieber wilde alß die zame vñ gärten rauten brauchen.

Rauten samen in wein gesotten vnnd getruncken/vertreibt das fluxen/welches von dem schleim vnnd pituita herkompt/ vnnd lediget die jenige/welche des fluxen halben vast erstickt weren.

Rauten bletter gestossen vnd pflasters weiß auff die kröpff gebunden/vertreibet dieselb.

Gedörte rauten bletter gepülvert/ vnd halb so viel weirauchs darunder vermischet/demnach mit wein oder einem syrup von müntz getruncken/verstellt das kotzen.

Etliche frische rauten bletter gessen/ vnd ein gutter wein darauff getruncken/ heilt denselben/welchen ein wisel gebissen/ nicht anders/alß ein bone gekewet vnnd auff den schaden von stundan gebunden/ den bißz/ so von einer katzen oder affen herkommen.

Ein zepflin oder pessarium/ wie es die Medici nennen/von rautē safft gemacht/ bringt den frawen jhre blumen.

Rauten bletter zerstossen/vnnd mit lilgen öl gesotten / sampt hüner oder gänse schmaltz/warm hinden vnnd vorn pflasters weiß auff die mutter gebunden / legt die schmertzen derselben. Solches ist auch ein gute artzney für die geschwulst vnnd bläst des affterdarms vnnd mutter. Es haben aber die gedörte bletter sampt den obgemelten schmeltzen vnnd öl zerstossen/ grösser vnnd stärcker wirckung.

Es schreibt Arnaldus a Villa noua/ daß die rauten in weissem wein oder rosen wasser gebeitzt vnd gewermet/bredmet ein dampff vnnd wässerigen rauch auß/welcher mit einem gläsern auffgelegten geschirr empfangen vnnd gesamlet sehr gut ist für allerley brästen der augen.

Es ist auch gedechtnußwirdig/das Auicenna schreibt. Nim rauten samen vnd bletter / ein nuß vnnd bolum armenum/ zerstoß dieses alles in einem guten weissen wein/seug es durch ein düchlin/vñ trincks des morgents nüchtern / es macht einen sicher desselben tags / daß jhn kein gifft/ noch pestilentzisch lufft schaden mag.

Rauten bletter mit wein zerstossen/ist gut für alle vergiffte bissz / auch ob sie gleich

gleich von einem wütenden hund geschehen weren. Sollen aber mit honig vñ saltz auff den schaden gelegt / oder mit essig vñ pech zu gleichen nutz gesotten werden.

Es sagen etliche / daß welcher sich mit rauten safft salbet / oder rauten bey sich tregt / den mag kein schädlich thier stechen oder beissen.

Doch ist es gewiß / daß die rauten inn der kost gebrauchet / den natürlichen samē verzehret. Es sollen deßhalben die frawen / welche in dem Ehestand leben / dieselb fliehen vnd nicht brauchen. Denn sie öffnet die mutter vnd bringt jhnen jhre zeit.

Rauten mit honig zerstossen vnnd den gantzen bauch gesalbet / vertreibt die spul würm.

Rauten mit lorbeer blettern gesotten / vnd auff die geschwollen gemächt gebunden / heilt.

Rauten mit honig vnnd alaun vermischet / vnd auff die flechten gerieben / heilt dieselben.

Rauten mit pfeffer vnnd salniter vermischet / heilet die weissen flechten vnnd mähler.

Etliche rauten bletter vor dem essen genützt oder mit einer feigen vnd alten welschē nüssen / sampt wenig saltz eingenommen / ist gut für gifft / vnnd macht den leib sicher für der pestilentzischen lufft. Solches soll Mithridates erfunden haben / vñ wirt diese vermischung deßhalben mithridaticum diatessaron genennet / welches ich vnd andere mehr zur zeit der pestilentz mit grossem nutz für bewehrt erfahren. Der poet beschreibt auch diese composition mit feinē versen / welche ich nicht kan vnterwegen lassen / vnd lauten also:

Obstat pota mero, vel cruda comesta, venenis:
Quod Mithridates Ponti rex sæpe probauit:
Qui rutæ folijs viginti cum sale pauco
Et magnis nucibus binis, caricisq; duabus
Ieiunus vesci consurgens manè solebat:
Armatusq; cibo tali, quascunque veneno
Quilibet insidias sibi tenderet, haud metuebat.

Theopompus sagt / daß die rauten eben solche krafft hat alß die citronen / wider gifft. Schreibt auch / daß zu seiner zeit Clearchus ein tyrann der Heracleoter jhrer viel mit wolffwurtz hat getödtet. Alß aber

aber seine vnterthanen solches vermerckt/ sind sie nachmals nimmer auß dem hauß gangen/ sie hetten dann zuvor rauten gessen/ mit welcher artzney sie jhr leben vnnd gesundheit errettet haben. Jhr viel sagen solches von den citronen / alß inn seinem ort gesagt soll werden.

Es sagt Hippocrates vnnd Galenus/ daß grüner rauten vnd grüne müntz/ bläst verursacht vnnd reitzt zur vnkeuschheit/ gedört aber oder geröst/ sonderlich der samen zertheilt dieselben/ vnnd legt die vnkeuschheit auch samenfluß / gonorrheam genannt. Es scheinet zwar alß ob das mit obgemelten nicht vbereins stimmet / doch wer es recht vnd mit verstand betrachtet/ der wirt kein zwitracht allhie befinden.

Luc. Apuleius ein Platonicus schreibet/ daß ein grüne rauten inn öl gesotten vnd mit newē wachs vermischt/ das gemächtweh vertreibt: es muß aber auff ein düchlin alß ein pflaster gestrichen/ vnd auffgebunden werden.

Rauten mit gersten mehl zerstossen vñ auffgelegt/ heilt die augenflüß / löscht den rotlauff mit essig vnnd öl angestrichen.

Der taw auff der rauten des morgens inn einem gefäß gesamlet vnnd in die augen getropfft / heilt die tunckelheit derselben. Deßgleichen thut auch der dampff / welcher gesamlet wirt / wann ein feuchte rauten verbrennet.

Fleust jemands der samen wider seinē wille auß / der esse rauten inn wein gesotten mit einem fetten safft oder butter.

Mach ein circkel vmb die rauten mit gold / silber vnd helffenbein / reiß sie demnach auß vnd bind sie einer frawen vnter dē knod am füß / es vertreibt die vbermessige flüß derselben. Apuleius.

Es schreibt Aristoteles vnnd Plinius / daß wan ein wisel mit der schlangen vnd krotten streiten will / so pflegt er zuuor rautē zu essen / alß ein gewiß artzney für gifft. Dannenhär haben die alten nicht vnrecht geschrieben / daß die rauten ein köstlich artzney sey für alle verzauberung / gifft vnd pestilentzische lufft / vnnd es hat Pythagoras nicht recht gemeint / daß sie den augen schädlich sey. Denn die maler vñ künstler pflegen rauten in der kost mit grossem nutz zu brauchē / der augen halbē.

Die

Die rauten widerstehet den schlangen vnnd gifftigen würmen dermassen / daß wo dieselb wachset/sie nicht wohnen noch bleiben können / ja nur durch den geruch allein veriagt werden. So ist es kein wunder/daß rauten mit saltz vnnd zwybel auffgelegt / die gifftigen biß der schlangen heilt / wie ich solches zum offtermal hab erfahren. Vnnd thun deßhalben die jenige recht daran / welche rauten inn jhren gärten pflantzen / daß kein gifftiger wurm die speißkreuter anrühret noch vergifftet.

Für das letzt. Begeuß die jungen hüner oder auch andere vögel mit rautensafft / oder besteck die hüner oder vögel heuser mit rauten allenthalben / so wirt kein katzen zu jhnen sich nahen dörffen. Solches ist leicht zu versuchen / alß auch dieses / welches Democ. beschreibt / nemlich. Nim ein rauten stengel/netz denselben inn wasser/vnd bespreng damit das hauß oder ander jedes ort / oder nim gesotten rauten/ vnd sprentz mit demselben/so wirt kein floch noch schnecken dahin kommen/alß auch der poet solchs anzeigt/ da er spricht:

Cocta facit ruta, de pulicibus loca tuta.

Nesseln sampt ihren artzneyen.

Das vierte Beth.

ES wachsen für sich selbs inn allen gärten/so wol inn den Stetten alß bawers gärten viel kreuter (wo kein guter gärtner vorhandē) mit grossen hauffen/welche nicht allein in der kost vnnütz/ sondern auch zu schmecken vnnd anzusehen vnlustig sein. So will ich nun derselben etliche allhie beschreiben / dieweil sie mit grosser krafft des menschen leib inn guter gesundtheit helffen behalten/ vnnd seine kranckheit vertreiben. Will deßhalben von den nesseln anfangen/welche diese krafft für andern habē / daß ob sie gleich nicht dornechtig sein/dennoch stechen vnd brennen / also daß sie angerürt von stund an ein jucken vnd blatter / alß hett sich einer verbrennet/erwecken. Wirt deßhalben nicht vnrecht Vrtica genennet / von dem wort vro/welches ein brennen bedeutet.

tet. Doch erzeiget sich diese brennende krafft(welche mit öl geheilt wirt)nicht von stundan / sondern wirt je lenger je krefftiger/ inn den Sommers tagen. Im anfang des frülings pflegt dieses kraut nicht einen vnlieblichen geschmack zu haben / vnnd wirt inn der kost von ettlichen gebrauchet / mit diesem aberglaben / alß werde sie das gantze jar kein kranckheit anstossen.

Nicander sagt/ daß der samen von den nesseln dem wützerling widerstehet / vnnd vertreibe dz gifft/so von den schwämmen/ queckfilber / bilsamkraut/ schlangen vnnd scorpion herkommen.

Nesselbletter zerstossen/vnd inn die nasen gethan/verstellet das bluten/ vnd sonderlich die wurtzel. Deßgleichen thut auch der safft an die stirn gestrichen.

Phanias / einer auß den Griechischen scribenten / sagt / daß die nesseln gesunde seyen in der kost gebraucht.

Nesseln sampt saltz auff die hunds biß gelegt / heilet dieselb. Mit öl gesotten / treibet den schweiß auß. Mit schnecken gesotten / laxiret den bauch. Mit gersten/

reinigt die brust. Mit thymchen oder poley/bringt den frawen jhre blumen. Mit saltz vermischt/heilt die wunden/so vmb sich fressen.

Nesseln hebt das zäpfflin/so nider geschossen/auff/vnd die abgefallen bärmutter/auch afterdärm der kinder/an gemelte glieder gerieben/reitzt auch das vieh zu der geilheit. Solches beschreibt Macer mit diesen versen:

Vrticæ folijs reuocatur vulua fucata:
Si quadrupes quæcunq; marem præferre recusat,
Vrticæ folijs illius vulua fricetur:
Sic naturalem calor excitat ille calorem.

Es sagen etliche/daß die lethargici/das ist/vnsinnige/so stetigs schlafen vnnd abreden/erweckt werden/wann man jhre füß oder stirn mit brennenden nesseln reibt.

Dioscorides vnnd Galenus schreibt/daß die nessel bletter das faul fleisch heilen vnd böse krebs/item das ohren geschwer/wüste vnnd eyterechtige schäden/peulen/vnd verrenckte glieder.

Nessel bletter mit wenig myrrhen zerstossen vnnd auffgeleget/bringet den frawen

frawen jhre zeit mit gewalt.

Nessel mit öl vñ wachs vermischt/ vnd ein pflaster darauß gemacht / ist gut für das harte miltz.

Nesseln in einer brüh gebraucht/ laxirt den bauch.

Die wilde nesseln mit wein getrunckē/ heilt den aussatz im angesicht.

Der safft von wilden nesseln/treibt den gestanden harn/ bricht den stein/vnd heilt das niderschissen des zäpflins.

Nessel wurtzel mit wenig saltz vermenget / zeucht auß dem leib was darinnen steckt.

Nessel bletter mit schmaltz vermischt/ heilt die kröpff.

Nessel mit altem öl zerstossen/vnnd ein pflaster darauß gemacht/heilt das zipperle vnd podagram. Deßgleichen thut die wurtzel von nesseln mit essig zerstossen.

Nesselsamen mit honig / heilt die colicam vñ husten/offtmals getruncken/ hilfft auch den kalten lungen vnd geschwollen bauch. Mit honig wein getruncken/macht wol harnen.

Ein scrupel nessel samen im honig wein

getruncken/macht/ daß einer nach dem essen sich leicht erbrechen kan. Jnn gesotten most aber (welcher sapa heist) getruncken/ heilt den auffgeblasen magen. Mit honig gebraucht/ reinigt die brust vnd vertreibet den husten.

Nesselsamen mit leinsamen vnd hyssop geröst/heilt das seitenweh.

Nim nesseln/ öl vnnd saltz vnnd mach ein salb darauß/ mit demselben salb den ruckgrad/ fußsolen vnnd pulß/ es legt den frost/auch in dem kaltenweh. Solches ist auch gut für die schäden/so von dem frost herkommen sein.

Ich hab jhrer viel gesehen/ welche den innwendigen nesselsafft mit wenig vnguenti populeonis/ das ist/pappel salben vermischt/auff die lufft ader gesalbt vnnd auff diese weiß die hitz gelegt vnnd vertrieben haben. Jhrer etliche nemen allein die bletter/ zerstossen dieselb/ vermischens mit wenig feilchen oder magsamen öl/ vnd salben mit demselben den pulß vnnd die schläf.

Nesselsamen gesotten vnnd der dampff inn die nasen gezogen/öffnet die verstopf-

fung

fung derselben. Solches thut auch die Gertwurtz / welches ich auß vergessenheit inn der historey von der Gertwurtz außgelassen hab.

Nessel bletter zerstossen / vnnd auff die bärmutter gelegt pflasters weiß / hebt dieselben wiederumb auff / wo sie außgefallen wer.

Nessel samen mit gesottenem most getruncken / öffnet die verstopffte mutter.

Der safft von den nessel bletteren mit wenig myrrhen getruncken / bringt den frawen jhre blumen mit gewalt.

Nim ein scrupel nessel samen / stoß zu kleinen puluer / vermischs mit einem brust tranck oder syrup / vnd schlucks mit mählich vnter / es macht wol außspeihen / vnnd den zähen schleim außwerffen.

Für das letzt. Thu inn den hafen / darinn das fleisch siedet / nessel wurtz / so wirt es eher gekocht. Vnd die wurtzel von See blumen mit den erbsen gesotten / treibt dieselben alle auß dem hafen / alß hett sie der hafen außgestossen. Es ist leicht zu versuchen.

Wegerich sampt seinen artzneyen. Plantago

Das fünffte Beth.

NVn folgt der wegerich / welcher in allen gärten wol zu finden. Seine krafft vnnd wirckung hat Themison ein artzt / weitleuffig beschrieben / wie Plinius sagt.

Wegerich bletter inn honig wasser gebeitzt oder zerknitscht vñ außgetruckt / zwo stund vor dē anstossen ij. quintlin getruncken / machet das drittägig feber leichter vnnd kürtzer. Deßgleichen thut auch der safft von der feuchten oder zerstossen wurtzel / oder die wurtzel selbst gebeitzt in einem wasser / welches von einem glüenden eysen gewärmet worden.

Etliche haben drey wurtzel inn dreyen bechern mit wasser gefüllet / denen so mit dem drittägigen feber bekümmert gewesen / geben zu trincken / vnd vier wurtzel / denen so das viertägig feber gehabt / in vier bechern wassers.

Wegerich bletter kelten das hitzig podagram.

Wege-

Wegerich safft heilet das mundgeschwer/inn dem mund gehalten/vnd denselben damit gewäschen/ ja auch das blat oder wurtzel gekewet/ob gleich einer die schnuppen hett.

Wegerich inn wein gesotten/hilfft denen so abnemmen/vnnd mit der schwindsucht bekümmert sein/alwegen nach dem anderen tag getruncken.

Wegerich ist gut für die hinfallendsucht/vnd das keichen.

Wegerich mit saltz vermischt/heilt die kröpff.

Wegerich mit eyweiß vermischt/heilet den brandt/also daß keine maasen mehr erscheinen.

Wegerich verstellt das blut/so auß der wunden fleust/vnd bricht den carfunckel/zerstossen auffgelegt.

Wegerich mit essig vnnd saltz gesotten/ist gut für den roten schaden vnnd bauchgrimmen/oder sein safft mit spelt oder reiß vermischt. Man kan den safft auch clistirs oder zäpflins weiß gebrauchen.

Wegerich mit creta cimolia vnd bleyweiß vermischet/heilet den rotlauff vnnd

S. Antonius fewer / ob gleich gemelter schaden den halben leib schon hett eingenommen.

Wegerich samen inn herben wein gestossen (wo kein feber vorhanden) verstellet das blutspeyen oder blutfluß / es sey im mund oder afterdarm vnnd mutter. Deßgleichen krafft hat auch der safft von den wegerich blettern getruncken oder sonsten eingeworffen. Dieser heilt auch die fisteln / in dieselben gelassen.

Man kochet den wegerich mit linsen / auff solche weiß / alß den mangolt für die wassersucht.

Ist jemandts geschwollen an dem leib / vnd hett die wassersucht / der nütz gesotten wegerich / soll aber zuuor dürr brot essen / daß der wegerich mitten zwischen die speissen komme.

Wegerich bletter zerstossen / reiniget die offen schäden vnnd allerley wunden / sonderlich der weiber / alten leut / vnd jungen kinder / doch ists besser / daß man sie beim fewr hab gesotten. So ist auch nützlich der wegerich safft mit öl vñ wachs vermischt / wirt deßhalbẽ für die mutter für sich selbs

(ohne

(ohne öl vnd wachs) mit grosser frucht getruncken/vnd in die ohren getropffet/auch mit solchen artzneyen/so für die augen dienen sollen/vermischt.

Wegerich bletter zerstossen mit wenig saltz vermischt/legt die schmertzen vnd geschwulst der verrenckten glieder.

Nim wegerich bletter/ wann dir das zanfleisch blutet/ vñ wäsch den mund mit denselben.

Nim wegerich bletter/ verwickels in einer wollē/brauch es für ein zäpflin/ es legt die mutter/vnd blutige flüß derselben.

Wegerich wurtzel gessen oder gekewet/ legt den schmertzen der zän/ alß auch das wasser/ in welchem gemelte wurtzel eingesotten/der mund damit außgewaschen.

Wegerich wurtzel sampt den blettern gesotten/ vnd in einem süssen tranck eingenommen/ ist gut für die offen schäden inn der blasen vnd nieren bräst.

Es sagen jhrer etliche/ daß welcher die wegerich wurtzel in einer rohen leimet (licio) verwickelt/ an den halß henget/ der wirt die kröpff zertheilen vnd hindern/daß sie nicht wachsen.

Wegerich bletter auff die offen schäden gelegt/heilet vnd schleust dieselben/hefftet auch die langen vnnd weit gebogen wunden: item die hundsbiss / mit wollen aber vmbwickelt/reinigt die mutter.

Wegerich samen gestossen/ vnd in den offen schaden oder geschwer gestrewet/ heilet in der eil.

Wegerich safft mit einem honig tranck eingenommen zwo stunden vor dem anstossen des viertägigen febers/lindert dasselbe/vnnd wo man das stets wiederholt/ so vertreibt ers letzlich / wie ich solchs von jhrer vielen verstanden.

Die bletter von dem kleinen wegerich mit saltz zerstossen/vnd pflastersweiß auff gelegt/lindert mit mählich die geschwulst vnd schmertzen des zipperlins.

Mach ein pflaster von wegerich safft/ eyerweiß vnnd bolo armeno/legs auff die stirn/es verstellet das nasenblüten.

Wegerich safft heilet das geschwer / so an der nasen oder an den augen pflegt zu wachsen / mit weicher wollen verwickelt vnd auffgelegt/man soll aber solches neun tag allwegen verenderen / vnnd immer ein

ein new pflaster darauff legen.

Thun jemandts die füß wehe von dem langen reisen / wie es dann geschicht / der nem wegerich bletter zerstossen / vermisch es mit scharffen wein / es hilfft.

Wegerich safft getruncken / oder in die mutter gestossen / verstellet die zeit.

Wegerich bletter haben ein wunderbare krafft zu kelten / abzuwäschen / vnnd zu trocknen / wie Dioscorides vnnd Galenus schreibt / werden deßhalben nützlich zu den alten bösen offen schäden / auch für den aussetzigen grind gebraucht / sonderlich für solche schäden so feucht sein / vnnd wegen des vollen wusts nicht wol mögen gereinigt werden.

Allhie kan ich nicht verschweigen / daß ich des wegerichs krafft offtmal mit grossem nutz für die pestilentz versucht hab / auff allerley weiß gebraucht. Item / daß der wegerich gedört / vnd zu puluer gestossen / die würm / so inn den offenen schäden gewachsen / tödtet.

Beyfuß sampt seinen krefften.

Artemisia, Tanacetum, seu Athanasia.

Das sechste Beth.

ICH hab inn vielen gärten reicher frawen gesehen / daß sie den Beyfuß mit grossem fleiß gezilet vnnd gewartet haben / wegen seiner krefft / so sie von demselben (wie bald zu sagen) empfangen. Solches hat mich bewegt / daß ich denselben hab zu beschreiben fürgenommen. Man hat bey vns zweyerley Beyfuß. Der eine wechst alß der wermut / hat grosse schwartze grüne bletter / heist bey den Frantzosen De lar moise. Der ander wechst an den wälden / bächen / vnnd korn äckern / hat kleiner bletter alß der vorige / vnnd heist bey den Frantzosen S. Johannis kraut / auff Teutsch Mutterkraut oder Mettram.

Beide beyfüß haben ein krafft zu wärmen / außzutrocknen / vnnd dünn zu machen /

chen / wie Dioscorides vnnd Galenus schreibt.

Beyfuß gesotten vnnd der dampff vndenauff gelassen / treibt die zeit auß / die erste vnnd ander geburt / öffnet die verstopffet mutter / lindert jhre entzündung / bricht den stein / vnd macht harnen.

Nim wärme beyfuß bülschel / legs auff die scham / es treibt die verstanden zeit. Oder nim die spitzen an den beyfuß blettern / drey quintlin schwer / vnnd trinck darab / es hilfft.

Die bletter von dem kleinen beyfuß wol zerstossen / vnnd mit bitter mandel öl auff den magen gelegt / legt den schmertzen desselben.

Beyfuß safft mit rosen öl vermischt / legt den schmertzen der neruen vnd des zipperlins.

Beide beyfuß mit blaw lilgen öl zerstossen sampt feigen vnd myrrhen / ist gut für die mutter vnd reiniget dieselbe / inwendig oder außwendig auffgelegt.

Beyfuß safft mit feilchen öl vermischt vnnd auff den ruckgrad gesalbt / legt das kaltweh der jungen kinder.

Nim beyfuß / vermischs mit schmaltz / vnd legs auff die kröpff / es heilet / wie Plinius sagt / heist auch den beyfuß zerstossen vnd im wein trincken.

Beyfuß wurtzel reinigt die weiber dermassen / daß sie auß jhnen auch die todte geburt außtreibt.

Beyfuß bletter gesotten / vnnd vnten auff den bauch mit gersten mehl auffgelegt / bringt den frawen jhre blumen / vnnd treibt auß die nachgeburt.

Beyfuß bletter auff den nabel vnnd hüfft eines mit noht gebärenden weibs / gesotten / vnnd noch warm auffgelegt / führt alß ein wunderwerck die frucht auß dẽ leib.

Nim beyfuß bletter / sied dieselben inn süssem wein / es bricht den stein / vnd macht wol harnen.

Man sagt / daß welcher beyfuß bey sich tregt / dem schaden kein böse artzney noch irgend ein wild thier / ja auch die Sonn nicht. Vnnd wann ein Bilger beyfuß an sich hengt / der soll nicht müd werden.

Beyfuß mit den fingern zerrieben / oder sonsten auff ein ander weiß zerstossen / vnnd in die scham einer frawen gestossen / alß

alß ein zäpflin/trocknet die feuchte vnnd schlupferige mütter.

Beyfuß/wie auch obgesagt/gesotten/ vñ vnten auff dē bauch auch hüfft gelegt/ treibt die erst vnnd ander geburt auß dem leib/soll aber nicht lang darinnen bleiben/ sonsten ziehet er auch die mutter auß.

Nim beyfuß safft vnd ettliche gesotten eyerdotter/zerstoß das/vnnd vermisch schmaltz vnd kümmel darunder/leg solchs alles auff die mutter/es leget den schmertzen/so nach der geburt folget.

Es sagen jhrer etliche/daß Tanacetum od' Athanasia/die dritte species artemisie sey/vñ gleiche krafft mit dem beyfuß hab. Solches aber geben viel fürnemme ärtzt nicht zu/vnd sagen/daß Tanacetum das recht parthenium masculinum sey/ist vnser Reinfarn/von welchē so viel zu wissen.

Reinfarn zertheilt die bläst des magens vnd afftersdarms/vñ treibt die spülwürm auß dem leib.

Jhrer viel brauchen den Reinfarn mit grossem nutz für den stein in den nieren vñ die harnwind. Denn es bricht den stein/ vnd macht wol harnen.

Alß aber der Reinfarn ein artzney ist für die männer / also ist Beyfuß / sonderlich die ander species / so Mutterkraut oder Mettram heist / ein artzney für die weiber / von welcher krafft auch dieß kraut sein namen bekommen. Das volck zu Pariß heist den Mettram / De les pargoutte / à guttis spargendis / dieweil es tropffen macht. Denn seine bletter zerstossen / vnnd auff den mund vnnd ohren gelegt / für das zänweh gut sind / treibt den speichel / macht also denselben gleich alß außtropffen.

Schelkraut sampt seinen krafften. Chelidonium.

Das siebende Beth.

Schelkraut wechßt allenthalben an den wenden vnd schattichten orten / auch zeunen der gärten / wirt von den Frantzosen Eselere genannt / denn es macht ein gut gesicht. Bey den Griechen wirts Chelidonium genannt / alß solt man sagen ein Schwalben kraut. Denn die Schwalben heissen bey jhnen χελιδόνες.

Hat

Hat aber diesen nammen von den schwalben bekommen/wie Theophrastus schreibet/daß diß kraut anfengt zu blühen vnnd zü grünen/wann die schwalben sich erstlich sehen lassen/ vnnd verwelcket/ wann sie wegziehen vnnd sich verlieren. Aristoteles vnnd Plinius sagt/ daß dieß kraut deßhalben Chelidonium heisse/ denn es sollen dasselb die schwalben erfunden haben/ welche jhre jungen/ so blind geboren werden/mit diesem kraut helffen/ vnd das gesicht öffnen/ja auch dasselb wider bringen/wo sie inn dem nest blind gestochen weren worden. Denn wo jemands die augen der jungen vnnd newlich geboren nen schwalben sollt beschädigen/ so hole die alt von stundan schelkraut vnnd heilet damit jhr gesicht. Doch sagt Cornelius Celsus/solches sey nur ein fabel/vnd setzt hinzu/daß die schwalben augen außwendig beschädiget/für sich selbs mittler zeit zu recht widerumb kommen. Dannenhär hat man die gedancken gefaßt/ daß das blut der schwalben auch für vnser augen/wo sie beschädigt/ gut sein/ nit anders/ alß auch der wilden vnnd zamen tauben blut/wo etwan das schwalbē blut mangelte.

Man truckt den safft auß den blumen des schelkrauts/vnnd siedet denselben inn einem reinen geschirr mit dem bestē honig bey lindem fewr/vnd brauchts nachmalß für die tunckel augen / es soll ein bewehrt artzney sein.

Die wurtzel von schelkraut mit äniß vñ weissem wein getruncken / ist gut für die geelsucht vnnd verstopffte leber/wirt auch auff die bösen vnd alten vmb sich fressende schäden mit grossem nutz gelegt. Solches beschreibt Q. Serenus auff diese weiß:

At si iam veteri succedit fistula morbo
Herba chelidoniæ fertur cum melle mederi.

das ist/

Schelkraut mit honig man brauchen sol/
Es heilt die alten schäden wol.

Schelkraut auff die brust gelegt / legt den vbermessigen fluß der zeit / trocknet auch die wunden dermassen/ daß jhrer vil desselben für spodium(das ist/weissen hütten rauch)brauchen/vnnd wirt auch auff

die

die alten vnheilsamen schädē mit schmaltz vermischt/gelegt.

Es sagt Galenus/daß das schelkraut ein krafft habe zů wärmen/vnnd abzuweschen/vnnd daß sein safft gut sey das gesicht scharpff zu machen/sonderlich bey denen/welche ein dicke matery in dem aug apffel gesamlet haben: denn er zeitiget vñ zertheilt dieselbe.

Bingelkraut sampt seinen kräfften. Mercurialis.

Das achte Beth.

Diß kraut wirt bey dē Frantzosen alß auch in der Lateinischē sprach Mercuriale genennet/vnd ist zweierley/das männlin vnd weiblin. Das weiblin hat weisser/das männlin aber schwertzer bletter. Es ist wunderbar/daß man von beiden sagt/daß das männlin ein knäblin mag gebären/das weiblin aber ein meidlin/solches aber geschehe/wann man bald nach der empfengnuß den safft inn einem süssen tranck braucht/vnnd die bletter isset mit öl vnd saltz gesotten/oder rohe mit essig. Dioscor. stimmet in diesen sachen vber eins mit dem Plinio/nur daß er sagt/man soll nach der reinigung gemelten Bingel safft trincken vnd die gestossen bletter auff die gemächt legen. Die erfahrnuß hats gelehrt/daß man den andern tag nach der reinigung den frawen den safft soll geben zu trincken drey tag nach ein ander/vnnd den vierten dieselb baden vnnd alßdann jhnen bey liegen. Solches beschreibt Q. Serenus inn dem tittel von der empfengnuß vnd geburt mit feinen versen also:

Irrita coniugij sterilis si munera languent:
Et sobolis spes est multos iam vana per annos
Mercurialis item capitur communiter herba:
Sic cubitum noctu coniunx festinat vterq;.

Hippocrates hat beides bingelkraut für ein grosse artzney der weiber gehalten/vnnd dasselb mit honig oder rosen öl oder blaw lilgen öl für die empfengnus vnnd ander kranckheiten der weiber gebraucht. Sagt auch/man könne dasselb trincken/oder den dampff daruon empfangen/vnd sich damit bähen.

Item hat den safft in die tauben ohren ein

eingetropfft / vnnd mit alten wein angestrichē/auch die bletter mit frischē schmaltz gesotten vnd auff die blasen gelegt für den harn windt.

Nim Bingelkraut ein hand voll / seud das in einer maß wassers/ biß es zum halben theil eingesotten sey/ es purgirt/vnnd soll diese purgation braucht werden/ wañ einer das kaltweh hat. Oder nim den safft/misch saltz vnd honig darunder vnd trincks/oder koch dz kraut sampt pappeln mit hünerfleisch (welches am besten) vnnd brauchs / es purgiert wol. Dioscorides schreibt / man soll das bingelkraut mit einem andern speißkraut kochen/ wann sich einer will purgieren/vnd sagt/daß die brühe daruon getrunckē / das geel wasser auß dem leib führet.

Bingelsafft mit essig vermischt/ ist gut für die schäden so vmb sich fressen.

Der samen von beiden bingelkraut in ein tranck gelegt oder mit wermut vnd zysern gesotten / heilt die geelsucht.

Bingel bletter angestrichē oder jr safft/ vertreibt allerley wärtzen/ reinigt auch die brust/thut aber schaden dem magen.

Es schreibt Galenus/ daß man das Bingelkraut zu seiner zeit nur allein zum purgieren gebraucht hab. Ist aber jemandts/ welcher ein zugpflaster daruon wolt machen/ der wirt empfinden/ daß es sey ein zeitig vnnd reiffmachend kraut.

Luc. Apuleius braucht den gestossen Bingelsamen inn einem süssen tranck für den hartē leib. Nimpt auch die bletter von Bingelkraut mit altem weissem wein befeuchtet/ vnd legt dieselben auff die augen für das trieffen derselben. Braucht letzlich den gewermeten safft für das wasser/ so in die ohren eingelauffen.

Glaßkraut oder S. Peters kraut. Parietaria, helxine.

Das neunte Beth.

Diß kraut heist bey den Latinis parietaria/ alß solt man sagen ein wendenkraut/ hat von den wenden seinen namen/ diewcil es in denselben gemeinlich pflegt zu wachsen/ wiewol es auch

auch in den zäunen vnd weinreben wachset. Heist auch helxine/das ist/ zugkraut/ wegen seiner kletten knöpff vnd stachlechten küglen/welchshalben es an dem ruckẽ hengt/zeucht vnnd behelt dieselben. Man nents auch perdicium / das ist/ein rebhun kraut/deun die rebhüner essen fürnemlich dasselb vnnd weltzen sich gern inn demselbẽ. Wirt letzlich auch herba vrceolaris genennt/dz ist/ein geschirr od' glaßkraut/deñ es ist gut dz geschirr vñ gläser damit zu wäschen. Man sagt/daß die Turteltauben/ tauben vnd hüner/wann sie dasselb gessen habẽ/ein vnwillen zu dẽ speissen ein gantz jar bekommen.

Nim glaßkraut/vermischs mit geiß oder bocks vnschlit/es hilfft für das podagram: jtem für die gerissen/geschlagen vñ gefallen glieder/alß ein wunderwerck. Heilt auch das S. Antonius fewer oder rotlauff vnd den brand.

Der safft von glaßkraut mit bleyweiß vermischt / zertheilt die auffgeschwollen blätterlin/vnd allerley geschwulst.

Glaßkraut mit frischem ancken oder hünerschmaltz gesottẽ vnd auff den bauch pflasters weiß warm auffgelegt/vnd offtmals verendert/legt das bauchgrimmen/ alß auch den schmertzen/so auß den nierenstein herkompt / wann man den safft von glaßkraut mit weissem wein sampt frischē süssen mandelöl vermischt / durchfeuchet vnd zu rechter zeit trincket.

Glaßkraut mit rosen öl vermengt/heilet die geschwulst der mandel vnd steinen.

Es schreibt Dioscorides / daß die bletter von glaßkraut ein krafft haben/dick zu machen vnd zu kälten. Heilen deßhalben den rotlauff / angestrichē:jtem die schrunden am hindern vnnd offen schäden so vmb sich fressen.

Glaßkraut für sich selbs oder sein safft angestrichen / oder gargarisirt / heilt die breun vnd niderschiessen des zäpffleins/ lindert auch vnnd heilt letzlich das ohren weh mit rosen öl vermischt.

Glaßkraut hat auch ein krafft zu tröcknen vnd abzuweschen/alß man wol sehen mag inn den gläsern/welche durch dasselb geweschen vnd gereinigt werden/hat darneben ein krafft zu samen zu ziehen sampt einer kalten feuchte. Heilt deßhalben alle

schä-

schäden so von entzündung herkommen von anfang biß zu jhrem bestand.

Luc Apuleius kocht daß Glaßkraut inn wasser für das podagram/vnd bähet damit die krancke glieder/legt auch dz kraut selbs mit schmaltz zerstossen pflasterweiß auff/vnd verbinds mit einem düchlein.

Ich hab auß gewisser erfahrnuß wahr genommen / daß das grün glaßkraut mit brot vnd blawlilgen öl / rosen öl oder camillen öl zerstossen vnd gewermet / die geschwulst an den weiber brüste mit gemach vertreibet.

Pappeln / sampt ihren krefften. Malua.

Das zehende Beth.

WIr wöllen allhie von beiden pappeln / der wilden vnd zamen inn einem capittel ohn vnterscheid schreiben / dieweil beide allenthalben gebreuchlich/alß auch das kraut selbs in allen orten wachset. Vorzeiten hat man die pappeln in den gärten pflegt zu pflantzen/

vnnd ist ein speißkraut gewesen/wie Horatius vnnd Hesiodus solches bezeugt. Dannenhär hat Martialis gesprochen/ welche verß wir auch oben inn der histori von dem lattich angezogen:

Vtere lactucis, vel mollibus vtere maluis:
Nam faciem dudum, Phœbe, cacantis habes.

das ist/

Lattich vnd weiche pappeln brauch/
So wirstu han ein linden bauch.

Es ist ein sonderlich wunderwerck der natur/daß das blat dises krauts/alß auch die blum sich nach der Sonnen wendet/ wann es gleich gewälckig ist/zeiget also an/inn welchem ort des himmels dieselb sey/wirt deßhalben vnter die sonnenwirbel gerechnet.

Damageron/einer auß den ärtzten/ so von dem feldbaw geschrieben haben vnd geponici heissen/sagt/daß der pappelsafft den heisern vnd rauchen schlund lindert/ vnnd die kretzige haut heilet/item sehr gut sey für die nieren vnd blasen bräst.

Pappeln gesotten für sich selbst/vertreibt die heiser stimm/mit öl aber vñ gestan den suppē genützt/macht weich den bauch

Frische

Frische pappeln gebraucht/ schleust die wunden/vnnd ist gut für die verrenckten vnd gebrochen glider.

Pappel bletter mit weiden zerstossen/ gibt ein köstlich pflaster für die entzündũg/ vnnd welches den blutfluß verstellet.

Pappel bletter mit zwibel od' aschlauch zerstossen/ heilt die schlangen bissz/ außwendig auffgelegt.

Pappel safft in die ohren gelassen/legt das ohren wee/mit honig aber getrunckẽ/ ist gut für die lebersüchtige.

Pappel safft ist auch gut für die hinfallendsucht/vnd ein bewehrt artzney für den nieren stein vnnd das hufftweh.

Hat sich jemãdt mit pappel safft sampt öl gesalbt / oder das kraut selbst bey sich tregt/der wirt von den wespen nicht gestochen werden. Ist er aber newlich gestochẽ/ vnnd hett den stachen noch inn sich/dern hilfft der safft oder ein schlecht öl.

Pappeln gesotten vñ das wasser warm getruncken / endet den schmertzen von dem harn wind vnd macht ein leichte geburt.

Es hats die erfahrnuß gelehrt / daß

man die schmertzende zän mit der wurtzel von pappeln/ so nur einen stengel hat/ anrüren soll/ so hilffts jhnen. Item daß die schwanger weiber leichter gebären/ wann man vnter sie pappeln bletter strewet/ man soll aber dieselben bald nach der geburt wegnemẽ/ damit auch die mutter nit nachfolge. Ein solche krafft hat auch der pappelsafft mit wein nüchtern getrunckẽ.

Man sagt/ daß die weiber jhre reinigung bekommen/ wann sie pappel bletter ein handvoll nemen vnd mit öl vnd wein gebrauchen.

Pappelnbletter mit menschen speichel angestrichen/ heilt die kröpff/ ohren geschwer vnnd bleterlin an den gemächt.

Es pflegen jhrer etliche den pappelsamen zerstossen an den arm zu binden für den samen fluß.

Es sagt auch Xenocrates/ daß der samen von einer pappeln/ so nur einen stengel hat/ auff die weiber gemächt gestrewet/ zur vnkeuschheit reitze. Wiewol Olympius das widerspiel saget.

Es schreibt Dioscorides/ daß die gärten papeln besser zu essen sein alß die wilden/

den/sollen aber dennoch dem magen schedlich sein.

Pappelsamen mit wein/wasser vnd wenig essig gesotten / ist sehr gut für die vergifften biss/eines theils getruncken / eins theils auff den schaden gelegt. Rohe pappelnbletter mit rosen öl gestossen / ist gut für den brandt/alß auch das gesotten wasser von denselben.

Nim pappelbletter/vermischs mit brot/ es ist gut für die wunden vñ offen schädẽ.

Pappelsafft für sich selbs getruncken oder mit lilgen öl eingegossen / machet die mutter weich.

Pappeln oder jbisch gesotten/vnd der dampff vnten auffgelassen/heilt die harte mutter vnd öffnet dieselb.

Es sagen etliche / daß die wurtzel von pappeln getragen/die geburt im leib behalte / wo sie anders die mutter berürt / welches jhrer viel auch von dem glaßkraut sagen.

Nim die wurtzel von pappeln / zerstoß mit rosen öl/ vñ legs warm auff die brust/ es vertreibt die geschwulst derselben.

Pappeln hat ein krefftig tugent für allerley biſs vnd ſtechen/wie auch obgeſagt/ ſonderlich der immen / weſpen vnnd deß- gleichen.

Laß pappeln inn dem harn faulen / es heilt die flieſſende ſchäden auff dem kopff/ jtem die flechten vnd blätterlin/ſo den kinderen an dem maul wachſen / mit honig vermengt.

Es ſagt Q. Serenus/ daß die wurtzel von pappeln ein wunderbare krafft hab für die ſchüppen auff dem kopff / denn ſo ſchreibt er mit ſeinen verſen daruon:

Dum caput immenſa pexum porrigine ninget,
Hanc poterit maluæ radix decocta leuare.

Pappel bletter mit roſen öl zerſtoſſen vnd geſotten/heilt den rotlauff vnd brand angeſtrichen.

Pappel ſamen inn rotem wein getruncken/reinigt den ſchleim auß dem leib/vnd vertreibt den vnwillen / wirt auch für die vnnütze begird den bauch zu lehren (welche bey den gelehrten Tenegmis heiſt) vnd für die roterhur mit groſſem nutz gebraucht criſtir weiß oder getruncken/jtem für das keichen vñ melancholey. Doch iſt in ſolchem fall / alß auch für die taubſucht

vnnd

vnnd das nierenweh viel gesünder pappel safft so wol inwendig gebraucht / alß auß wendig angestrichen.

Die wurtzel von pappeln / so nur einen stengel hat / ist gut für die kranckheiten der brust / inn einer schwartzen wollen auffgebunden.

Die wurtzel von pappeln gesotten / vnnd mit milch gemählich eingesupffet / vertreibet den husten innerhalb wenig tagen.

Das gantze kraut sampt der wurtzel gesotten / vnnd das wasser getruncken / ist sehr gut für alle vergiffte speiß / wo man dasselb offtmals trincket vnnd widerumb außkotzet.

Hippocrates hat den gesotten safft von der pappel wurtzel mit grossem nutz den verwundten vnnd für mangel des bluts dürstigen mit grossem nutz gereicht / auch die wurtzel mit honig vnnd hartz auff die wundten gelegt / item auff die verrenckten / zerschlagen vnd geschwollen glider vnnd neruen. Solches beschreibt Plinius.

Es ist ein wunder / daß das wasser dick werd / vnd ein milch gestalt bekomme / inn welchem die gestossen pappeln wurtzel/ etlich stund unter dem offen himel geweicht worden. Dieses wasser soll zu vielen sachē gut sein/ unnd welcher frischer/das ist alweg besser/ wiewol mir auch bewust/ daß Theophrastus gemelte krafft dem Ibisch und nicht den Pappeln zuschreibet.

Springkraut oder Springkörner unnd wunderbaum. Lathyris & Ricinus.

Das eilffte Beth.

WIr haben noch unter den gärten kreutern zwey zu beschreiben/ das Springkraut und den Wunderbaum. Ich hatt mir wol von denselben gantz uñ gar still zu schweigen fürgenommen/ wegen des mißbrauchs/ so auß denselben folget/ wo mich nicht ettliche gute freund darumb angesprochen und deßhalben gebetten hetten/ welchen ich in diesem fall must willfährig sein. Es wer wol zu wünschen/ daß diese beide steudlin/ so sehr ver-

verdechtig inn allen gärten nicht allein nicht gezilet / sondern viel mehr außgerissen wurden. Doch hab ich gute hoffnung / es werd durch diese beschreibung jhr rechter brauch vnd nutz bekannt werden. Dieweil es nun auch grossen herrn gefellig / daß sie diese kreuter in jhren gärten pflantzen / so wollen wir von jhnen nach vnser vorigen weiß meldung thun / vnd zum ersten das springkraut für hand nemen.

Das Springkraut heist bey den Frantzosen espurge / dieweil es den leib laxiert vnnd purgieret. Die Apotecker nennens Cataputiam minorem / denn es tregt sein samen inn kleinen kuglen / welche alß pillulen gestaltet sein. Oder / daß man die springkörner inn statt der pillulen zu dem purgieren vñ kotzen zu bewegen brauchet / welches nicht allein bey bawren / sondern auch grossen junckern vñ hern vnbedachtsam geschihet.

Das gantze stäudlein ist voller milch / hat bletter dē mandelblettern gleich / doch aber also / daß welche auff den obersten ästen sein / die scheinen kleiner alß die anderen / so vmb den stengel gewachsen.

Tregt kleine pilulen oder küglein auff den letzten spitzen / welche in drey fach getheilt vnd keulicht sein alß die cappern / hat inwendig keulichte körner so grösser sein alß die roßwicken / vnd ist ein jeder kern mit seinem heutlin von dem andern vnterschieden. Wann man dieselben abschelet / so scheinen sie weiß vnd haben ein süssen geschmack. Man nimpt derselben körner xx. vnd braucht sie in schlechtem wasser oder honig wasser / es heilet die wassersucht. Welche baß wollen purgiert werden / dieselben nemen die körner ein mit jhren heutlin / denn also wirt der magen hefftig beweget vnnd jhm grosser gewalt angelegt. Deßhalben hat mans erdacht / daß sie mit einer erbsen oder hennen brühe eingenommen werden.

Es habens die alten zugelassen / daß man sieben oder acht körner mög einnemen / den leib damit zu purgieren / sollen aber geschwecht vnd corrigirt werden mit etlichen magen artzneyen / alß nemlich mit zimmet rind / mastix / äniß oder fenchel. Sonsten wirt durch dieselben in dem magen vnnd gedärm ein grimmen gemacht.

Es

Es pflegen auch jhrer etliche die Springkörner zu essen mit einer dürren feigen/ rosinlin oder datteln / man soll aber ein kalt wasser darauff trincken.

Springkörner ziehen das wasser / die gall vnd schleim auß dem leib.

Nim die bletter von Springkraut/vnd koch dieselben mit einem hun oder andern gärten kreutern/ oder sonsten in einer suppen/es purgiert wie die körner.

Es sagt Aetius/daß welcher ein scharfe purgation will haben / der soll die körner zerkewen. Welcher aber ein linde purgation begert/der eß dieselben gantz/ sonderlich wo jemandts ein schwachen magen hat. Es sey jhm aber wie jhm wölle/so will ich menniglich vermanet haben / daß man die Springkörner mit sorgen vnnd kleiner dosi brauchen soll.

Den wunderbaum nennen die newen kreuterbücher Cataputiam maiorem/ denn er hat seinen samen inn grössern kuglen oder pillulen beschlossen/ alß das Springkraut. Oder dieweil er alß die pillulen purgirt. Die Frantzosen nennen jhn/alß auch die Apotecker / Palmam Christi / das ist/

Gottes hand/denn sein blat hat ein solche gestalt/alß ein hand.

Man pflantzet diesen baum in etlichen gärten/daß man die maulwürff damit will vertreiben/wechßt alß ein klein bäumlin/hat ein blat dem reben blat ehnlich/ist aber schwärtzer/hat hole vnnd lange äst alß ein rhor oder pfeiffen/tregt den samen inn harten vnnd rauchen beeren/welcher inn den apotecken Kerua wirt genennet. Wann man demselben seine haut abziehet vnnd schelet/so hat er ein solch gestalt alß wers ein hunds lauß/welche bey den Latinis Ricinus heist/wirt deßhalben von dieser form auch Ricinus bey den medicis genennet.

Dreissig körner/oder(wie Mesues schreibet/welchs ich für rechter halt)fünffzehen auff das höchst/vnnd sieben auff das wenigst abgeschelt/inn einem tranck eingenommen/purgiert die gall vnnd wasser durch das kochen vnnd stulgang. Es bewegt auch den harn/doch ist/wie Dioscorides redet/der tranck gar vnlieblich/vnnd folgt ein hefftig tragen wehe darnach.

Die körner von wunderbaum zerstossen

sen vnd auffgelegt/heilet die blatern vnnd flechten/so von der sonnen herkommen.

Gemelte körner von wunderbaum zerstossen mit gersten mehl vnnd auffgelegt/ vertreibt die geschwulst der augen/vnd die augenflüß/item die entzündung der geschwollen brüst.

Die bletter von wunderbaum mit essig angestrichen/löscht das S. Antonius fewr/rotlauff sonsten genannt.

Joannes Mesue schreibt von den kräfften des wunderbaums auff diese weiß. Der wunderbauch/sagt er/purgiert mit gewalt den schleim vñ bißweilen die gall/ durch das kotzen vnnd stulgang/zeucht auch die feuchtigkeiten vnnd das wasser von den gelencken. Man braucht seine körner zerstossen vnd gesotten in einer brü hen eines alten hans/vñ seind gut für das bauchgrimmen/podagram vñ hufftweh. Oder man kocht dieselben inn molcken/ seuchts durch ein duch/vnd gibts den wassersüchtigen mit grossem nutz zu trincken. Es wirt ein öl von den körnern gemacht/ heist bey den gelehrten Ricinum oder ricininum oleum/ist gut für das bauchgrimmen/ so von dem schleim vnd blästen herkommet. Item für die kranckheiten der geleich oder gelenck. Man soll den wunderbaum corrigiren mit andern speccreyen oder kreutern / daß er nicht schade/ alß auch das Springkraut / vnd auffs wenigst sieben/ auffs höchst siebenzehen körner auff einmal einnemmen. So vil sey gnugsam von dem Springkraut vñ Wunderbaum gesagt/ wollen hiemit die histori von den gärten kreutern beschliessen vnnd hinfort die Gärten bäum sampt jhren früchten nach vnser gewonheit beschreiben.

Der siebende platz

Des Artztgartens / welcher die obstragende bäum sampt jhren früchten in xiij bethen begreiffet.

Der apffel baum vnd seine frücht.

Das erste Beth.

WIr wollen erstlich an denen früchten ein anfang machen / welche ein weiche schalen haben / vñ bey den

den gelehrten mit einem gemeinen nammen poma das ist/ obst heissen. Demnach die andern beschreiben/ so ein harte schalen außwendig haben/ vnd nuces/ das ist/ nuß gemeinlich heissen. Wollen nun von den öpfeln erstlich sagen.

Diphilus/ ein artzt in seinem bůch von dem Feldbaw schreibt/ daß die öpfel/ welche noch nicht zeitig/ ein bösen safft in dem leib schaffen/ viel gallen vnd kranckheiten machen/ vnnd ein vrsach des rittens sein. Welche aber reiff vnd zeitig/ dieselben sollen ein bessern safft schaffen/ dieweil sie nicht lang im leib bleiben/ vnnd nicht so scharff alß die vnreiffen. Die sawren machen ein bösen safft vnnd ziehen mehr zusammen. Vnd damit ich die sach so gar weitleuffig/ kurtzlich begreiff/ man soll die öpffel mit sorgen vñ mit rechter maß brauchen/ nach gestalt jhrer natur vnnd geschmacks. Die sawren/ wañ der magē sehr hitzig oder feucht/ vñ deßhalben schwach. Die herben oder vnzeitigen/ wann die hitz vnd feuchtigkeit des magens sich vber die maß gemehrt. Die zackichtē oder essigenden/ wann man meint/ daß in dem magen ein dicker safft / so nicht vber die maß kalt/ gesamlet worden. Denn man soll den kalten safft nicht mit sawren / sondern mit scharffen dingen vertreiben.

Die öpffel/welche biß auff den winter/ frůling vnnd sommer wol gehalten sein worden/ kan man zur zeit der kranckheiten zum offtermahl mit grossem nutz brauchen / sonderlich wo man sie mit gutem teig vberzeucht / vnnd in dem ofen gleich alß bachet/oder in warmer aschen wol bratet/ oder von dem dampff eines siedenden wassers lasset dünn vnnd mürb werden. Man soll sie aber bald nach der malzeit essen/ bißweilen auch mit brot / den bauch vnnd magen zu stercken/sonderlich wann jemantds ein vnlust zum essen hett/ oder nicht wol verdewen mag/vnd mit dem kotzen/durchlauff vnd rote rhur bekůmmert wer. Jnn solchem brauch sind die herben vnd vnzeitigen sehr bequem. Denn wann man sie auff solche weiß zubereitet / alß jetzt gesagt/so bekommen sie ein zimlich zu sammen ziehende krafft.

Es sagt Plutarchus/ daß die öpffel der massen die pferd oder esel oder ander thier/ so so dieselben auff den rücken tragen / beschweren / daß sie darunder verschmachten / ob gleich die last sonsten leicht zu tragen / vnnd nicht zu schwer. Solches aber geschicht wegen des starcken geruchs / wie Apuleius sagt. Ich halt / man soll das von den quitten verstehn / welche ein starcken geruch haben. Ein jeder kan es leicht versuchen. Es wirt aber gemelten thieren geholffen / wann man jhnen brot gibt zu essen. Dann alß denn bekommen sie jhre krafft widerumb / wie Plinius schreibt. Oder man soll jhnen zuuor / ehe sie die last auff sich nemmen / etliche öpffel geben zu essen oder zu sehen oder zu schmecken. Mancherley weiß die öpffel zu behalten / such in vnsern Gärten secreten.

Nim ein süssen wolriechenden apffel / wirff die kerner auß jhm hinweg / vnd füll jhn mit gutem weyrauch / deck jhn nachmals zu mit seinen selbs stücken / vnnd laß jhn ohne verbrennen braten / nachmals eß jhn einer so das seitenweh hat / es hilfft alß ein wunderwerck / wie ich solches offtmal versucht hab.

Birnbaum sampt seinen artzneyen.

Das ander Beth.

WAs von den öpfeln gesagt worden / das kan man auch auff die biren ziehen/vnnd von denselben verstehen. Den̄ die biren sind auch mancherley / etliche sawer / etliche herb /etliche pitzelechtig/etliche süß/vnd etliche anders geschmacks. Etliche haben gar keinen geschmack / sind also wässerig vn̄ feucht haben deßhalben kein krafft zu stercken. Wie man nun der äpfel gebraucht nach mancherley gestalt des schmacks / so soll man auch der byren gebrauchen.

Galenus sagt/daß alle byren ein wässerige süssigkeit habē sampt einer zähen säwre/welches ein vngleich temperament inn jhnen bedeut. Sagt deßhalben/daß man diese ben nach dem essen brauchen soll/vor dem essen aber gebraucht/machen sie ein harten leib.

Alle byren/so rohe sein/sind auch gesunden leüten ein beschwerliche last/vnd sonderlich den nüchtern. Sind sie aber ge=

gekocht/so halt man sie für besser.

Etliche zerschneiden die byren/nemen jhnen die kernen auß vnnd tröcknen sie an der Sonnen oder ofen/behaltens durch den Winter/vnd essen dieselb inn der fastē im wein oder warmen wasser gebeitzet vñ mit zucker besprenget.

Die herben byren kan man zu den repellentibus cataplasmatis brauchen/das ist/ solchen pflasteren/so zu ruck treiben sollen.

Byren widerstehen den hirßlingen vñ schwämmen. Denn sie drucken dieselben vnter vnd stossens auß dem leib.

Es haben jhrer etliche geschrieben/daß die byren in der kammer einer gebärenden frawen gehalten oder verborgen/macht/ daß sie mit noth gebären. Doch haben mir etliche auß meinen freunden/so die natur erkündigen/gesagt/solches sey von den quitten zu verstehen.

Quitten/sampt ihren artzneyen.

Das dritte Beth.

Es seind der quitten mancherley. Etliche goldfarb/welche bey den Græcis χρυσόμηλα heissen/vnnd bey dem Virgilio/wie es etliche darfür halten/aurea mala/das ist/güldene äpffel. Etliche haben ein weisser farben/vnd bessern geruch. Etliche sind winter quitten/heissen bey den gelehrtē struthea/haben den bestē schmack vnnd geruch vnter allen. Letzlich hat man auch wilde quitten/welche an den zeunen dick wachsen. Alle geschlecht haben ein dünne wollen/schmecken wol vnd stercken das hirn. Es schreibt Plutarchus/daß die quitten wegen jhres krefftigen geruchs das gifft schwecher machē. Sagt darauff/es sey geschehen/daß das hefftigst gifft/Pharicum genant/in ein blatten gelegt/welche nach quitten geschmeckt/vnkrefftig sey worden/vnnd dergestalt alle bey leben geblieben/so dasselb getruncken hatten.

Quitten gesotten oder vngesotten/ist gut denen/welchen der stulgang versessen oder verstopfft ist/item für dz durchlauff/roterůhr/keichen vnd blutspeien.

Quitten macht ein gutē athem. Dannenher hat Solen/wie Plutarchus schreibet/den frawen geboten/daß sie mit jhren männern nicht eher zu betth gehen solten/

sie hetten dann zuuor ein quitten gessen.

Quitten gebeitzt vnd dasselb wasser gebraucht/ vertreibt den bauchfluß.

Quittē so rohe mit honig eingemacht/ bewegt den harn / vnnd das honig nimpt jhre natur an/bekompt ein krafft zusam̃en zu ziehen vnd dick zu machen. Welche aber gesotten mit honig eingemacht werden/die sind dem magen gesundt vnd lieblich zu essen / haben dennoch kein krafft zu sammen zu ziehen.

Rohe quitten pflasters weiß auff den bauch gestrichen/legt dē bauchfluß//sterckt den magen/wo derselb etwann zum erbrechen geneigt oder erhitzt worden.

Es schreibt Simeon Sethi in seinem büch von krefften der speissen / daß wann jemandts quitten inn das hauß / da ein schwanger fraw innen wohnt/hett getragen / oder sonsten daßelbst verborgen weren/ das macht nicht allein inn der geburt ein vorzug / sondern verursacht auch/daß dieselb mit grosser noht vnd gefahr geschihet. Doch nichts desto weniger/wann ein schwanger fraw zur zeit der empfengnuß vnnd hernach biß die zeit der geburt herzu kommen / quitten zum offtermal hett gebraucht / die wirt ein sinnreiches vnd verstendigs kind gebären / wie obgemelter scribtor meldet.

Was die quitten lattwerg anbelangt / die wirt auff diese weiß gemacht. Schneide die quitten auff / wirff die innwendige kernen auß / mach kleine tellerlin / doch laß das eusserste heütlin / welches wol schmeckend / bleiben / seuds in wasser / biß sie verwelcken / seigs demnach durch ein duch / drucks mit gewalt auß / vnnd kochs widerumb mit dem besten zucker. Wann solches geschihet / so thu ein guten theil gestossen rhabarbari darzwischen / es macht die latwerg gut vñ krefftig / nit allein den leib zu purgieren / sondern auch die leber / magen vnd gedärm zu stercken. Vnd ist diese lattwerg viel gesünder / auch sicherer / alß die Lyonische / so mit scamonien vnnd dacrydio wirt gemacht / welche alle verstendigen alß ein gifft billich fliehen vnd vermeiden sollẽ. Deñ sie macht gefehrliche zufäll / welche bißweilen ohne grossen schadẽ des lebens nicht abgehen.

Allhie ist auch diese composition wol wür-

würdig zu wissen. Schneid die quitten in zwey stück/nimme das innwendige/nemlich die kernen mit jhrem heutlin / herauß/ füll den gehölten ort mit dem besten Rhabarbaro/welcher groblecht zerstossen sey/ oder mit dem samen von wilden saffran/ welcher wol gereinigt vnd zerstossen sey/ oder mit gestossen agarico trochiscato oder epithymo/oder gestossen senetblettern/ oder einer anderen purgierenden artzney/ schleuß demnach beide stück zu sammen/ver wickels inn papir vnnd brats so verbunden inn einem backofen oder herdstatt. Wann nun die quitten gebratẽ/so thue sie widerumm auff/werff die innwendige artzneyen herauß vnnd iß das fleisch. Es wirt aber ohn allen schaden vnd vberlegenheit purgieren / ja auch zusampt dem magen/ leber vnnd gantzen leib bekrefftigen. Sie reinigt aber auß dem leib fürnemlich denselben humorem/welchen die artzney/so in die Quitten beschlossen wordẽ/pflegt auß zu fuhren. Ist aber die Quitten groß/so mögen die innwendide fäche geweitert werden/auff dz man desto ein grösser theil der purgierenden artzneyen möge hinein stossen / welcher von einem verstendigen Artzt söll für geschrieben werden. Doch ist es besser daß man ein kleine Quitten nemme / vñ demnach die innwendige fäch weiter mache / wo es vonnöten wer / vnd also die gantz mög essen. Solches wirdt ohn allen verdruß vnnd vnwillen geschehen / wie es dann jhrer viel versucht haben / so mir vmb diese also lieblich vnd heilsam secret grossen danck gesagt / welches ich allhie allen vnd sonst hab zu wissen thun wöllen.

Von andern kräfften vnd würckungen der quitten.

Nim den safft von den herben quitten / koch denselben mit einem gleichen theil rosen honigs / vnnd salb mit demselben das zäpfflin / so nieder geschossen / oder auch des munds geschwer / es heilt.

Gantze quitten gesotten vnd innwendig gebraucht oder auch durch ein cristir infundirt / ist gut für das grimmen vnnd roteruhr.

Der safft von rohen quitten ist gut für die schmertzen der brüst.

Quitten blust gesotten vñ der dampff vn-

vnten auff empfangen/macht dz die mutter nicht niderfalle oder schlüpfferig werde.

Das fleisch von den quitten gesotten/ heilt den afftedarm vnnd mutter/so niedergefallen/vertreibt auch die entzündung derselben.

Pflaumenbaum/sampt seinen artzneyen. Prunus.

Das vierte Beth.

ES sind der pflaumen bey vns mancherley/dermassen/daß man alle geschlecht kaum mag erzehlen/doch wirdt der gröste lob den zwetzscken oder Vngrischen pflaumen zu geeignet/welche Damascena pruna bey den alten scribenten heissen/von dem berg in Syria/ Damascus genant/von welchem sie erstlich zu vns gebracht sein worden.

Nach diesen sind die langlechten die besten/welche bey den gelehrten pruni dactyla heissen/alß solt man sagen/finger pflaumen/dieweil sie so langlecht alß ein finger/sind gestaltet alß ein ey/vnd haben ein sehr anmütig vnnd süß fleisch. Man hat noch ein ander gestalt der pflaumen/ welche Nucipruna heissen/alß solt man sagen Nüssen pflaumen/dieweil sie ein harten vñ kugelechten stein oder nuß innwendig haben.

Pflaumen/sonderlich die süssen/in honig wasser oder andern safft/gesotten/vor dem mittagmahl gessen/weicht dē bauch/ vnd macht ein linde purgation/man muß aber nicht von stund an das mittag mahl darauff halten/sondern ein halb stündlin warten.

Pflaumē/welche pitzelechtig/soll man auff die letzt auffstellen/den mund des magens damit zu stercken.

Die bletter von den pflaumenbaum in wein gesotten/vnd das gargarisirt/heilet die mandel/zäpflin vnd zanfleisch. Wañ gemelte glieder des leibs mit einem fluß von dem haupt bekümmert werden. Deßgleichen krafft hat auch das gesotten wasser von den gedörten schlehen/wann sie reiff sein worden.

Pflaumen inn einem herben wein gesotten vñ getruncken/verstellet den bauchfluß/vnd legt das grimmen.

Das gummi an dem pflaumenbaum vnd schlehen wachsend / hefftet zu samen/ vnd bricht den stein/in wein getruncken. Mit essig aber zerstossen/vnd die flechten der kinder damit gesalbt / vertreibt dieselben/wie Dioscorides schreibt.

Johannes Mesues schreibt von den pflaumen auff diese weiß. Die pflaumen weichen den bauch/vnnd haben ein krafft den leib zu artznẽ/doch geben die weissen/ geelen vnd roten ein geringer artzney/alß die schwartzen. Die mittlen/das ist/welche pitzelechtig/vnd zu gleich süß sein/ haben ein grösser krafft den leib zu artznen. Die süssen laxiren baß / doch haben beide geschlecht diese krafft/daß sie artznen vnd purgieren/mehr oder weniger. Die Vngrischen haben vnter andern beide kräfft/ doch die feuchten vnnd frischen mehr alß die dürren. Es pflegen aber die feuchten in magen eher zu verderben alß die dürren. Alle pflaumen wachsen/trocknen ab/weichen/ kelten/führen die gall auß dem leib/ vnnd sind wegen beider vrsachen gut für

die hitzigen feber vnd ander hitzige kranckheiten. Schaden dennoch dem magen/vñ
geben ein geringe nahrung. Dieweil sie
ein schwache wirckung haben / so pflegt
man jhnen zu vermischen / sonderlich
durch ein beitzung cassiam fistulam/man-
nam/Tamarindos/eingemachte feilchen.
Auß den pflaumen pflegt man ein lattwerg zu machen/welche eben zu denselben
sachen vnnd kranckheiten nützlich/alß zu
vor von den pflaumē gesagt. Weiter/wañ
jemand den stam̃ eines pflaumen baums
in zwey oder drey orten einer spannē lang
durchbort / Scammonium darein stosset
vnd demnach wiederumb verschmieret/so
wirt man pflaumen bekommen / welche
wol purgieren. Bißhieher Mesues.

Für das letzt sey dz zu gefallen der kran
cken gesagt. Nim gedörte pflaumen/koch
dieselben ein wenig/stich löcher darein vñ
leg sie in ein kalt wasser/so werdē sie auff-
schwellen/vnd groß fleisch bekommen.
Deßgleichen wirts auch geschehen/wañ
man die pflaumen nicht kochet/sondern
nur in vielen orten löchert vnnd zwen tag
in kaltem wasser lest beitzen. Solches kan
auch

auch mit den rosinlen vnd andern früchten geschehen.

Kirschen sampt jhren artzneyen.

Das fünffte Beth.

Die schönsten früchte vnter allen garten beumen tregt d' kirschen baum/ doch derselben mancherley/dannen här es geschicht/ daß sie mancherley nammen haben/welche allhie zů beschreibẽ vnnonnöten.

Diphilus Siphn. ein artzt/schreibt von den kirschen auff diese weiß. Die kirchen machen ein guten safft/geben dennoch ein geringe narung/sind den hitzigẽ magen nützlich/sonderlich in kaltem wasser gebraucht. Es sind aber die roten die besten/welche wol harnen machen.

Die süssen kirschen weichen den bauch/ vnd machen stulgäng. Die sawren aber oder gedörte verstopffen den bauch/kelten vnnd ziehen zu saminen/brechen deßhalben auch die scharpffe gallen/vñ machen die leber loß vnnd ledig von jhren verstopfungen.

Das gummi so von den kirschenbeumen härkompt im wein getruncken/ lindert den rauhen halß/macht schön vnnd glatt die haut/ bringt ein gut gesicht den augen/ist gut für den alten husten/mit essig vermischt/heilt die flechten der kinder/ ist letzlich sehr nutzlich in weissem wein gebraucht für den stein/welches jhrer vil mit grossem nutz versucht haben.

Das gebrant wasser von kirschen/ so newlich von dem baum sollen abgebrochē sein worden/ alßbald es auff ein mal vier quintlin odʼ mehr gegossen wirt in mund eins so den fallenden siechtag hat/ vnnd jetzt dann ankommen ist das schütten/paroxismus genannt/ so wirt er von stünd an erquickt/vnd ledig gemacht. Ein köstlich artzney/ welche Johannes Manardus ein artzt von Ferrar offtmalß versücht hat.

Man schreibt/daß wer des morgens etliche kirschen/so von dem taw noch feucht sampt jhren kern isset/ der wirt ein linden bauch vnd leichte füß bekommen.

Es

Es pflegen jhrer etliche die kirschen an der heissen sonnen zu dörren. Etliche legen dieselben in ein warmen backofen/vñ behalten es also zu nutz der gesunden vnd krancken.

Maulbeerbaum sampt seinen früchten.

Das sechste Beth.

Vnter allen zamen beumẽ/ wie Plinius schreibet/ blůhet der Maulbeerbaum am aller letzten/ kompt also sein blust gar spot/ alß dann nemlich wann schon die kelt vorgangen. Wirt deß halben vnter den bäumen der aller weiseste genannt/ wiewol jhn die Griechen ein narren nennẽ/das widerspiel verstehend.

Der safft von den blettern oder wurtzel gargarisirt/ ist gut für die breun/niderschiessen des zäpflins vnd erstickung. Die bletter mit essig vermischt vnnd angestrichen/heilt den brand.

Nim zwey lot der halbzeitigen maulbeeren/vnd so viel gedört rosen/ vermisch das alles mit honig / kochs mit einander zimlicher massen / vnd drucks auß / es gibt ein heilsame artzney für dz halßgeschwer / niderschiessen des zäpflins / vnnd andere gebresten vnd faulungen des munds.

Der safft von der rinden des maulbeer baums hefftet die wunden zu sammen.

Die maulbeer / wo sie zeitig sein / machē ein leichten bauch / verderbē aber leicht im magen. Haben sonsten auch ein feuchtmachende natur / kelten vber das ein wenig / es sey denn wo man sie kalt braucht. Folget aber nach jhnen nicht bald ein ander speiß / so schwellen sie bald auff.

Die vnzeitigen maulbeeren verstellen den bauchfluß. Hat man sie aber an der sonnen oder backofen gedört vnd zu puluer gestossen / so machen sie nicht allein die speissen anmütig zu essen / sondern sind auch gut für die roterhur / vnd bauchgrimmen. Item / für die offen schäden / so vmb sich fressen. Etliche brauchen dieß puluer zu den faulen zänen vnnd zanfleisch mit wein vermischt / vnnd den mund wol hiemit geschwenckt.

Die bletter von dem Maulbeerbaum ge-

gestossen/vñ mit öl angestrichẽ/ist gut für die bränd/vnd ferbt das haar/mit schwartzen reben vnd feigen blettern gesotten im regen wasser.

Vorgemelte bletter in dem harn genetzet/zeihet das haar ab von den heuten.

Ein ast von Maulbeerbaum inn newen Mon abgebrochen/ wann er anfengt frücht zu tragẽ/ist gut (wie Plinius schreibet) für die vberflüssigen zeit der weiber/ den frawen an den arm angebunden. Es muß aber der ast die erden nicht angerürt habẽ/noch hinförter anrüren. Sagt auch weiter/ daß solches nicht allein das vbermessig bluten der weiber verstellet/ sondern auch das bluten so auß einer wundẽ/ mund/nasen/vnnd gullden ader geschicht. Es pflegen deßhalben/sagt er/etliche solchen ast mit grossem fleiß zu behaltẽ. Die erfahrnuß kans beweisen/ob solchem zu glauben sey.

Die bletter vnd rinden von dem maulbeerbaum gesotten/vnd den mund hiemit gewaschen/heilt das zanweh.

Es schreibt Plinius dieß wunderwerck von dem Maulbeerbaum. Der Maulbeerbaum/sagt er/Lorbeerbaum vnd Ebhew geben fewr/wider einander geschlagen. Solches haben die kriegsleut vnnd hirten erfunden/diewel sie nicht allwegen stein gehabt/mit welchen sie fewr hetten auffschlagen können. Man muß ein holtz wieder das ander schlagen/vnd den funckē auff einen dürren zundel fallen lassen. Doch aber ist nichts bessers alß der Ebhew/welchē man an das holtz von einem Lorbeerbaum schlagen muß.

Pfersing baum sampt seinen früchten.

Das siebende Beth.

Drey geschlecht hat man bey vns der pfersing. Das eine ist der geelen sommer pfersing/welche Molleten oder Sant Johannis pfersing heissen/auff Latein Precox vnnd Antepersicum: denn es wachßt vor dē andern pfersingen. Das ander ist der gemeine vnd jederman bekanter pfersing/wirt vmb den außgang des sommers reiff/eher oder lengsamer/

nach

nach natur des himmels vnnd erdrichs Das dritt heist Duracinum/d' harte pfersing/welcher ein hart fleisch hat / so dem kern dermassen angewachsen / daß mans kaum mag abreissen / die Frantzosen nennē dasselb Persum. In diesem geschlecht findet man auch etliche / welche mit jhren blutigen fleisch vñ safft die hände ferben. Item / etliche / welche alß die quitten inwendig vnnd außwendig geel sein. Man hat noch ander geschlecht der pfersing / so künstlich nach mancherley gestalt der impfung vñ artznung gezeiget sein worden / von welchen allhie vnuonnöten meldung zu thun.

Galenus hat alle geschlecht der pfersing verworffen / alß geben sie ein bösen safft / vñ verderben leicht im magen. Solches aber soll von den gemeinen pfersingē verstanden werdē / welche nicht werhafft / denn sie wehren nach dem abbrechen am aller lengsten nur zwen tag / vnnd müssen deßhalben von stund an genützt oder verkaufft werden. Derwegen heist Galenus dieselb im anfang des mals zu essen / sonderlich diese so ein feucht vnnd wässerig fleisch haben. Denn solche auff die letzt braucht/schwimmen in dem magen/vnd verderbē mit sich alles was man vor jhnē gessen. Hat man sie aber im anfang gessen/so machen sie den andern speissen ein leichten außgang. Die frůzeitigen sollen deßhalben besser sein/so auch die jenige/welche kein feucht fleisch haben. Denn sie faulen nicht leicht/vnd werden nicht bald sawr/sind also dem magen nützlich.

Man glaubt gemeinlich/daß der pfersing kern den schaden vertreibt/welchen der pfersig hat verursachet. Solches aber geschicht deßhalben/dieweil der kern ein krafft hat zu öffnen/abzutrocknen/vnd zu zertheilen. Vertreibt also den bösen safft des pfersings. Man kan dē pfersing auch seinen schaden benemmen durch den besten wein/so man denselben darauff trincket/oder den pfersing darinnen weichen vnd schwimmen lasset. Dannenhär hat das sprichwort sein vrsprung genom̄en in Latinischer sprach/da man pflegt zu sagē;

Petre, quid est pesca? Cum vino nobilis esca.

das ist/

Den pfersig brauch mit gutem wein/

So wirts ein gute nahrung sein.

Pfersing kern zur zeit der pestilentz gebraucht/ist gut für die gifftig lufft/ tödtet die spulwürm/vnd öffnet die verstopfung. Dieweil sie aber bitter sein/vnnd der zungen nicht vast angenem/so pflegen jhrer viel dieselben mit zucker vber zu ziehen oder sonsten einzumachen.

Pfersing kern mit essig vnd öl zerstossen vnd angestrichen/ist gut für dz haupt wehe.

Pfersing blust gessen oder in einer brühen gebraucht/mach stulgäng / doch aber mit grosser noth vnnd schaden des magens vnd leber. Solches thut mit geringer noth vnd schaden das wasser/in welchem gemelte bitter pfersing blust gebeitzt vnd sibenmal verendert sein worden/man muß das aber mit zucker zu einem dicken juleb gesotten haben. Denn es machet nit allein stulgäng / sondern treibt auch die spulwürm auß.

Nim zerstossen pfersing bletter / leg dieselben auff die beuch der kinder/es vertreibet auch die spulwürm.

Die pfersing/so in wässerigen orten ge

wachsen sein / thun grossen schaden den zänen/hertz/augen/vnd lungen. Sind sie aber in dürren orten gewachsen/so ist das wiederspiel von jhnen zu halten/ wie Albertus Magnus schreibt.

Füll jrgend ein geschirr mit pfersing blust/vermach dasselb wol/vnd laß etliche tag in der erden beitzen/oder inn mist faulen / druck demnach ein öl darauß/vnnd salb hiemit die schläff/pulß vnd ruckgrad vor dem schütten des kaltenwehe/es vertreibt dasselb gewißlich. Solchs hat mich ein Teutscher artzt gelehrt.

Mispelbaum vnd Speierling sampt jhren früchten.

Das achte Beth.

WIr wöllen allhie zwey obst von zwen beumen mit einander beschreiben/nemlich den Mispel vnd Sporöpfel.

Den Mispelbaum nennen die Frantzosen Meslier vnd Neflier/hat zwey geschlecht. Das ein hat dörner / wechst inn den

den heckwälden vnnd an den zeunen alß ein wild gewechs / hat ein kleinen apffel / der im anfang so herb vnnd rauch / daß man jhm kaum essen mag / er sey dann durch den winter weich worden. Das ander hat ein grössern apfel / vnnd kein dörner. Ist ohne zweiffel durch stäte pflantzung inn den gärten grösser vnnd besser worden.

Den Speierling heissen die Frantzosen Cormier vnd Sorbier / tregt viererley öpfel / wie Plinius schreibt. Denn etliche sind kugelechtig / etliche spitzig alß die biren / etliche sind gestalt alß ein ey / etliche krum / welche form bey den Latinis torminale genus wirt genennet / ist allein gut zu den artzneyen.

Krafft vnd wirckung der Mispeln.

Vnzeitige mispel braucht man gemeinlich für den bauchfluß. Etliche nemmen die gedörten mispel bletter / zerstossen dieselb zu puluer vnd brauchens inn cristiren für den roten schaden oder roten hur mit grossem nutz vnd glück.

Es ist wunderbarlich vnd wolgedenckwürdig/daß wiewol der Mispel ein krafft hat zu sammen zu ziehen (ich red von den vnzeitigen) doch nichts desto weniger derselb zu puluer gestossen / bricht mit grosser gewalt den stein inn den nieren. Solches bezeugt Antonius Musa / ein berümpter vnnd hochgelehrter artzet von Ferrar. Etliche brauchē den kern für gemelten stein/ welches ich auch vnlengst versucht vnnd mit nutz bewehrt befunden hab. Hab aber dem krancken ein löffel voll mit weissem wein vnnd gestossen äniß gegeben zubrauchen.

Krafft vnd wirckung der Sporöpffel.

Es sagt Galenus / daß die sporöpffel vnd mispel vast ein gleiche krafft sollen haben/gibt auch diesen rhat/daß man dieser beider frücht wenig brauchē soll/ alß auch der feigen vnd weintrauben. Denn wir bedörffen derselben nicht alß einer speiß/ sondern alß einer artzneien.

Dioscorides bricht die Sporöpffel ab/ eh sie reiff seind worden / dörret sie an der sonnen/vnd macht ein köstlich artzney darauß für den bauchfluß.

Nim

Nim gedörte sporöpffel/zerstoß dieselb/ vnd mach ein mehl darauß/brauchs in einer suppen oder müß/oder ja cristir/es vertreibt auch den bauchfluß. Deßgleichen thut auch das gesotten wasser von den vnzeitigen Sporäpfflen.

Es ist wol gedenckwürdig/daß wann jemandts/der von einem wütenden hund gebissen vnd schon geheilt ist worden/vnter dem schatten eines Speierlings ligt/so ist es zu besorgen/daß jhn die vorige kranckheit widerumb anstosse. Denn dieser baum soll dieselb widerumb aufferwecken.

Citron sampt ihren krefften.

Das neunte Beth.

IN dieser erzehlung von den obsttragenden bäumen sind noch etliche gedechtnüßwirdige bäum vbrig zu beschreiben/welche ob sie gleich in vnsern gärten/so nach mitternacht gelegen sein/kaum wachsen noch gezilt mögen werden / doch will ich von denselbē nichts desto weniger etwas schreiben/ damit vnser arbeit allen möge zu nutz vnnd frucht gereichen.

Wollen also erstlich den citron baum für die hand nemmen.

Den citron apffel heist Theophrastus Medicum vnnd Persicum pomum/ Plinius aber Assyrium.

Diesen baum haben vorzeiten viel völcker zu sich zu ziehen vnd in jhren ländern zu pflantzen gearbeitet / doch aber vmbsonst. Zu den zeiten Plinij ist er noch nicht in Italia breuchlich gewesen/vnnd es hat jhn Neapolitanus Palladius auß Media in Italiam erstlich gebracht vnnd mit grossem fleiß darinnen zu pflantzen angefangen. Diesen haben hernach die nachkommende nachgefolgt/vnnd ist inn Hispania/ auch etlichen mittägigen ländern Franckreichs gepflantzt worden,

Zu den zeiten Theophrasti hat man diesen apffel in der kost nicht gebraucht/noch sonsten gessen / ja auch zu den zeiten des Plutarchi vorfahrnen / wie Athenæus schreibt. Es haben die grossen herrn inn

Par-

Parthia allein die kern inn jhren speissen eingesotten vnnd gebraucht / ein guten athem dadurch zu machen. Solche krafft haben auch die bletter / welche auch wol schmecken nicht anders alß der apffel / sind deßhalben inn die kästen zwischen die kleider gelegt worden / wie Homerus vnd Nevius schreiben / welche die kleider citrosas nennen / das ist / die nach citron apffeln schmecken.

Es schreiben alle ärtzt / daß der citron apffel gut sey für das gifft. Solches bezeugt Athenæus mit einer solchen histo-ry. Alß ein Richter inn Aegypten zwen vbelthäter zum todt hatte verurtheilet / vnd dieselben / nach Aegyptischer gewonheit den schlangen / welche aspides heissen / fürwerffen lassen. Da ists ohngefehrlich geschehen / daß sie auff den weg einen citronen apffel haben gessen / alß sie den schlangen zu einer speiß geführt wurden / welche ein Kremplerin / die sich jhrer erbarmete / jhnen hatte vberreicht. So bald sie nun auff den schawplatz kommen / vnnd von den grausamen hungerigen Schlangen gebissen worden / hat solches jhnen gantz nichts geschadet. Darüber hat sich vorgemelter Richter sehr verwundert vnd deßhalben durch seine knechte gefragt / ob sie etwann ein artzney für gifft eingenommen hetten. Diese sagten / sie hetten einen citron apffel gessen / welcher jnen auß einfeltiger hand geschenckt wer worden. So ließ deßhalben der Richter des folgenden tags dem einem den citronapffel geben / dem andern aber nicht / vnnd also widerumb für die schlangen führen. Alß nun solches geschach / da hat der / welcher den apffel gessen / von den schlangen kein schaden empfangen / der ander aber ist von stundan gestorben. Solches haben hernach jhrer viel versucht vnd endtlich bey jedermeniglich außgeschrien / daß der citronapffel ein bewehrt artzney sey für aller hand gifft / vnnd daß derselb inwendig gebraucht die gifftigen biß heilen kan. Ist jemandts der solche history nicht glaubt / der lese Theopompum Chium einen warhafften vnnd glaubwürdigen scribenten. Dieser schreibt daß Clearchus ein Tyran der Heracleoter in Ponto jhrer viel durch gifft getödtet hat / vnd jhrer mehr hat tödten

ten wollen / wann das volck die krafft des citronenapfels nicht erkannt/vnd sich hiemit wider das gifft verwahrt hette. Solches schreiben jhrer ettliche auch der rauten zu/wie dann wir solches inn der history von der rauten angezeigt. So ist nun der Citronapffel ein krefftig artzney für gifft/vnnd sonderlich sein gestossen samen in dem besten wein getruncken. Deßgleichen krafft hat auch der safft/denn er treibet das gifft dürch die stulgäng auß. Die rind von dem citronapffel gekewet / vertreibt auch den stinckenden athem. Solches alles beschreibt Virgilius mit seinen versen also:

Media fert tristes succos, tardumq; saporem,
Felicis mali: quo non præsentius vllum
(Pocula si quando sæuæ infecêre nouercæ,
Miscueruntq; herbas, & non innoxia verba)
Auxilium venit, ac membris agit atra venena.

Sagt demnach:

—animas & olentia Medi
Ora fouent illo, & senibus medicantur anhelis.

Rohe citron gessen/ können nicht leicht verdewet werden / ja sie machen auch ein dicken safft. Es sagen deßhalben die ärtzt daß man dieselben inn honig oder zucker eingemacht lieber essen soll. Denn sie stercken vnd wermen auff diese weiß den magen. Solches halten oder wissen vnsere leut nicht / welche mehr auff den schmack alß auff die gesundtheit achtung geben / vnd den rohen citronen apffel inn der kost auffzustellen pflegen.

Es sey jhm aber wie jhm wolle / so ists gewiß / daß der citron sehr gut sey für die schwartze gallen vnnd kranckheiten / welche von der melancholey jhren vrsprung bekommen.

Der safft von citronen miltert die gallen vnnd vertreibt gie gifftig lufft. Dannenher pflegen die ärtzt ein syrup auß citronen zu machen für die pestilentz / vnnd brauchen denselben mit grossem nutz.

Der samen von citronen / so wol getruncken alß auffgelegt / ist wunderbarlich gut für die biß der scorpion.

Hat jemandts den gantzen apffel inn einer suppen oder andern safft gesotten / vnd so den safft außgetruckt vnnd denselben trincket / der macht jhm einen guten athem. Lest man aber den apffel auch gantz

inn

i rosen wasser vnd zucker so lang einsie-
t/biß sein krafft der suppē eingeleibet sey/
as macht einen sicher vor allem gifft vnd
estilentzischer lufft/welcher desselben ein
der zwen löffel des morgens einnimmet.
Solches hab ich vnnd meine freund zur
eit der pestilentz offtmals mit grossem
utz versucht vnd bewert befunden. Die-
eil man aber nicht allenthalben citronen
an finden/so mag einer in jhrer stat limo-
ien gebrauchen/welche vast ein gleiche
rafft mit jhnen haben.

Pomerantzen vnd Limonien sampt jhren artzneyen.

Aurantia arbor & Limonia.

Das zehende Beth.

DEr pomerantzen sind dreyerley ge
schlecht/süsse/sawre/vnd bitzlech
tige/welche zum theil süß/zum
heil sawer. Die süssen haben ein krafft zu
wärmen. Der andern safft keltet/mehr o-
der weniger/nach gestalt des schmacks/

welcher süsser oder sawrer. Es sind deßhalben die sawren sehr gut für den durst der krancken/ welche mit einem kaltenweh beladen sein. Die rind von allen pomerantzẽ ist warm vnnd hitzig/ welches der schmack bezeuget: denn derselb ist herb vnnd bitter. Wo man deßhalbẽ den safft bei einẽ liecht außtrucket / so wirt er leicht angezündet/ vnd gibt sein krafft dem wein am leichtesten von wegen seiner dünnen substantz / in ein glaß auch von weitem her gespritzet.

Die limonien sind sáwer alß die citronen vnd pomerantzen alle sampt/ denn jhr safft ist kelter vnd trockner.

Man macht ein syrup auß den limonien/ mit welchem die scharffe gall wirt gelindert/ item die pestilentz vnd gifftig sucht vertrieben.

Das distilliert wasser von limonien ist gut das angesicht zu ferben vnd schön zu machẽ/ macht glatt die haut/ so zuuor runtzelechtig gewesen / vertreibt die flechten vnnd mackel in gantzem leib / ob sie gleich auß dem aussatz herkommen weren. Mit andern syrupen vermischt (so sonsten auch gleiche gebrechen vertreibẽ) ist gut für das

ge-

geschwinde vnd anfallende feber. Solches hab ich offtmals probiret.

Der safft von limonien zwey oder drey mal durchgeseuhet vnd in demselben das edelgestein gebeitzt vnd an die Sonnen gestelt/macht daß dasselb in fünff oder sechs tagen dermassen zerschmeltzet / daß es sihet wie ein honig. Auß dieser matery kan man solche gestalt machen / alß man will/ vnnd in wenig tagen dadurch reich werden. Solches beschreibt Hieronymus Cardanus:

Es ist auch wolgedenckwürdig / daß Leuinus Lemnius schreibt / nemlich / daß der limonien safft so sawer vnnd beissig sey/daß wo man in demselben etliche stunden ein müntz hett eingelegt / so wirt dieselb geringwichtiger.

Granatäpffel sampt ihren krefften.

Das eilffte Beth.

GRanatapffel ist auch einer auß denselben früchtē/welche wir in henden haltē/

schmecken/sehen vnd vns darüber verwunderen / doch ist vns der baum vnbekannt vnnd wechßt in vnsern landen nicht/so gegen mitternacht gelegen. Man sagt/es heiß dieser apffel granat / a multitudine granorum/von den vielen kernen/welcher er voll ist. Etliche sagen/er hab von der Statt in Hispanien Graneta(in welcher derselb inn grosser mengen wachßet) den nammen bekommen.

Es sagt Plinius / daß die süssen granatäpffel dem magen nicht nützlich seien. Denn sie machen bläst / thun den zänen vnd zanfleisch schaden. Welche aber weinlechtig sein/ dieselben verstellen den bauchfluß vnd sind gut dem magen/mit maß gebraucht. Ettliche sagen / man soll diese/ wann ein feber vorhanden/nicht brauchē/ denn es ist weder jhr safft noch fleisch nützlich/sollen also denen vorsagt werden / so stets kotzen vnd das gelb wasser außwerffen. Bißhieher sagt Plinius. Doch stimmet Dioscorides mit jhm nicht vbereins. Denn er sagt / daß der granatapffel ein guten safft hab / vnd sey dem magen nützlich/doch gebe ein geringe nahrung.

Der

Der süß wirt für nützlicher gehalten für den magen/macht dennoch bläst/ vñ wirt deßhalben den febricitanten verbotten.
Der sawer granatapffel ziehet zusam̃e/ ist gut dem hitzigen magẽ/macht wol harnen/ thut aber dennoch schadẽ dem mund vnd zanfleisch.

Die rind von dem granatapffel (malicorium bey den gelehrten genant) inn essig sampt galläpffel gesotten/ sterckt die zän/ so außfallen wollen.

Nim ein granatapffel/ leg denselben in ein newen hafen/ deck den hafen zu/ vnnd laß den apffel darinnen braten/truck demnach den safft auß/ oder leg den zerstossen apffel inn ein weissen wein vnd trincks/es verstellet den bauchfluß/vnd vertreibt das grimmen. Deßgleichen krafft hat auch der granat apffel gesotten vnd getruncken oder in einem cristir gebraucht.

Die blüst von dem granatapffel (welche bey den Medicis balaustia wirt genennet) getruncken/ verstellet die vbermessige zeit der frawen/ heilt das mund geschwer/ item niderschiessen des zäpfleins/ außwurff des bluts/ bauchfluß vnnd schäden der gemächt.

Granaten blust gestossen vnnd das mehl daruon gebraucht/hat jhrer vil vom todt erlöst/so mit der rotenrhůr bekůmmert waren gewesen.

Die kern von dem sawren granatapffel gedört/zerstossen vnnd auff die speiß gestrewet oder eingesotten/verstellet den bauchfluß vnd das kotzen/wirt auch nützlich getruncken für den außwurff des bluts/roterhůr/vnd weisse zeit der frawen.

Es sagt Dioscorides/daß/welcher drey granaten blůst/auch auß den kleinisten/hett gessen/dem werden dasselbe gantze jar die augen nicht weh thun.

Man pflegt auch ein geartzten wein zu machē von granatäpffeln auff diese weiß. Nim reiffe kern/schel dieselben vnnd truck auß jhnen den safft/sampt den weintrauben/vnd seige den wein hernach durch ein säcklein/legs in ein fäßlin/vnd laß darinnen stehen/biß die hefen hinunder sincken vnd der wein klar sey worden/behalte jhn demnach vnnd gieß öl darůber/damit er nicht abschlahe noch esselechtig werde. Ein ander weiß diesen wein zu machen/ such in dem nachuolgenden bůch von den

ge-

geartzten weinen. Etliche behalten diesen wein ohn öl in den fässen/doch schlecht er bald ab zu sommers zeiten.

Die rind von dem granatapffel verendert das eysen inn stahel/wie Cardanus schreibt/zeigt aber den weg nicht an/durch welchen solches mag geschehen/welches wir anderswo anzeigen wollen.

Für das letzt. Nim ein süssen granatapffel sampt seiner rinden/zerknitsch denselben/vnnd truck den safft darauß/nim desselben saffts sechs theil/vnnd ein theil honigs/vnnd koch das alles/biß es ein dicke gestalt bekomme/solches ist ein köstlich artzney für die entzündung des mundes/niderschiessen des zäpfflins vnd breune/ ob gleich einer schon kaum den athem könte holen. Item anderere gebrechen mehr/welche allhie lenger zuerzehlen vnuonnöten.

Feigen sampt ihren krefften vnd würckungen.

Das zwölffte Beth.

DAß diese frucht auch bey den alten schön vor langen zeiten/ bekannt sey gewesen/ vnd inn brauch kommen/ ist auß dieser wolgedenckwürdigen history von dem weisen mañ Catone zu mercken. Denn alß derselb einen vnuersönlichen haß wider die statt Carthago truge/ vnd sich vmb die nachkommende bekümmerte/ auch allwegen den Römeren diesen rhat gabe/ sie soltē die statt Carthago zu grund verderben vnnd zerschleiffen/ hat er eines tags auff das Rhathauß ein frühzeitige feigen auß demselben Landt gebracht. Alß er nun dieselb (wie Plinius schreibt) den Rhatsherren gewiesen/ sagt er/ zu jhnen. Ich frag euch/ wann jhr vermeinet/ daß diese frucht von seinem baum abgebrochē sey worden? Da nun alle bekanten/ sie sey vor kurtzer zeit abgebrochen/ sagt er weiter zu jhnen. Ja jhr sollt wissen/ daß man sie aller erst vor dreyen tagē hat abgenommen

men zu Carthago / einen solchen nahen feind haben wir für vnsern maweren/vnd alßbald hat man den dritten krieg wieder die Statt Carthago angefangen/in welchem auch die Statt erobert / vnnd von grund auff geschleifft ist worden/vnnd ist Cato des folgenden jars hernach gestorben. Dieser hat nun mit der einigen beweisung von einer feigen genommen (welchs zu verwundern) die oberkeit zu Rom vberredet/daß dieselb ein solche mechtige vnd gewaltige Statt/welche allein vnter allē Stätten auff den gantzen erbodē vber die cxx. jar mit den Römern vmb den gewalt vnnd freyheit gestritten / hat zu bekriegen vnnd zu boden zu verderben fürgenommen.

Man hat vorzeiten die frischen vñ dürren feigen für brot vnnd ander speiß gebraucht/vnnd es haben die alten fechter oder ringer/athletæ genañt/mit denselben jhr krafft widerholt vnnd erhalten/biß sie Pythagoras auff das fleisch gewiesen/vñ dasselb zu brauchen gemant Es sagt auch Plinius/daß man die feigen mit saltz eingemacht alß dē käse hat gewohnt zu essen/

Die feigen/welche an der sonnen für sich selbs reiff seind worden/ helt man für die besten vnd gesundsten. Welche voller milchs sein/ oder des wässerigen safftes/ ob sie gleich dem mund vnnd magen anmütiger scheinen/ sind dennoch vngesünder vnd viel schwerer zu verdewen/ sincke deßhalben viel eher hinunder/ vnnd machen stulgäng/ alß denn auch die frischen nüsse.

Es sagt Demetrius/daß die jenige/welche ein gute stimm behalten wöllen/ der feigen sich enthalten sollen/ das exempel Egesianactis eines von Alexandria anzehend/welcher ein guter actor tragoediarū worden/von deßwegen/daß er kein feigen gantzer achtzehen jar nicht hat gessen.

Feigen mit Hysop gesotten/ purgiert den leib/vertreibt den alten husten vnnd langwirige gebrechen der lungen.

Feigen mit rautē gesotten/vnd in d' kost genossen/ oder cristir weiß zu rechter zeit gebraucht/ vertreibt das grimmen vnnd gicht in den därmen.

Feigen zerstossen vnnd auffgelegt/ für sich selbs oder mit lilgen öl oder einem andern

dern öl vermischt/zertheilt die harten beulen vnd alles was hart ist im leib. Weicht also auch die geschwer neben den ohren vnd ander eyssen.

Feigen in wein sampt wermut vñ mehl gesotten vnd vermischt / wirt für die wassersucht nützlich angestrichen.

Feigen mit wachs gebrennet/vnd auff die gefroren füß gelegt/heilet.

Feigen mit gestossen bocksshorn vnnd essig vermischt/ist gut für das podagram/ auff dasselb geschlagen.

Netz ein wollen mit dem safft von feigen/vnd legs auff die schmertzhaffte zän/ es hilfft.

Der safft von feigen auff die wärtz gelegt/vertreibt dieselben/sonderlich die beissige/welche myrmecie heissen. Man saget/ daß sonsten die andern wärtze nur mit feigen blettern angerürt/vergehen sollen/wo man die bletter hernach vergrabet.

Feigen inn wein gesotten / zerstossen/ vnnd auff den hindern gelegt/heilet desselben geschwer vnnd spaltung oder auffreissen.

Feigen mit nüssen/pfeffer / oder bittern mandel nüchtern gessen / löset die verstopfung der leber auff/vnnd sterckt den magen.

Eubolus ein artzt hat verbotten die feigen zu mittag zu essen / sagend / es werd ein kranckheit dadurch verursacht / denn es soll ein feber darauß entstehen/welches viel geel wasser außkotzen macht. Deßhalben alß Aristophanes des sommers einen krancken gesehen / hat er bald gesaget/er hab zu mittag feigen gessen. Solches soll von den safftigen oder milchigen feigen verstanden werden / nach welcher brauch auch einer schwitzet vnd blatern bekompt: sind deßhalben im herbst verbotten. Man macht ein laugen von der äschen des feigen holtz/welche desto besser/je elter sie ist. Diese wirt von dem Dioscoride gelobt vnnd für gut außgesprochen für die schäden so vmb sich fressen/vnnd das fleisch zu verzehren / so außgewachsen. Sein brauch ist/daß man ein schwamm darinnen netzet/vnd offtmals auff den schaden legt. Man kan auch mit derselben die langen vnd grossen fistel anstreichen: denn sie

zeihet

zeihet d'eselb zu saitten/füllet mit fleisch/ vnd hefftet zu sammen nicht anders alß die pflaster/welche auff die blutige schädẽ werden gebunden. Diese lang zertheilet auch das gerunnen geblüt in dem magen/ desselben ein quintlin mit wenig öl getruncken.

Galenus schreibt von den feigen auff diese weiß.

Wiewol die feigen vnter allen sommer vnd herbst früchten am wenigsten des bösen safft inn sich halten/jedoch sind sie nit alles schadens loß. Vnd obwol alle herbst frücht ein geringe nahrung dem leib mittheilen/so nehren doch die feigen am aller meisten. Machen dennoch kein zäh noch gedigen fleisch/alß das brot vnnd schweinin fleisch/sondern ein auffgeblasen/dick/ vnd schwammechtig fleisch/alß auch die bonen. Weiter/die feigẽ haben ein krafft abzuweschen/deßhalben es auch geschicht/ daß wann die jenige/so mit dem stein bekümmert sein/feigen genützt haben/so treibets jhnen viel sand auß dem leib. Die dürren feigen sind zu vielen dingen gut/doch isset jemands jhrer zu viel/so wirt er von jhnen schaden bekommen. Denn sie machen kein gut geblůt/vnnd wachsen gern viel leuß nach jhrem steten gebrauch.

Der kőnig Mithridates hat ein artzney gemacht von feigen/rauten vnd nüssen/welche sehr berůmpt vnnd gelobt wirt für das gifft vnd anfallend sucht.

Es schreibt Plinius/daß wann jemand das rindern fleisch bald vnnd mit wenig holtz will kochen/der thu in den hafen ein feigen holtz/so wirt das fleisch inn der eil kochen/vnd kan einer auff diese weiß viel holtz erspahren. Solches schreiben auch jhrer viel dem wilden feigenbaum zu/von welchem Columella schreibt/daß wann jemand die wilden feigen hett gesotten/vnd de vőgeln od' hünern in der speiß gereicht/so macht es jhnen ein vnwillen wieder die feigen/welche sie sonsten mit grossem begird zu essen gewont.

Es sagt Africanus/daß die milch bey dem fewr gewårmet/vnd mit einem feigen holtz gerůrt/von stundan gerinnet/vnnd zu sammen laufft. Solche krafft hat auch der safft/so auß dem geőffneten feigenbaum geflossen/wann man denselben in die

die milch giesset / item auch die milch von den zamen (vnnd nicht von wilden) feigen.

Feigen milch auff den scorpion biss gestrichen/ist heilsam.

Allhie kan ich zwey wunderwerck der natur/so mir inn sinn gefallen / nicht verschweigen / wiewol sie zu der artzney wenig gehören. Das ein ist/daß die stier/ob sie gleich wild vnd frech/dennoch zam vñ milt werden/wann man sie an einen feigen baum anbindet. Solche krafft soll auch haben das holtz von dem wilden feigenbaum/ vmb jhren halß gehencket/wie Plinius schreibt.

Das ander ist das/daß das fleisch von den vögeln vñ andern thieren bald mürb vnd leicht zu kewen gemacht wirt/welchs auff einem feigenbaum gehangen. Die vrsach zeigt Plutarchus an in den Symposiacis. Denn der feigenbaum gibt von sich ein warme zeitigmachende lufft/welche das fleisch dünn vnnd mürb macht. Deßgleichen geschicht auch wo man das fleisch in ein weitzen hauffen vergrabet.

Es schreibt auch vorgemelter Plutarchus / daß die pferd vnd esel inn onmacht fallen/welche auff jhren rucken feigen tragen. Es wirt jhnen aber geholffen/alßbald sie brot essen / durch welches sie gesterckt werden/vnd zu jhren krefften wider kommen.

Ölbaum sampt seinen artzneyen vnd krefften.

Das viij. Beth.

AUß den blettern des ölbaums haben vor zeiten die Römischen Reuter krántz gemacht / vñ welche einen kleinen triumph gefürt / die sind auch mit bletteen des ölbaums geziert inn die statt eingeritten. Die äst von diesem baum getragen / waren vor zeiten ein anzeigung des frids. Es wirt deßhalben dieser baum von den poeten Pacifera genennt. Doch hat vns Gott diesen herrlichen baum inn vnsern landen/so gegen mitternacht gelegen/versagt/vnnd können jhn inn vnsern gärten vnd felden nicht pflantzẽ / auß vnaußsprechlichem rhat vnd gefallen Gottes

tes des allmechtigen / welcher nicht alles allen menschen verlichen/sondern was jm bewust gewesen/einem jeden gut vnd nutz zu sein. Will aber dennoch denselben beschreiben vnd anzeigen/was von jhm beide die alten vnd newen ärtzte geschrieben/ auch ich selbs vñ andere erfahren haben.

Die bletter von dem ölbaum gekewet vnd auff die schäden gebunden/hilfft wol.

Die bletter gesotten sampt honig/verstellet den fluß des bluts / so wol eingenom̃en/alß auffgelegt/ jtē macht glatt die räudige haut/vñ vertreibt die wūdmäler.

Der safft von dē blettern außgedruckt/ heilt die blatter vnd eyssen neben den augen/jtem die niederschiessende augäpffel/ vnd das alte augentrieffen. Es wirt aber gemelter safft außgetruckt auff die weiß. Zerstoß die bletter vnd truck den safft auß gieß weissen wein vnd regenwasser darüber. Dieses kan man auch zu kugeln an der sonnen dörren vnd zu seiner notturfft behalten. Jnn ein wollen verwickelt vnd alß ein pessariū inn die weibliche gemächt gethan/verstellet die zeit / so vber die maß fliessen/ist auch gut für den rotlauff vnnd schäden / so vmb sich fressen / item für die ohren / so entweder schwären oder eyterechtig sein.

Der safft/so auß dem brennenden frischen ölbaum fleust/heilt die flechten/schupen/grind vnd rinnende schäden.

Die basten von der wurtzel auffs dünnest geschabt/mit rosen honig offt geleckt vñ eingenommen/ist alß ein wunderwerck gut für das blutspeyen vnd eyterechtigen husten. Die asch aber mit schmaltz vermischlet/zertheilt die peulen vnd heilt die fistel. Das sey gnug gesagt vom ölbaum auß dem Dioscoride/Plinio vnnd Galeno. Jetzt wollen wir seine frücht beschreiben.

Die geele vnnd frische oliuen sind gut dem magē/beschweren aber dennoch den bauch. Die schwartzen vnd reiffen faulen vnd verderben leicht/vnd sind deßhalben nicht gut dem magen.

Frische oliuen in der kost für sich selbs gebraucht/ehe man sie hat eingemacht/ist ein gut artzney. Denn es treibt den sand sampt dem harn auß/ist gut für die zerstossen vnd verruckte zän.

Der

Der safft von oliuen mit saltzwasser im mund gehalten / sterckt die zän / vnnd das zanfleisch.

Die kern von oliuen zerstossen vnd mit schmaltz vnnd mehl vermischt / wirt den schebichten nägeln an den fingern nütz-lich angestrichen.

Was das öl/baumöl genant/anbelan get / dauon ist so viel zu wissen.

Es sagen alle ärtzt/so wol die Africaner alß Araber/Griechen vnnd Latiner / daß frische vnd gute baumöl außwendig angestrichen/sehr gut sey des leibs krefft wider zu bringen vnd zu erhalten. Solches zeigt das berümpt exempel Pollionis Romuli an. Den̄ alß derselb schon vber hundert jar alt war worden / vnnd jhn Keiser Augustus/der bey jhm zu gast war / gefragt/auff welche weiß er sich so frisch vn̄ gesundt am gemüt/vn̄ leib hett erhalten? Gab er diese antwort: Er hab innwendig weinmeht vnd außwendig öl gebraucht. Solchs hat jhn Democritus gelehrt/wie Diophanes schreibt. Denn alß derselb gefragt war worden / auff welche weiß jemands für kranckheit sich könt bewahren vnd ein frischen vnd gesunden leib erhalten? Sagt er/es müß einer den außwendigen leib mit öl/vnd den innwendigen mit honig verwahren. So ist nun das baum öl gut/die kräfft des leibs zu erhalten/vñ für die kälte. Solches ist dem berümpten vnnd wolbehertzten Feldherren Annibali (welcher ein Schrecken der Römer genennet ist worden)auch bewust gewesen. Deñ alß er vber das Alpgebirg sampt seinen kriegsheer wolte verreisen/hat er befohlē/ daß seine leut sich mit öl bestreichen soltē/ die kelte dadurch abzuwenden/ vnnd kalte lüfft besser zu ertragen. Hat wol gewust daß dasselb den leib für kelt bewahren vnd geschickt/ auch hurtig machen kan.

Frisch baumöl innwendig gebraucht macht l nd den bauch/vnd schwechet das gifft/macht auch/daß man dasselb mit kotzen bald außwirffet.

Baum öl mit rauten safft warm getruncken/legt von stund an das grimmē/ ist deßhalbē sonderlich gut für das darm gicht. Macht schön das angesicht/vnnd den ochsen durch die nasen eingegossen/ lindert jhnen die auffblasung.

Die

Die öltrüsen heissen die Latiner amurcam/welches nichts anders ist/alß die vberbliebend matery nach dem außgepreßtē baumöl/wirt von M. Catone sehr gelobt/welcher jhm viel wunderbarliche krefft vñ würckungen zuschreibet.

Die ochsen / so nicht essen wollen / bekommen ein lust zum essen/wann man jhr futter mit öltrüsen vermischet. Vnnd das bringt jhnen jhre gesundtheit wider/vnd vertreibt die kranckheit / wo etwann eine vorhanden wer gewesen.

Öltrüsen mit wasser/in welchem feigbonen gesotten/vermischt/vnnd das weid vich vnnd die abgeschorne schaaf hiemit bestrichen/zwen oder drey tag nach einander / demnach mit gesaltzen wasser abgewäschen / macht daß sie nicht schäbicht noch leußsüchtig werden.

Bestreich den boden an den kisten / inn welchen man die kleider behelt/mit öltrüsen/vnd laß das außtrocknen/es wirt kein matth noch schaben darein kommen vnd die kleider nicht befressen.

Das höltzern haußgerätht mit öltrüsen bestrichen vnnd gewaschen / bekompt ein schöne vnd gleissende farb.

Fürs letzt/die höltzer in vorgemelten öl trüsen gebeitzt oder bestrichen/mag kein rauch brennend machen.

Das sey nun gnugsam gesagt von dem ölbaum vnd anderen obßtragenden bäumen/jetzt volgen die nüßtragende.

Der achte platz

Des Artztgartens/nüßtragende bäum sampt jhren früchten in fünff bethen begreiffend.

Welscher nußbaum sampt seinen kräfften.

Das erste Beth.

DJe Latini nennen den Welschen nüßbaum Juglandem/vnnd sagen es sey so viel alß Jouis glans/das ist/ein eichel des Jouis. Mit diesem nammen soll man nicht lang nach dem anfang der Welt die nüß genennet haben.

Denn

Denn alß die menschen lange zeit von eycheln gelebt hatten / vnnd endtlich den baum gefunden / welcher nüß getragen/ haben sie dieselben frücht von wegen des lieblichen geschmacks Iouis glandes/das ist/eychel des Iouis genennet. Der Teutsche nammen nuß kompt ohne zweyfel von dem Latinischen wort nux her. Es sagen aber die Grammatici/ daß nux a nocendo / das ist / von dem schaden genennt sey worden. Denn die bletter an den nüßbeumen haben ein starcken geruch / welcher in das gehirn dringend/vnd mit dem bösen schatten die jenigen verletzt/so vnter jhnen schlafen/oder lange zeit stehend bleiben. Es ist kein baum vnter allen nach den kirschen baum/welcher so leicht vnnd wol allenthalben wachßet/alß der nußbaum. Solches bezeuget er von sich selbs bey dē Ouidio/also sprechend:

Sponte mea facilis contempto nascor in agro:
Parsq; loci quà sto, publica penè via est.

Es sagt Plinius / daß der schatten des nußbaums dem saat schädlich sey Denn er vergifftet alles was er anrüret / pflegt deßhalben in den gärten vnnd feldern alß vnnütz vnd schädlich an den grentzen vnd zeunen gepflantzt vnnd gesetzt zu werden/ wie er selbs bey dem Ouidio von sich auff diese weiß bezeugt:

——quoniam sata lædere credor,
Me quoq; in extremo margine fundus habet.

Es ist niemands vnbewust/daß die nüß zweyerley schalen habẽ/erstlich ein grüne/ demnach ein höltzene/ sampt etlichen fachen/ vnnd ist das innwendig mit einem dünnẽ heutlin verwahrt/auff welche weiß ein kind im mutter leib auch pflegt behaltẽ zu werden/wie Plinius schreibt. Dieser vrsachen halben ist es geschehen/ daß man die nüß dem ehestand vnd hochzeitlichen ceremonien hat zugeignet. Sind vorzeiten von dẽ Königen auß Persia gebracht/ vnd deßhalben basilicæ vnnd Persicæ genennt worden.

Heraclides Tarentinus hat zu fragen gewohnt/ob man die nüß im anfang oder auff die letzt essen solt. Dauon ist zwar zu wissen/daß wo man dieselbẽ auff die letzt/ wie gewönlich/ auffstellet/ so machen sie ein durst vnnd lust zu trincken. Ist nun sach/ daß man sampt den nüssen zu viel

hat

hat getruncken / so mischt sich der tranck im magen zwischen die speiß / sterckt den magen auß vnd den innwendigen bauch/ macht also bläst vnnd verderbt das einge nommen essen. Denn die nüß haben ein ölichte substantz/welche oben schwimmet/ vnd macht daß die speiß nicht leicht ver- dewen mögen. Dannenhär folgt ein rauch vnnd vnuolkommen geblüt / auch bauchfluß. So sagt auch Diphilus Siphn. daß die nüß ein hauptweh mache vnnd vber den anderen speisen schwim- men. Mit diesem stimmet Diocles v- berein/vnnd sagt darauff/daß die mager vnd dünne leuth durch die nüß ein feisten leib bekommen / wo sie anders dieselben vberwinden vnnd verdewen können. Es sey jhm aber wie es wolle / so ist es gewiß/ daß die frischen nüß wenig vnnd zu rech- ter zeit gebraucht/dē magen anmütig vnd nützlich sein/die dürren aber sind schäd- licher/machen ein scharpff geblüt/mögen nicht leicht verdewet werden/vnnd scha- den dem kopff/zu viel genützt. Sind auch denen / welche mit der husten bekümmert sein/schädlich/den kotzendē aber nüchtern nützlich. Gebraten/machen weniger dem leib zu schaffen / auff welche weiß Mensitheus einer von Athen dieselben hat befohlen zu essen/dieweil das fewr jhr öliche feuchtigkeit verzehret.

Welsche nüß mit zwybel/ saltz vnd honig zerstossen/ist gut für die biß der hund/ menschen vnnd vergifften thier / auffgebunden.

Welsche nüß mit wenig honigs vnnd rauten vermischt/ist gut für die schmertzen der brüst / auch auffgeblasen vnnd verrenckte glieder.

Welsche nüß / welche alt / sind gut für das faule fleisch / carfunckel vnnd blawe massen.

Welsche nüß sampt jhren schalen verbrennet / vnnd auff den nabel gelegt/ vertreibet das grimmen inn dem bauch mit gewalt.

Die asch von den gebrenten nußkernen mit wein vnden auff gebraucht / verstellet die vbermessige flüß der weiber.

☞ Vorgemelter kern gekewet vnnd bald auß dem mund gezogen vnd auffgelegt/ macht haar wachsen auff dem glatzichten

ten kopff / es muß aber offtmals wiederholet werden.

Der safft von frischen nußschalen angestrichen / vertreibt die masen vnnd striemen/so einer geschlagen oder gestrichen ist worden.

Vorgemelter safft mit wenig honig gesotten/ ist ein gut artzney für die gebrästen des munds / item für die hefftigen entzündunge der mandel / wenn einer vast ersticken will.

Die laug von den grünen nußschalen macht das haar schwartz.

Es hat der König Mithridates ein köstlich artzney gemacht für das gifft auff diese weiß. Er hat zwo dürre nüß genommen/ zwo feigen vnnd zwentzig rauten blettern mit wenig saltz/ vnnd solches mit einander zerstossen. Wann einer das hat eingenommen / der soll sich vor keinem gifft desselben tags besorgen. Solches beschreibt auch der alt poet vnd artzt Q. Serenus mit feinen versen / die also lauten:

Antidotus praestans, multis Mithridatica fertur
Consociata modis, quam Magnus scrinia regis

Dum raperet victor, vilem deprendit in illis
Synthesin, & vulgata satis medicamina risit;
Bis denum rutæ folium, salis & breue granum,
Iuglandesq; duas, terno cum corpore ficus:
Hæc oriente die: parco conspersa lyæo,
Sumebat, metuens dederat quæ pocula matri.

Vorgemelte artzney ist auch gut für die gifftig anfallend sucht / wie dann solches jhrer viel so wol bekannte alß vnbekannte bezeugen können / welche zur zeit der pestilentz auß meinem rhat diese gebrauchet / vnd von dieser schrecklichen vnd grausamen suche erlöst sein worden. Die grüne Welsche nüß vmb dē außgang des Brachmonats / ehe die schalen erharten / mit zucker oder honig eingemacht vnd behalten / werden für gut vnd anmütig dem magen gehalten.

Man pflegt auch ein wasser auß den Welschen nüssen zumachen / welches zu mancherley kranckheiten nützlich / vnnd sonderlich für das drittägliche feber.

Es sagt Gargilius Martialis / er hab es versucht / daß die nüß durch ein gantz jar grün bleiben / wann sie abgeschelt inn honig gelegt werden / sagt auch daß dasselbig

big dermassen geartznet gemachet werde/ daß ein tranck darauß gemacht / die brästen der mandel vnnd munds vertreibe.

Alhie muß ich zwey secret/so ich von trewen freunden bekommen vnnd gehört hab/ beschreibē. Das eine ist. Nim ein gute alte nuß/zerstoß dieselb / vñ leg es etliche stunden auff den biss eines wütenden hunds noch demselben tag / nim es hernach hinweg/ vnd gibs einem hungrigen hun oder han. Stirbt dasselb oder dieselb nicht daruon/so ists ein zeichen/daß der hund/welcher gebissen / nicht wütend sey gewesen. Stirbts aber / so bedeuts ohn allen zweiffel / daß ein wütender hund den biss gethan. Man soll deßhalben nach dreyen tagen auffs aller höchst fluchs zu der cur greiffen/vnd den schaden anfangen zu heilen/ sonsten ist sich zu besorgen / daß dem schaden hernach nicht wirt zu rhaten sein.

Das ander ist das. Ein garstige nuß vertreibt mit gewalt die blawe masen/wo man dieselb brennet/oder mit einem glüenden eysen der gestalt trucket / daß sie ein öl gebe/welchs für gemelte sach sehr gut vnd bewert.

In dem ich solches beschriebe/so kompt mir zu gedechtnüß/daß Rasis/ein Arabischer artzt/die vorgemelte artzney des Königs Mithridatis gebessert/ vnnd ein wenig geendert hat / vnnd dieselb dem König Almansor vberreicht. Will deßhalben auch allhie dieselben beschreiben/ vnd lautet also:

Nim der alten wol abgeschelten vnnd gereinigten nüß ein theil/ saltz vnd rauten bletter/ ein jedes das sechste theil/feigen in wein oder essig gebeitzt so viel alß zu vermischung gemelter stück vonnöhten / zerstoß das alles wol / vnd mischs durch einander/vnd mach ein artzney. Brauch allwegen auff ein mahl so viel alß ein hasel nuß groß ist/ vnnd trinck ein weissen wein darauff/wo es dir gefellig. Man kan nicht sagen/wie krefftig diese artzney sey nicht allein für das gifft / sondern auch die gifftige pestilentzische lufft/ für welcher vns Gott der barmhertzig gnädiglich bewaren wolle.

Mandel

Mandelbaum vnd seine frücht/sampt beider krefften.

Das ander Beth.

DEr Mandelbaum ist männiglich wol bekannt/hat diese natur/daß er/wenn er alt worden/viel mehr fruchtbar sey/alß inn seiner jugent/vnnd mehr früchte trag neben anderen beumen gepflantzt/alß wenn er allein solte stehen oder wachsen.

Sein kern hat etwan ein süssen/etwan ein bitteren geschmack/welcher die trunckenheit vertreibt/wie Plutarchus bezeuget mit solchen worten. Es ist bey dem Druso des Keisers Tiberij sohn ein artzt gewesen/welcher die bittern mandeln hat zu essen gewohnt/hat alßdann mit seinen zechgesellen inn die wett getruncken/vnnd niemands in dem zechen etwas vorgeben. Man hat aber letzlich erfahren/daß derselbig artzt allwegen ehe er angefangen zu trincken/v. oder vj. bitter mandel kern gebraucht für die trunckenheit. Alß nun seine zechgesellen jhm verbotten dieselbe zu essen / hat er jhnen das geringste nicht vorthun können. Atheneus stimmet vber ein mit dem Plutarcho / vnnd sagt / die vrsach sey die bitterkeit / welche trocknet / vnnd die feuchtigkeit verzeret / auch verhindert daß die adern nicht gefüllet werden. Denn wo dieselben voller bluts vnd feuchter humorum sein / so folgt die trunckenheit von wegen der dämpff vnd räuch so auß den vollen adern in das gehirn steigen / vnnd dasselb alß mit einer wolcken vertuncklen. Das solchs gewieß sey / bezeugt auch das / daß die füchs / wann sie bitter mandel genossen / gewißlich sterben / sie haben dann von stundan wasser darauff getruncken. Denn die innwendige feuchtigkeit wirt von den mandeln mit gewalt verzehrt vñ gleich alß außgesogen. Solches beschreibet vorgemelter Plutarchus / item Dioscorides vnd auch Plinius.

Mnesitheus / ein artzt von Athen / hat die nüß alle sampt / welche nicht gebraten / verbotten zu essen / außgenommen allein die frische mandeln. Sagt aber / daß man etliche braten / etliche kochen soll / auff daß

das

das fewer jhre feiste vnnd ölichte substantz außsauge vnd verzehre.

Bittere mandel in wasser getruncken/ heilet die krancken lungen vnd leber.

Bittere mandel mit terpentin gebrauchet/hilfft für den stein. Jnn süssem wein aber zerstossen getruncken/ heilet das tropfelicht harnen.

Das gummi/ so von dem Mandelbaum fleust/ hat ein krafft die humores in dem leib dick zu machen/ist deßhalben gůt für das blutspeien.

Gemelts gummi mit essig vermischet vnd angestrichen/ heilet die raudige haut.

Bittere Mandel geschelt/ zerstossen/ vnd in ein důchlin verwickelt/ demnach in das weiblich gemächt gethan/reiniget die mutter mit gewalt von den verderbten vnd bösen feuchtigkeiten.

Bittere mandel in wein zerstossen/ vnd hiemit das haupt gewaschen/ vertreibet die schupen.

Bittere mandel gantz verbrennet/ vnd in scharffen essig gebeitzt/ demnach zerstossen vnnd auff das haupt gestrichen/heilet die hauptsucht/wann einem die haar außfallen/ wie Galenus schreibet.

Bittere mandel in essig gebeitzt zerstossen/ vnd zu kuglen formirt/ im schatten außgetrocknet/ vertreibt die blattern vnd masen im angesicht. Man soll aber dieselben in essig zerlassen/ so offt die notturfft erfoddert/ anstreichen/ vnd wann es außgetrocknet/ mit seiffen wieder abwäschen.

Diese artzney ist auch gut für das jucken/ raudige flechten/ vnd auffgeschwollen angesicht/ welches alß ein vorlauff ist des aussatzs.

Man macht auch ein öl von beiden mandeln/ võ welchem wir allhie kein wort melden wollen/ dieweil es zu weitleufftig/ vnd solchs anderswo mit der zeit von mir soll geschrieben werden.

Fohrenbaum vnnd seine frücht sampt seinen krefften.

Das dritte Beth.

ES schreibt Galenus/ daß die Griechen die fohren nüß Conos vnnd Strobilos heissen/ die kern aber derselben

selben Coccalos / alß auch inn dem Artischaw gesagt worden.

Die Fhoren nüß so an jhrem baum hoch vnd weit von der erden hangen / haben innwendig ein kleinen kern / welcher mit einer schwartzlechten schalen vberzogen / wirt abgeschelt / sonst kan man die nüß nicht lang behalten. Es sagen dennoch etliche / daß man dieselben mit jhren schalen in ein new irdin gefäß gelegt / vnd mit erdrich gefüllet vergraben / wol behalten mag.

Dieses baums natur ist widerwertig den Welschen nüßbeumen. Denn er nutzet allen dingen / so vnter jhm geseuhet werdē / welch natur der Welsch nußbaum nicht hat. Denn dieselbe / wie obgesagt / schadet allen gewächsen.

Die fohren kern / wiewol sie nicht leicht verdewet werden / nehren nichts desto weniger den leib wol / wann sie nur kein dicken safft solten schaffen. Legen den durst / machen milt das reissen des magens / stercken die schwache glieder / vnnd sind letzlich gut für die nieren vnnd blasen. Sie machen dennoch ein rauchen halß vnnd husten/ob sie gleich die gallen außtreiben/ mit wasser oder süssem wein gesotten getruncken.

Nim fohren kern / cucumer samen/vnd Burtzel safft / vermischs mit einander / es vertreibet das reissen vnnd wehtumb des magens / heilet die schäden inn der blasen vnnd nieren: denn es macht harnen/vnnd schwecht das scharff wasser.

Die fohren kern gebraucht/wehrt vnd hindert das faulen der feuchtigkeiten im magen/so darinnen zu sammen gelauffen vnd gerunnen.

Frische fohren kerner in süssem wein gesotten getruncken / ist ein gute artzney für die schwindsucht/dörre vnnd schweren alten husten. Man soll aber den safft alle tag einnemmen. Dannenher schreiben etliche scribenten / daß die wäld/inn welchen viel fohren bäume wachsen / vnnd der dicken säfften vnnd pechen oder hartzen halben geschabt werden / sehr nützlich sein den schwindsüchtigen/welche verdorren vnnd abnemmen/auch den jenigen/welche von wegen langwiriger kranckheit jhre stercke nicht mögen wider erlangen / dermassen

daß

daß dieselbe lufft inn solchen wälden viel mehr nützlich sey alß ein schiff fahrt in Aegypten oder steter tranck von einer geartzneten milch.

Das sey nun gnug von den Fohren kernen gesagt. Denn man findet sie auch selten in unsern gärten/ so nach mitternacht gelegen sein.

Haselstaude und Haselnuß sampt jhren krefften.

Corylus & auellana.

Das vierte Beth.

MAn hat der haselnüssen allenthalben gnugsam in grosser menge/ so wol der langen alß kuglechten/ also daß man sie mit gantzen säcken auß den dörffern inn die statt pflegt zu tragen. Es ist aber gewiß/ daß die langlechten besser und anmütiger sein/ sonderlich die jenige/ in welchen die schalen und das inwendig heutlin sehr rot/ unnd leicht zu brechen. Denn dieselben haben frische kernen und können gar lang vnuerdorben behalten werden.

Was jhre krafft vnnd tugent anbelanget / da sagt Galenus / daß sie mehr irrdisch vnd kalt sein alß die Welschen nüß / item mehr nahrung geben. dieweil sie kallender vnnd dicker sein / auch nicht so feist / alß die vorgemelten nüß.

Es schreibt Philotimus / daß die haselnüß dem haupt schaden / doch nicht so sehr alß die Welsche nüß. Item / daß sie vber den speissen schwimmen / vnd nicht vntersincken. Jedoch wo sie gebraten sein / so ist jhr schad nit so groß / dieweil jhnen durch das fewr die schädliche feuchtigkeit wirt entzogen. Schaden nun deßhalben dem haupt / zu viel vnnd zu vnrechter zeit gebraucht / sind auch dem magen zu wieder / dieweil sie denselben auffblasen / vnd gleich alß außdenen.

Haselnuß mit fettich oder Bärenschmaltz vermischet / vertreibet die hauptsucht / von welcher einem die haar außfallen.

Haselnuß gebraten / vertreibt den schnupfen vnd fluß von dem haupt.

Ha-

Haselnüß inn honig wasser zerstossen getruncken/heilt den alten husten.

Haselnuß mit wenig pfeffer gebraten/demnach zerstossen vnd mit honig wasser getruncken/verdewet die flüß/so von oben her geschehen/ wie Dioscorides solches bezeuget.

Es sagen etliche man soll sie in einem weissen wein trincken. Es pflegen auch etliche die katzenäugige kinder zu artznen vnd dieselb schwartz zu machen mit der åschen von gebrennten haselnüssen mit öl vermischt vnnd auff die stirn gestrichen. Man sagt auch/ daß die haselnüß ein feisten vnd dicken leib machen.

Es schreibt Diocles/ daß die haselnüß ein geringer nahrung dem leib geben alß die mandeln/vnd ob den speissen schwimmen. Hat man jhrer nun zu viel braucht/ so schadets dem kopff. Es sollen aber die frischen vnd grünen besser vnd gesündter sein alß die dürren.

Es ist wunderbarlich/ daß man hat erfahren/daß ein schlang verstarret/ welche mit einem stengel von einer haselstauden geschlagen worden/ vnd stirbt auch endtlich daruon. Es sagt Plutarchus darauff/ daß ein scorpion inn ein solch hauß nicht werde einschleichen / so lang inn desselben gewelben ein haselnuß hangend bleibet. Man kan solches leicht erfahren/ob es gewiß sey.

Kestenbaum vnd seine frucht sampt jhren krefften.

Castanea.

Das fünffte Beth.

Wiewol die kesten mehr für wilde alß zame vnnd gärten früchte gehalten/auch baß zwischen die öpfel alß nüßtragende bäume gerechnet werden / jedoch hab ich dieselben auff die letzt kürtzlich zu beschreiben deßwegen fürgenommen / dieweil dieselben den winter vber so wol bey armen alß reichē im brauch/ vnd bey allen scribenten nüß heissen/ wiewol sie baß vnter die eychel möchten gerechnet werden/wie etliche auß den Griechen gemeint / welche die kesten διὸς βαλάνους/ Iouis glandes/ das ist/eychel Iouis nennen.

Man

Man hat bey vns zweyerley kesten/die gezilte / welche grösser sein / vnnd bey den Frantzosen Marones heissen / denn man helt dieselben für männle vnter den kesten/ welche in allen dingen/wie Galenus sagt/ besser sein alß die weible. Die andern sind viel kleiner/vnd werden für weible gehalten/sind deßhalben auch viel geringer vñ dünner. Die vorigen sind bey den reichen im brauch/die anderen sind ein speiß der armen. Jene pflegt man in heisser äschen zu braten/diese aber inn wasser zu kochen/ die armen hiemit zu settigen/welcher vrsachen halben Plinius dieselben populares vnd coctiuas nennet. Allhie ist aber zu wissen/daß so wol die/alß die anderen/ehe man sie zu dem fewr will stellen/mit einẽ messer biß zum fleisch sollen gestochen werden/auff das durch ein solch löchlin ð inwendig spiritus oder dampff mög außfaren. Sonsten springen sie auff vnd prasseln nicht anders alß ein gewolcken / welches donnert/mit grossem schrecken vnnd gefahr derer/so vorhanden.

Die kesten gebraucht/verstellet die flüß des magens vnnd bauchs / wie Dioscorides schreibet/vnnd sonderlich jhr heutlin/ welches zwischen dem fleisch vnd schalen ist der mitten gelegen.

Dürre kesten gebraucht/ist gut für das blutspeyen. Mit saltz zerstossen vnnd mit honig vermischt / wirdt nützlich auff die bisß wütender hund gelegt.

Kesten mit gersten mehl vnd essig angestrichen / weicht die harten brüst.

Kesten gesotten vnnd mit wenig pfeffer bestrewet / erweckt die verlohrnen lust der lieb / von wegen der auffblasenden feuchtigkeit/so inn jhnen verborgen. Derselben aber zu viel genossen / machet ein harten bauch / vnnd kan nicht leicht verdewen / sonderlich inn einem schwachen magen. Die gebratē aber helt man für besser vnd gesünd/sonderlich aber mit Saltz/ Zucker / Aeniß od' Zimmetrind genossen.

Es beitzen etliche die kesten im wein/ vnd brauchen dieselb mit mehl vermischt für ein zäpflin/pessarium genannt/die zeit zu verstellen.

Wiewol nun aber Galenus schreibt/ die kesten geben ein gute nahrung / doch ist es nicht gut/daß man sie inn der kost brau-

brauche. Denn sie schaden etwas allwegen/ sie seyen gesotten oder gebraten oder geröst/ vnnd also desto mehr/ wo sie rohe gessen werden.

Es ist mir nicht vnbewust/ daß die leut inn dem gebirg wohnende/ wann jhnen korn manglet/ durch den gantzen winter sich mit kesten allein erhalten/ welche sie im rauch gedört/ abgeschelt vnd gemahlē haben/ letzlich zu brot gebacken/ oder mit milch oder ander suppen zu einem brey gesotten. Solches gibt jhnen ein gute nahrung/ vnd schadet jhnen nichts/ von wedaß sie für vnnd für wercken vnd in gesunder lufft wohnen.

Bißanher haben wir auffs kürtzest/ alß wir gekönnt/ die gärten kreuter vnd beum sampt jhren krefften beschrieben/ auff solche weiß/ alß die sach selbs hat erfoddert/ nicht mit weitleufftigen vnd vmbschweiffenden/ sondern schlechten vñ wenig worten. Solches aber fürnemlich der vrsachē halben/ auff daß wir armen vnuermögenden leuten so wol burgern alß bawern etwann dienen vnnd nützlich sein möchten/ zu welchen dienst vns Christliche lieb hat gereitzt vnd bewogen. Denn dieselben können nicht allwegen die ärtzt zu sich berüffen oder dieselb heimsuchen vnnd von den apoteckern artzneyen mit grossem kosten erkauffen. Die ander ist diese/daß wir nemlich allē liebhabern d' artzneyen anlaß haben gebē wollen/dz sie solche artztgärtē jhrem Vatterland / eltern vnnd freunden zu nutz vnd gut pflantzen/zilen / vnd nach jhrem vermögen besser zieren sollen. Wo sie solches zu thun in willens/so wirts geschehen dz die alte artzney vñ alter brauch zu artznen/welcher on allen betrüg vñ verdacht widerum̄ auff die ban mag gebracht vnnd mit grossem nutz vnnd frucht aller nachkommenden restituirt werden. Solches zu thun will ich jedermeniglich höchstes fleiß vnd ernsts gebetten haben/vnnd bitten Gott den Allmechtigen/daß er diese vnser arbeit allen zu gut vnd nutz wöll gereichen vnd erlangen lassen.

Dieser vnser Artztgarten ist in acht plätz / sein gewisse bethen begreiffende / vnterschieden auff solche weiß / wie hernach folget.

Der erste platz begreifft etliche speiß kreuter inn zehen bethen mit solcher ordnung.

Der ander platz begreiffet etliche speiß wurtzel in vier Bethen.

Der dritte platz begreifft etliche wolriechende kreuter in eilff Bethen.

Der vierte platz begreiffet etliche gärten fritcht inn sechs Bethen.

Der fünffte platz begreifft etliche blumen in jx. Bethen

Der sechste platz begreifft etliche zů dem essen vnttlchtige kreuter in eilff Bethen.

Der siebende platz begreifft etliche öpfel tragende beum in dreyzehen Bethen

Der achte platz begreiffend die nüßtragende beum in fünff bethen.

Ein

Ein nützlich vnnd eigentlich Register / zu allen kranckheiten vnnd gebresten eylends artzney vnnd rath zu finden

Die zal bedeut das kraut / welches gesucht vnnd in demselbigen die artzney der kranckheit soll gefunden werden.

A

B

B

C

D

E

F

G

Hufft

R

S

Spin-

T

V

W

Z

Ein

Ein leichter vnd richtiger weg/ geärtzte öl zu machen.

MAn macht die öl auff mancherley weiß. Etliche machens durch ein infusion/ etliche lassen die species/ auß welchen das öl gesammlet solle werden/ im wasser sieden. Welche durch ein infusion dieselb bereiten/ die zerstossen erstlich die species/ sonderlich/ wann es wurtzel sein/ samen vnnd bletter/ wo sie etwann zu dick vnd zu feist weren. Denn mit den blumen vnnd jungen sprossen gehet man anders vmb. Thun demnach solches in ein öl (welches frisch vnnd vngesaltzen sein soll oder ja gewäschen) damit dasselb derselben tugendt vnnd krafft besser vnnd leichter einsauge vnnd an sich ziehe. Wann nun die species darinnen wol gebeitzt sein worden/ welches innerhalb zwentzig oder dreissig oder viertzig tagen nach natur vnd gestalt der gewechsen pflegt zu geschehen/ alßdann pressen vnnd drucken sie das öl darauß/ seuhen dasselb vnnd behaltens. Welche aber ein solche langwirige infusion nicht brauchen wollen / dieselben sieden zum theil die species inn öl bey einem sanfften vnnd linden fewer / oder rösten dieselb inn heisser aschen: thun zum theil auch so viel wassers oder weins in das öl / so viel es einsieden mag. Die rechte maß mag sein / wo man allwegen den vierten oder fünfften theil des öls nimmet / zu einem theil weins oder wassers. Der wein ist für die podagrische vnd pituitosische kranckheiten nützlich / das wasser aber zu anderen. Welche vorstendiger sein / die halten diesen weg / auff daß die eingeworffen vnd vermischte materien nicht verbrennen / vnd ein nachschmack nach dem fewer bekommen. Ettliche machen das öl durch das distillieren inn Balneo Marie. Solches geschihet auff diese weiß. Sie thun die gläsern kolben / welche das öl vnnd materien inn sich helt / in ein kessel / so voll heissen wassers ist / lassen die materien drey tag ohne gefehr beitzen vnnd rösten / vnnd trucken demnach den safft auß / lassen widerumb ander frische materien inn gemeltem safft vnnd Balneo beitzen / so lang

lang alß zuvor / druckens auß vnnd widerholen die vernewerung der materien / ein beitzung vnnd außtruckung so lang / biß das öl die krä fft der eingebeitzten specierum wol an sich hab gezogen. Welche noch subtiler vnnd fleissiger sein / die thun gemelte kolben nicht inn heiß vnnd siedend wasser / sondern steilens vnnd henckens auff des wassers dämpffe / vnnd lassen die materien auff solche weiß einbeitzen. Solches gefele mir wol / vnnd ist die rechte weiß geärtzte öl zu machen / doch bey vnseren Apoteckern nicht sehr breuchlich / dieweil es viel kostet / vnnd sie solche mühe auff sich nicht nemmen wöllen. Man hat noch ein ander weiß geärtzte öl zu machen durch das pressen vnd außdrucken / alß das Mandel öl vnd andere öl pflegen gemacht zu werden / vnd noch ein ander Alchimistische weiß / von welchen beiden wir allhie kein wort sagen wöllen / dieweil solches gemeinen haußhältern vnnd idioten ist für geschrieben worden / vnnd dieselben weiß mehr verstands vnnd zeits / auch vieler kosten bedarffen. Es ist aber zu wissen / daß das öl ein solch tugent vnd krafft pflegt zubekommen/alß die materien sein/auß welchen es wirt gesamlet. Mag deßhalben für solche kranckheiten gebraucht werden/für welche die eingebeitzte kreuter nützlich sein/ entweders inn salbungen/träncken/pflastern/oder cristiren.

E N D E.

Artztbüchlin

Neuwe vnnd

wunderbare weiß begreiffen/ wie man allerhand frücht/gärten kreuter/ wurtzel/beer vnd trauben artznen soll/ daß man dieselb zum purgiren möge brauchen.

Auch ein schöne weiß vnd kunst mancherley wein zu machen / sampt einer erzehlung etlicher geartzneten wein/ so für allerhand kranckheiten nützlich sein.

Durch den hochgelehrten vnd berümpten Antonium Mizaldum in Lateinischer spach beschrieben.

Jetzt aber aller erst allen haußhältern vnnd liebhabern der artzney zu nutz verteutscht/ durch Georgen Henisch von Bartfeld.

Dem Edlen Vesten Junckherrn / Hanns Cunrad von Vlm / Landuogt zu Rötele / rc. meinem großgünstigen junckherrn.

S ist ein alt vnd wahr Sprichwort bey den ärtzten / Edler Vester Junckherr / daß sie sagen / es soll ein jeder solche artzneyen erwehlen / welche citò, tutò, iucundè / heilen vnd curiren mögen. Denn es nicht gnug ist/daß man inn willens sey ein kranckheit zu heilen / sondern man soll auch gemelte drey regel betrachten / vnd so viel es möglich/sich befleissigen zu halten. Dann fürs erst/so wirt in heilung der kranckheiten erfoddert/daß sich die chur nicht lang verziehe/welches dann geschihet/wo man solche artzneyen brauchet / welche schnell durchdringen vnd bald würcken mögen. Dieweil aber die schnelle chur vnnd würckung ohne gefahr kaum mag geschehen/

so

so muß fürs ander die artzney auch dermassen geschaffen oder bereitet sein / daß sie mög sicher vnd ohn gefahr eingenommen werdẽ/damit nicht etwan die kranckheit viel mehr gemehrt alß vertrieben werde / wie dann offtmal geschihet / wann man die rechte kunst vnd methodum nicht brauchet/vnnd was man nur für artzney oder arcana hat gehört / bewehrt vnnd krefftig zu sein / bald einnimmet oder eingibet ohne alle betrachtung / ob dieselbe recht corrigirt sein/mit welcher maß oder ordnung/wie starck die natur/was für ein alter/oder complexion des leibs sey. Fürs dritte/so ist auch wol vonnöthen / daß die artzney lieblich sey / zu welchem viel dienet / wo sie lustig vnnd sauber præparirt worden/also daß man kein abschew noch vnwillen darob bekomme. Wer nun diese regel recht halten kan / der soll billich für ein rechten / trewen vnnd erfahrnen artzt gehalten werden. Dieweil man aber solche einfache artzneyen kaum finden mag/die für sich selbs gemeltẽ dreyen regeln gnug thun mögen/das ist / welche zu gleich schnell würckend/sicher vnd lieblich weren / so haben die alten ärtzt mancherley bereitung vnd compositiones der artzneyen erfunden. Denn man hat offtmals ein einfach artzney fürhanden / welche für die kranckheit dient / so man heilen soll / ist aber nicht so starck / daß sie möcht bald durchdringen vnnd schnell würcken. So muß nun mit demselben einfachen stuck ein anders vermischt werden / welches sein würckung föddert vnnd durchdringend macht. Hat man aber ein artzney / welche bald würcket / doch aber mit gefahr / so muß dieselb mit vermengung anderer stück corrigiert werden. Was scharff ist vnnd vber die maß hitzig / das kan mit linden vnnd zähen artzneyen gemiltert / was dämpff vnnd bläste macht / oder zu sehr keltet / das kan mit warmen vnnd zertheilenden stücken gebessert werden. So hat man bißweilen ein artzney / welche wol schnell würcket vnnd ohne gefahr / ist aber abschewlich / da muß dieselb lieblich vnnd lustig gemacht werden / wo man anders will / daß sie helffen soll / welchs dann geschihet / so man wolschmeckende / vnd dem krancken angeneme species

cies

ries vnd säfft darnider vermischet. Wiewol man nun aber viel solche ding findet/ mit welchen die einfache artzneyen mögen vermischt vnnd componiert werden/ dadurch sie dringend/ sicher vnnd anmütig können gemacht werden/ so ist es doch gewiß/ daß solches die gemeine frücht vnnd der wein am besten außrichten können. Denn die frücht vnnd gemeine gärten kreuter sind dem menschen angenent/ von wegen daß man jhrer hat gewohnt/ vnnd sonderlich hat der wein diese eigenschafft/ daß er die natürliche wärm stercket/ vnnd schwache geister des leibs erfrischet/ auch den leib wol nehret. So weist man auch auß der erfahrnuß/ daß die artzneyen in wein geweicht/ schneller würcken vnnd vil besser werden/ da sie sonsten ohne wein langsam durchgedrungen vnd nicht bald operirt hetten. So hat deßhalben Abenzoar ein berümpter Artzt nicht vnrecht gesprochen/ daß kein speiß noch artzney ohne wein soll gebraucht werden. So sagt auch Mesues/ Ein Artzt soll sich befleissen/ daß seine artzneyen nicht anders schmecken sollen/ alß die tägliche speiß

sen. Dieweil nun solches in diesem büchlin fein beschrieben/ vnnd darinnen mancherley weiß angezeigt / durch welche ein
jeder selbst die frucht/speißkreuter/trauben
vnnd wein mag artznen / so hat mich für
gut angesehen/dasselb zum ersten inn Latein außgangen / durch den hochgelehrten / Antonium Mizaldum / zu Teutsch
machen / dieweil ich gemerckt / das solches nutz vnnd gut könte sein allen liebhabern der artzney/ vnd sonderlich haußhältern / welche diese kunst / so hierinnen
beschrieben / mit grossem nutz vnnd lust
brauchen können / vnnd noch den rechten
grundt vnd bescheid daruon nicht wissen.
Hab aber dieß büchlein E. V. zu schreiben vnd in E. V. nammen außgehen las-
sen/dieweil mir bewust/ daß E. V. grosse
lieb gegen allen freyen künsten tragen vnd
sonderlich jhren lust/ kurtzweil vnnd erge-
tzung des gemüts an dē natürlichen wun-
derwercken suchen. Welche lust vnd ehr-
getzligkeit zwar für die best/ edelst vnd anmütigst / nach betrachtung der heiligen
Schrifft vnd götliches worts / auch ver-
richtung nohtwendiger geschefft von allen

len adelichen vnd hohen personen allzeit gehalten ist worden. Ein solch lust hat Hermes gehabt/ Salomon/ Mithridates/ Mesues/ vnd andere mehr/ welche alhie zu erzehlen vnuonnöhten. Bin nun deßhalben der zuuersicht/ E. V. werde solch büchlin nicht verachten/ sondern jhr günstiglich gefallen lassen/ dasselb mit jhrer authoritet defendiren vnnd promouiren/ auch mich inn E. V. günstige fördderung vnnd patrocinium auffnemen. Will hiemit E. V. dem Allmechtigen inn seine gnadenreiche enthaltung empfohlen haben Geben zu Basel/ im jar 1 5 7 4/ den xxv VIIbr.

E. V.

gantz williger
Georg Henisch
von Bartfeld.

Newe weiß vnnd weg die frücht/speißkreuter/wurtzel/trauben/vnd ander speiß zu bereiten/daß sie den leib ohne schaden mögen purgieren.

Durch den hochgelehrten vnnd weitberümpten herren/Antonium Mizaldum auß Franckreich beschrieben vnd zusammen getragen.

ICH halt/es sey nimand der nicht bekennen muß/ daß ein fürsichtiger vnd verstendiger artzet sich bemühen vnd befleissen soll/daß die purgierende artzneyen/ welche beide gesundte vnnd krancke brauchen sollen/ein guten anmütigen vnd lieblichen schmack/geruch/ vnd so vil es müglich/auch gute farb haben mögen/also daß die jenige/ welche dieselb brauchen/sie on schew mögen anschawen/ohne verdruß schmecken/ohne vnwillen riechen/ vnnd der magen sampt dem gantzen leib/dieselb gern vnnd mit lust auffnemnemmen mögen. Es wer solches wol zu wündschen / dieweil es ein hochwichtige sach / daß solches zu vnseren zeiten / wo es jemals von nöten gewesen / auff die ban gebracht würde. Denn es haben die leut jetziger zeit nicht allein vnwillige mägen / sondern viel mehr verwehnte zungen / vnnd sind murrisch / auch vngedultig / wann sie sich artznen sollen lassen. Denn alßbald sie von der artzney / alß von einem hencker / gehört haben / vnnd noch dieselb nicht gesehen oder geschmeckt / so murren sie / sind vnwillig / werden betrübt vnnd erbleichen / alß weren sie halb todt. Solches nun weil ich mit fleiß vermerckte / so hab ich auß lang bedachtem rhat für nützlich angesehen / wo ich mich vnterstünde / ein leichten vnnd richtigen weg zu beschreiben / durch welchen hinförder ein jeder inn seinem garten / daß jhm nicht weiter zugehen würde vonnöten sein / die speißkreuter / wurtzel / früchte / trauben / vnnd / mit kurtzen worte zu reden / die gewönliche speiß in purgierende artzney mit nutz vnd lust verendern möchte. Das solt warlich für ein guten vnd heilsammen betrug gehalten werden/durch welchen jemands on sein wissen vnd hoffen die gesundtheit beide erhalten vnd wiederbekommen mag. Denn es können die gemelte speißkreuter auff solche weiß bereitet/wie wir sagen wöllen/den vberflüssigen vnnd beschwerenden vnflat vnd wust auß dem leib purgieren/entweder in der speiß gebraucht/oder gesotten getruncken/also daß der jenige/welcher sie gebraucht/wirt sagen müssen/es sey jhm nichts eingegeben worden/alß allein/was er täglich hat pflegen zu essen vnnd zu trincken/vnnd hab nur solches mit grossem lust gesehen/geschmeckt/vnnd eingenommen. Es haben diese kunst/die speiß kreuter zu dem purgieren zubereiten/vor zwey tausent jaren erstlich die ärtzt in Africa vnnd Griechenland erfunden/vnd ist gleich alß von einer hand zu der ander hernach propagiert vnd verlengert worden durch

die

die berümpte ärtzt vnd des feldbaws erfahrne männer / durch M. Catonem / Dioscoridem / Columellam / Plinium / Johannem Mesue / Palladium / Arnaldum Villanouanũ / biß auff vnsere zeit / zu welcher solche kunst noch mit mehr experimenten ist gemehrt worden. Selig sind die ärtzt (sagt der fürtreffliche artzt Arnoldus a Villa noua) welchen Gott den verstand verlichen / daß sie die natur ergründen vnd erforschen mögen vnd welchen er seine heimligkeiten hat geoffenbart. Halt dieselb in ehren / denn es hat sie der aller höhest erwölt / vnd zu helffer der natur verordnet. Aber leider / sagt er / es sind jhrer viel zu der artzney beruffen / wenig aber erwölt. Solches sey gnug im anfang dieses büchlins gesagt. Nun folget / daß wir die sach angreiffen / vnnd für die hand nemmen / hinfort beweisend / auff welche weiß ein jeder in seinem gärtlin heilsame vnd liebliche purgierende artzney jm selbst vnd seinen freunden mög zilen vnd vberkomen.

Das erst capitel.

Von erwehlung vnnd zurüstung der artzneyen / welche den leib purgieren sollen.

AN aller ersten / wo es möglich ist / soltu kundschafft machen mit einem gelehrten vnnd getrewen artzt / vnd in desselben gegenwart bey einem Apotecker oder sonsten wurtzelkrämer die artzney kauffen / welche zum purgieren in deinem gärtlin gebraucht sollen werden. Dieselben artzneyen aber sollen frisch / vnd so viel es möglich ist / säfftig / vnnd auß vielen außerlesen sein / nit welck / verstrupfet / alt / wurmstichig / stinckend / vnnd deßhalben vnkräfftig / vnd zu deinem fürnemen vnnützlich. Kanstu aber solche nicht vberkommen / so wehle nur die besten auß / als dir möglich / vnnd welche den geringsten mangel haben / vnd wann du wilt anfangen sie zu brauchen / so sollen sie außgewaschen / vnd wo es vonnöten wirt sein / auch ein wenig zerstossen werden / vnd vber ein tag oder etlich stundt / wie wir anzeigen wollen/in wasser oder einem andern safft gebeitzt werden/damit sie zu sich selbß wider kommen/vnnd jhre krafft erholen mögen/auff daß dein werck zu letzt nicht vergebens fürgenomimen sey. Ehe wir aber solchs angreiffen weiter zu sagẽ/so dunckt vns nützlich sein / die kräfft der artzneyen anzuzeigen/mit welchen die speiß vnd gärten kreuter sollen geärtzt vnnd zum purgiren dienstlich gemacht werden/nach eines jeden wundsch vnnd beger. Wollen deßhalben von den jenigen artzneyen anfangen zu reden / welche bey den alten Poenis vnnd Graecis inn brauch sein gewesen / item bey dem berümpten feldbaw beschreiber Marco Catone. Dannethin auch meldung thun / welche artzneyen zu vnsern zeiten erfunden sein worden. Die weiß Nießwurtz / sonderlich aber die Christwurtz / niger Elleborus genant/purgirt die mancoley / gallen vnnd pituitam. Coloquint / oder wilder kurbß die pituitam vnnd bilem sampt dem rotzigen humore von den neruen. Der safft von Scamonea/vñ auch das kraut selbst die melancolei/bilem flauam/auß dem geblůt vnd weiten orthen oder gliedern. Alle geschlecht der wolffsmilch purgiren pituitam/das wasser im leib vnnd atram bilem. Der wild cucumer/cucumis asininus bey den medicis genannt/vnnd sein safft welcher elaterium heist/die pituitam/vnnd den rotz von den neruosis partibus. Turbith purgirt die pituitã. Die Spring körner/das wasser vnd pituitam/wie dann auch der wunderbaum/so bey den gelehrten Ricinius heist oder palma Christi. Kellers halß/tymelæa/welches bey den Persis Mezeron heist/purgirt/bilem/pituitam vnd das wasser. Dieß sind die artzneyen/von welchen man liset/daß die alten mit denselben die beum vnnd weinstöck geartzt vñ purgierend gemacht haben.

Allhie möcht aber einer sagen/es seyen starcke vnnd gewalt anlegende artzneyen vnnd deßhalben nicht sicher zu brauchen/dem geben wir diese antwort/daß jhre krafft vnd gewalt gezemt vnnd verendert wirt durch die anderen säfft/so ein andere vnd widerwertige qualitet od' tugent haben/

ben/mit welchen sie vermischt vnnd alß eingeleibet werdẽ. Uber das/so wirt auch jhre schärpff vnnd macht mit der zeit gebrochen/in dem sie auff mancherley weiß vñ weg transmutirt/gebraucht/gepflantzt vnd zerstossen werden. Will jetzt ander vrsachen verschweigen. Die ärtzt zu vnsern zeiten sprechen/das sie auß täglicher erfahrnuß offt bewehrt haben/es mögen die bäum/weinstöck/wurtzel vnd kreuter ein purgirende tugent bekommen von dẽ einfachen purgirenden pharmacis/welche jetziger zeit gemeinlich gebraucht werden/vnd nicht scharpff noch vnsicher sein. Alß da nemlich ist das polypodium/engelsüß/epithymus/filtzkraut/cartamus/wilder garten saffran/senetbletter/hermodactyli/agaric/rhabarbarum/tamar Indi/myrobalani/vnnd andere stück mehr/wie dann wir hernach sagen wöllen. Nun folget die weiß/wie man soll bäum vnnd kreuter purgierend machen.

Das ander capitel.

Auff welche weiß etlicher bäumen oder kreuter früchte ein solche krafft vberkommen mögen/daß sie den leib sänfftlich vñ ohne verdruß oder gewalt purgieren mögen.

WANN du inn willens bist etliche frücht purgierend zu machen/od' sonsten jhnen ein ander krafft oder tugẽt einzupflantzẽ/so wehl ein bäumlin auß vnter vielen/welches dir nur wol gefelt/es soll aber ein gute vnd anmütige frücht tragen/nidrig sein vnnd ein wenig vber die erden erhoben/jung/welches vber zwey oder drey jar nicht alt sey/inn einem freyen vnnd lufftigen ort gezilet/auff gutem vnnd feistem erdtrich gewachsen/vnnd weder von dem menschen noch dem viehe nicht beschädigt oder verletzt werden. Dieses nim für dich im anfang des frülings/zu welcher zeit die beum herfür sprossen/oder ein wenig zuuor/nachdem das wetter vnnd natur des jars gerhaten wirt/vnnd spalt es am vntersten theil auff/ein wenig oberthalb d' wurtzel

tzel/doch gehe bescheidenlich mit der wurtzel vmb/vnd thů kein schadẽ daran. Darnach stoß inn die spaltung beinerne oder höltzerne wecken / nach der lenge / so lang alß sechs zwerg finger reichen/mehr oder weniger/nach grösse vnd maß des beumlins / vnd offne also den stamm/vnnd alß bald er geöffnet ist/so zeuch dz marck auß/ wo anders der stam ein marck hat. Ist aber sach/daß der stam kein spaltung mag leiden / so bohr mit einem bohrer inn das beumlin vntersich hinab biß an den kern/ vnnd zeihe mit einem tüglichen instrumẽt das marck oder dẽ kern auß. Es sagt Mesues alhie/es sey gnug/daß das beumle in zweyen oder dreyen orten einer hand lang gebohrt werde ohne außnemmung des marcks/wie wir hernach sagen wollen. Kan aber das beumlin weder das bohren leiden/so muß ein ander weg für die hand genommen werden/wie wir hernach solchen anzeigen wollen.

Wo du nun die spaltung oder das loch mit fleiß hast außgereinigt / so stopff inn beides ein artzney auß den abgemelten/ welche dir gefelt/vnd zu deiner kranckheit dient / doch soll dieselb / wie obgesagt/zu uor ein wenig zerstossen/vnnd wo es von nöten ist/gebeitzt worden sein/füll also die spaltung oder das loch / vnnd sey hierin ingedenck des sprichworts. Zu viel ist vngesund/Thu jhm nicht zu viel. Denn es soll daselbst weder zu wenig noch zu viel eingestopfft werden / damit das beumlin mög außbredmen/vnnd ernehrt werden/ vnnd sich die kräfft der artzney durch den innwendigen stock sampt der nahrung des beumlins biß auff den wipfel außbreiten vnd also der frucht mitgetheilet werden. Nachdem nun solches mit fleiß geschehen/alß dann nim die wecken auß/vñ laß den stamm wieder zu sammen kommen/auff dz kein spältlin vbrig sey/schlag auch das pflaster herumb / welches Cato beschreibt. Nim leymen oder kreiden / vnd sand mit welchem ein frischer kůdreck vermischt sey/mach ein dick pflaster darauß. Ihrer etliche lassen jhnen genůgen / wie auch Columella / wann sie nur mit dem leim/der mit sprewer gemischet ist/die spalten verbinden/vnnd auff den obersten theil des lochs oder spalts moß / wasenbosch /

wachs/

wachs/oder pech mit einem geringen kosten vberschlagen/damit der regen nicht einfalle/noch die kelte/reiff/schnee/hagel oder anders/von oben här dem bäumlin schadē mög Letzlich bindet man alles vest zu mit einem band oder weichen staud/damit es nicht abfalle oder durch den zu gāg der wilden thieren zerrissen werde. Mit gleichem fleiß solstu auch das geborte loch füllen vnnd verwahren/ außgenommen allein/daß man allhie dasselb mit einem runden vnnd gleichmessigen höltzlin verstopffen muß/mit welchem das loch gerad geschlossen vnnd erfüllet soll werden. Wann schon solchs alles wol geschehen/so wirt das beumle seiner natür gelassen/vnd die zeit gewartet biß es früchte bringt vnd dieselben reiff zu werden. So wirst du erfahren/daß sie eben ein solche krafft werden haben/alß die eingestossen artzneyen. Dannenher wirt man billich sagen können: Die kinder schlagē dem vatter nach. Johannes Mesuæ ein Arabischer artzt beschreibt diese weiß/wie man die pflaumē soll purgirend machē. Man boret schlecht mit einem borer inn den pflaumenbaum/

an zwey oder drey orten/ sechs zwerch finger lang/stőst scammoneam darein/vnnd pflesterts mit leimen/so bekommen die pflaumen ein pürgirende natur. Man braucht sie inn einem safft oder gesotten brühe mit zucker/ biß auff zwey lot. Man soll aber gute sorg haben/daß die raupen oder andere kreuterzauber diesem geärtzten beumlin nicht schaden mögen. Welches doch selten geschihet / von wegen der krafft der artzneyen / welche sich auch inn die bletter außbreiten. Dannenher dieselben auch nützlich sein / vnnd wir haben selten gesehen / daß die frücht von solchen geartzten beumen wurmessig weren gewesen.

Das dritte Capitel.

Andere weiß vnnd weg/die bäum zu artznen/damit sie frücht tragen/welche den leib sänfftlich purgieren mögen.

WAnn das bäumlin / welches du / wie obgesagt / hast erwöhlt / anfengt herfür zu sprossen vnd blühen/so solst du jm/alß den räben/bald von allen

allen seiten mit fleiß entwerffen/vnd vmb die wurtzel raumen/biß auff die äderle vñ kleine zäserlin. Welche wann sie erschei-nen vnd wol gereinigt sein worden/so leg vnten vnd oben etliche handuol auß den obgemelten artzneyen/welche nach ober-zelter weiß bereitet sollen sein/strew dieselben/vergrab vnd temperir sie mit dem be-sten mist/vnnd schütt erdtrich darauff. Ist ein dürr jar vorhanden so mach das bäumlin bißweilen des morgents vnd a-bents feucht mit frischem wasser / vnnd laß es also wachsen/biß die zeit vorhan-den/daß seine frücht reiff worden vnd ab-zubrechen düchtig. Das ist ein alte form/ die bäum zu ärtznen.

Welche spitzfindiger sein vnd die heim-ligkeit der natur gründtlicher erfahren wollen / haben mir gesagt / sie haben die-sen weg gebraucht/ vnnd es sey jhnen wol gerathen. Sie hawen vmb das end des Mertzens ein grossen ast mitten ab von dem stamm eines besten baums/vnnd se-tzen denselben inn ein jrrdin geschirr/wel-ches voll feuchter vnnd purgierender artz-neyen sey / verstopffens wol / daß nichts außfliessen mag. Alßdann graben sie das erdtrich wider auff vnnd stellen den baum an die lufft/biß auff das folgend jar/nach welchem / wo es vonnöthen ist /sie denselben widerumb/gleich wie zuvor tractieren. Deßgleichen kunst gebrauchen auch die bawleut vnnd etliche kunstreiche zimmerleut / wann sie jhnen bäume wollen zeigen/von welchen das abgehawen holtz gemahlt soll scheinen. Thut jemands inn statt der purgierenden artzneyen / reuchwerck oder wolriechende wässer od' etwas anders in das geschirr/welches vergraben soll werden/so wirt nicht allein die frucht/ sondern auch die bletter vnd basten solche natur bekommen/welches gleich alß ein wunderwerck scheinen wirt. Es ist bewehrt worden von einem zu Pariß mit nammen Petrus Bellonius/welcher des Königs gartner gewesen.

Du kanst diese sach auch leichtlicher außrichten/auff diese weiß. Ehe das beumlin anfengt herfür zu sprossen / so grab vmb seine wurtzel / doch also daß du jhren kein schaden thuest/vnnd gieß das wasser der gebeitzten artzneyen mit mählich alß

auß

auß einer dutté auff die offen wurtzel/thu solches etliche tag nach einander/oder ja auffs wenigst einmahl in der wochen/biß es verblühet hat/vnd sich die frücht anfangen zu ertzeigen. Wo der Nordwind wehet/vnd es gefroren ist auff dem erdtrich/ so must du es vor dem frost bewahren. Solches aber geschihet / wann du an die wurtzel des beumlins strewer schüttest/der mit gutem mist vermischet sey/doch gehe also mit vmb / daß der mist das beumlin nicht zu nahe anrüre / denn sonsten verderbte er durch sein faulmachende wärm dasselb zu boden. Solche mühe vnnd gefahr wirt vermitten/wañ du das beumlin anfengst zu artznen / nachdem die kelte vorgangen ist. Ist ein heisser sommer vorhandẽ/so muß das beumlin des morgents vnnd abents mit gleichem wasser/der gebeitzten vnnd infundirten artzneyen zum offtermal begossen werden/doch welches besser vermischt vnd schwecher sey. Dieser weg ist gar richtig vnd leicht. Denn es kan ein jeder die purgierende artzneyen allenthalben finden vnnd nach seinem gefallen auß den erzehlten im ersten capitel eine oder mehr erwehlen / vnnd dieselben ein wenig zerstossen / ein tag lang inn wasser beitzen / nachmals auff gemelte weiß brauchen. Es sagt Arnaldus a Villa noua / daß dieser weg der richtigst vnnd best sey. Denn die schärff vnd boßheit der artzneyē wirt sehr gelindert / wañ sie in ein ander substantz geimpffet werden. Sagt deßhalben / daß die purgation auß denselben sicher vnd anschädlich sey.

Ist aber sach / das jemands solche beumlin / wie obgesagt / inn seinem garten nicht hette / so kan auch ein jeder grosser baum zu solchen handen gebraucht werden / auff diese weiß. Nemet von denselben den bestē vnd wolgezilten ast / vnnd boret denselben biß auff das marck oder kern vnnd ein wenig weiter / machet ein zimlich groß loch nach der grösse des asts. Nachmals verstopffet das loch mit obgemelten artzneyē / wie zuuor gesagt ist worden / vnd verwahret dasselb mit kleiben vnd verbinden / vnd lassets so nach seiner natur wachsen biß seine frücht reiff werden / welche zum purgieren hernach sollen gebraucht werden. Dieser weg ist so gewiß vnnd bewehrt /

daß

daß ich einmahls einen äpffelbaum gesehen/welcher so geärtzt vñ zugerüstet war/ von einem verstendigen gartner / den ich solches gelehrt hatte / daß derselb inn vier ästen / so von einem stamm wuchsen/ viererley äpffel truge / also daß eines jeden ests apffel sein eigne tugent / safft vnnd schmack hatte. Vnd hat gemelter gärtner kein andern weg gebraucht/alß der all hie jezt ist angezeigt worden. Es war auch solches an demselben baum zu verwunderen / daß weder die bletter noch früchte der geärtzten ästen von den raupen verwüstet worden/so doch eben inn demselben baum die andern nicht geärtzte äst von gemelten raupen allenthalben benagt vnd verwüstet waren worden. Nun will ich noch andere weg erzehlen/die bäum zu ärtznen/ auff daß man die wahl mög haben vnnd auß vilen einen erwehlen/ der einem jeden gefelt.

Ihrer ettliche pflegen zu gelegner zeit die beumlin / so geärtzt sollen werden / zu versetzen / doch aber also / daß sie inn den schurff oder graben / den sie zu gemelten beumlin gemacht vnnd verordnet haben/

in statt des mists/die purgierende kreuter oder artzneyen mit voller hand zuuor vnterstrewen vnd vmb die wurtzel des beumlins ringsherumb schütten/nachmalß alles vergraben vnd mit einem kůdreck verdecken. Folgt ein heisser sommer/so pflegē sie das beumlin mit dē wasser der gebeitzten kreuter (welche des geschlechts sollen sein/alß die vnterstrewet wahren) zu gelegenen stunden zu begiessen.

Das vierte capitel.

Noch andere sehr leichte/richtige vnd bewehrte weg/die bäum zu ärtznen.

ETliche halten den rhat Dioscoridis/welchen er beschreibt inn dem nießwurtz wein. Sie nemen viel purgierende kreüter/vnd pflantzen dieselb bey dem vntersten stamm des beumlins/von allen seiten/vergraben dermassen jhre wurtzel/daß sie auffs nechst des beumlins wurtzel anrůren mögen. Damit sie aber nicht außgedört werden oder verwelcken/so kommen sie jhnen mit dem begiessen offtmal zu hilff/durch welch begiessen auch

auch die krafft der kreuter auff die nahrũg des beumlins dringet/vnnd wirt also mit derselben vermischt. Dannenher dann geschihet/daß die frücht eben solche tugẽt vnd schmack bekom̃en/alß die kreuter geartet sein. Doch sollen diese kreuter dermassen geordnet vnd gepflantzt werden/daß sie den stamm des beumlins vmbgreiffen/ vnd krantz weiß vmb jhn wachsen. Denn auß demselben geruch oder verriechen der kreuter/empfahet das beumlin durch ein vnbegreiffliche transpiration/die frembde tugent vnd krafft. Welches zwar einem nicht vngereumpt soll dũucken zu sein/die weil es männiglich bekañt/daß die frücht der beumen offtmalß nach etlichen kreutern schmecken/welche vnter dem baum gestrewet sein gewesen/od' nicht weit von jhm wachsen. So schmecken etliche äpffel nach kölkraut/welchen sie genachbart waren/vnd von welchen sie das verriechen tags vñ nachts auff ein vnbegreiffliche weiß durch die lufft empfangẽ habẽ. So erfahren wir auch täglich/daß etliche wein den harn treibẽ mehr alß die andern/ wiewol man wol weiß/daß sie alle sampt in einem rebacker gezillet vnnd gewachsen sein. Solches aber geschihet deßhalben/ daß bey etlichen wein stöcken solche kreuter vnd wurtzel wachsen/welche ein krafft haben den harn auß zu treiben

Jrer etliche haben in die spaltung vnd geborte löcher der bäumen/nicht einfache sondern mancherley durcheinander vermischte artzneyen gefüllet/vnnd sind damit vmbgangen auff solche weiß/wie inn der ersten form ist angezeigt worden. Wie es jnen aber gerhaten ist/daß hab ich noch nicht gehört.

Jch weiß jhrer et liche/die von einem guten baum jrgend einen ast gehawen haben/also daß derselb schon voller früchten war gewesen/vnd haben jhn in ein jrrdin oder höltzin geschirr tieff vergraben/neben jm mancherley purgirende kreuter gesetzt von allen seiten/vnd wañ es heisse zeit gewesen mit wasser der gebeitzten gleichen kreuter des morgents vnd abents wol begossen/solches offtmal widerholt/biß sie gesehen/daß die frücht groß vñ gantz reiff sein worden . Es hat mir ein Celestiner mönch gesagt/er hab solchē weg versucht vnd

vnd bewehrt gefunden. Sagt auch/er hab ke in ander kreuter gebraucht / alß welche in den gemeinen klöster gärten pflegen zu wachsen/alß da sind/dz springkraut/ wunderbaum / wolffsmilch/Mertzen feilchen/ pappeln/vñ deßgleichen. Hat also mit diesen purgirenden kreutern auff solche weiß/ wie oben gesagt/kirschen/ pflaumen vnnd frühe pfirsing gezilet / welche sänfft vnnd ohne verdruß purgiert haben / biß auff drey/vier/fünff / mehr oder weniger stulgäng gehabt / nachdem er viel oder wenig frücht hatte eingenommen. Sagt vber das / er hab jhm grosse gunst gemacht bey etlichen fürnemmen vnnd reichen leuten / welchen er seine geärtzte frücht hatte mitgetheilt.

Der letzte weg ist dieser/welchē ich schon etlich mal versucht hab/vnnd ist mir nach meinem wunsch wol gerhaten. Es sind etliche geschlecht der frühen apffel/ welche nicht lang wehren können/ die man pflegt in irdin oder höltzin geschirren zu halten. Wann ich nun vermercke/daß jhre beum verblühet haben / vnnd die knöpff schon anfangen zu kleinen apffeln zu werden/

so begieß ich jre junge frucht mit dem wasser / so ich von den gebeitzten kreutern / die zu meiner kranckheit dienlich / außgepreßt hab / thu aber solches hübschlich / alß auß einer dutten / zu guten stunden vnnd gelegner zeit / laß mir an wenig früchten genügen / welche nur gut / vnd deßhalben mit fleiß gezilet sein. Ist ein heisser sommer vorhanden / daß jhnen feuchtigkeit mangele / so befeuchtige ich dieselben zu guten stunden mit gleichem wasser / vnnd wo der hitzen halbe das erdtrich gar trocken ist / so mach ichs voll solches wassers. Das sey gnug gesagt von den bäumen vnd früchten / wie man dieselb purgierend machen soll. Jetzt müssen wir von andern formen meldung thun / durch welche die bäum oder frücht nicht ein purgierende / sondern sonsten ein ander tugent vnnd krafft mögen bekommen / welche auch sehr lustig vnd nützlich zu wissen.

Das

Das fünffte capitel.

Andere ärtznung der bäumen/ zu besondern wirckungen/lustig vnnd wol wirdig zu wissen.

BEgerst du aber daß die bäume deines gartens ein andere krafft bekommen/vnd ander artzney erstatten mögen/alß die vorigen gestaltet ware/ welche nur zum purgieren gerichtet vnnd solche humores außzuführen verordnet waren/alß die kreuter oder artzney selbs gewest/so wiß das solches eben auff vorgemelte weiß mag vollbracht werden/wie von den purgierenden artzneyen zuuor gesagt ist worden/alß nemlich/wañ du wilt früchte zeigen/die wider die pestilentz vnd für das gifft gut sein/so kanst du in stat der purgierenden artzneyen mit nutz gebrauchen den besten theriack oder mithrydat/ oder solche wurtzel vnd kreuter/so die pestilentz vnd dz gifft vertreiben/vnd mit denselben dein beumlin auff solche weiß/ wie obgesagt/füllē/feuchtigen/vñ deßgleichē. Begerstu schlaffmachende frücht zu haben/so brauch solche gewechs/wurtzel vnd samen / welche schlaffen machen. Welche kreuter aber diese natur haben / das ist nicht vonnöhten hie zu erzehlen. Vnnd so kan einer die früchte mit andern vnzehlichen krefften begaben / alß einem jeden nur gefelt. Einem verstendigen ist so viel gnug gesagt.

Das sechste capitel.

Auff welche weiß die frücht der bäumen ein guten geruch / geschmack vnnd farb bekommen mögen.

Alles was wir bißanher gesagt haben / auff welche weiß den bäumen vnnd früchten ein purgierend oder ander krafft mag mitgetheilet oder eingepflantzt werden/eben dasselb kan auch dahin verstanden werden/ daß man auff geleiche weiß den bäumen vnd früchten ein andern geschmack / geruch vnnd farben mög mittheilen/ wann sie gefüllt oder gefeuchtiget werden / durch solche ding welche düglich sein solches zu würcken / was man begert. Dannenher kan man früch-

te

le zeigen ohne alle kunst des impffens/welche herb sein / auch wann sie am reiffsten sind / etliche sawer / etliche rauch / etliche süß wie honig oder zucker / etliche so wolschmeckend alß ein muscatnuß / alß zimmetrind oder ander gewürtz / so auch was den geruch anbelanget / etliche eines guten / etliche eines stinckenden geruchs. Vnd kürtzlich dauon zu reden / es kan ein verstendiger Künstler solche frücht bekommen/alß jhm nur gefelt. Das solches gewiß vnnd wahr sey/daß hab ich nicht einmahl/nicht so wol auß dem gehör/alß von dem schmecken vnd riechen erfahren. Ja ich hab (welches kaum glaublich ist) geele maulbeeren/rote byren/ vnd blawe äpffel/ so wol innwendig alß außwendig/ ein jedes auff seinem baum hangend/nicht ohne grosse verwunderung gesehen / begriffen/ geöffnet vnd geschmeckt/doch hab ich kein geschmack befunden / denn derselb durch die farben verderbt war worden/ vnd also nur zum anschawen gepflantzet. So viel vermag die erfahrnuß vnd fleissige nachforschung der natürlichen sachen/ welches wann solche leut anschawen / so die vrsach nicht wissen / so mainen sie es sey vnnatürlich/verwundern sich also darüber. Diese sach kan versucht werden auff gemelte weiß / wie zuuor gesagt/ sonderlich aber mit den mancherleyen impfungen der beumen. Denn durch dieselben vnd auch durch die artliche vermischung der artzneyen vnnd farben/ geschihet offtmals/daß man einem baum mancherley frücht am farben/an geschlecht/ am geschmack / vnd am geruch sihet tragen/ alß nemlich äpffel/nüß/trauben/blumen vnd anderley frücht / welche alle von einem stamm herwachßen. Solches will ich mit zweyen exempeln / vast seltzamen / erkleren vnd beweisen. Wiewol es scheint alß reume sich solches nicht vast wol hieher.

Das siebende capitel.

Zwen sehr wunderbarliche vnnd seltzame Bäum.

PLinius / ein berümpter dolmetscher der natürlichen sachē / deßgleichen nicht zu finden/ schreibt von einem seltza-

seltzamen baum auff diese weiß. Ich hab gesehen / sagt er / an dem ort / welcher Tiburtes Tullie heist/ein gepflantzten baum so allerley öpffel getragen hat / an einem ast nüß / an einem beer / an den andern ästen trauben / feigen/biren/pomerantzen/ vnnd ander geschlecht der öpffel. Es hat aber dieser baum ein kurtz leben gehabt. Biß daher redet Plinius. Es dunckt mich aber viel seltzamer zu sein der baum / welchen Johannes Baptista in seinem werck/ welches er Magiam naturalem nennet/ beschreibt. Ich hab/sagt er/ein baum gesehen/welcher ein lust vnnd freud des gartens hieß / war zimlich dick/vnd hoch/inn drey grosse äst getheilet / vnnd hat an einem ast zwen trauben gehabt / welche tresterloß / vnnd mancherley farbig waren/ auch zweyerley tugent hatten:die eine hat den schlaff bewegt/ die ander den leib purgiert. Der ander ast war ein pfersigbaum/ hat an etlichen ästen pfersig getragen one stein/an etlichen aber solche / die ein süssen kern alß die mandel trugē / vnd war in jnē jetzt ein menschē/ bald eines andern thiers angesicht. Der dritte trug kirschen/so one kern waren / etliche süß / etliche sawer / vber das auch pomerantzen. Die rind war voller blumen vnd rosen / auch die frücht waren grösser / denn sie sonsten pflegen zu sein / vnnd süsser / auch wolriechender. Der baum fing im früling an zu blühen / vnnd pflegt seine frücht vber die gewönliche zeit zu behalten / denn sie blieben lange zeit auff den baum / vnnd war also immerzu vber das gantze jar darauff / daß man kunt abbrechen. Denn es haben die öpffel nach einander gefolgt / vnnd nicht auff ein zeit angefangē zu wachsen / noch reiff zu werden. Die äst hungen auff die erd hinunder von der früchten wegen. Letzlich es hat diesem baum beide himel vnd erden geholfen dermassen / daß ich mein lebetag kein schönern hab geschē. Biß daher redet Johannes Baptista Porta / auß welchem zu verstehen ist / daß die kunst vnd fleiß sampt der impfung vil wunderbarliche gewächs können zu richten. Wir wollen aber von der impfung allhie nichts sagen / weil dieselb inn einem andern büch beschrieben ist worden. Wollen deßhalben vnser fürgenommen werck wiederumb zu hand nemmen.

Das

Das achte capitel.

Wie man die geärtzte frücht einsammlen/behalten/bewahren vnnd brauchen soll.

EHe ich mein fürgenommen rede an fang / will ich allen zu wissen thun / daß weniger matery/feuchtigung/ vnd fleiß von nöten/wann man die beumlin/welche ein kleine vnd weiche frucht tragen / ärtznet/ alß inn den andern beumen/ welche ein grosse vnd harte frucht tragen. Des ersten geschlechts beume sind diese/ der kirschbaum/maulbeerbaum / pflaumē baum/pfersich/ Sant Johanns pfersich/ möllenin/ ölbaum vnd rebstock. Des andern geschlechts sind dise/ der öpfelbaum/ birenbaum/ quittenbaum / mandelbaum/ nußbaum / vnnd deßgleichen beume/ von welchen / wie auch von den vordrigen / wann die frücht vor der zeit / ehe sie reiff sein/abgebrochen werdē/so haben sie nicht jhre volkommene artzneische krafft. Sollen deßhalben / wann sie zeitig sein/ abgebrochen werden / auff einen schönen tag/

vmb das newe liecht des Mons / zu mittag / mit sanffter hand / ohn alles reissen / zerstossen oder abfallen / vnd in ein wolgelegen ort mit fleiß gelegt werden. Ist es sach / daß man sie nicht wol mag verwahren / entweder weil ein feucht jar vorhanden ist gewesen / welches halbē sie gern verfaulen / oder weil sie eingesamlet sein worden im regen vnnd nebel / vnnd deßhalben ein vberflüssigen excrementitium humorem / welcher ein vrsach des faulēs / bekommen haben / so thu jhm also. Laß von stund an den ofen heitzen / oder mach ein fewr auff dem herd (wo kein warme sonn vorhanden) vnd leg sie entweder in den ofen / oder auff den rost / sind die früchte klein / so dörr sie gantz / sind sie aber groß vnd hart / so theil sie in zwey oder vier stück / schel sie ab vnnd werff den inwendigen kern auß / laß sie also allgemählich trocknen vn̄ außdorren. Ist nun solches geschehen / so thu sie von stundan inn ein sauber gefäß oder korb / so mit papier innwendig vberzogen soll sein. Gefelts dir aber auff gewöhnliche weiß dieselben einzumachen / so wirst du auch wol daran thun. Was dē brauch

anànbelanget / von denselben ist zu wissen/ daß man sie entweder gantz mit jhrem fleisch isset/ oder das müß so von jhnen ist gesotten worden / wie man die pflaumen pflegt zu kochen in den fast tagen. Die zeit dieselbe zu brauchen soll der morgen sein oder ein wenig vor dem essen/ vnd bißweilen zu abend ehe man zu betth gehet. Wieuiel man aber essen oder einnemmen soll/ das muß man selbs abmessen vnd vrtheilen/ nach gestalt des leibs / des alters / des geschlechts/ des temperaments/ vnd nach dem eines jeden natur sich bewegen lest/eine eher alß die ander/ vnd letzlich nach art der artzneyen / mit welchem dir frücht geärtzt sein worden. Denn etliche sind stercker / etliche schwecher/ vnd etliche operieren bald / etliche nach einer langen weil. Will deßhalben einen jeden vermant haben / daß er ein verstendigen vnnd trewen artzt deßhalben vmb rhat fragen soll. Ich hett schier vergessen zu meldẽ/daß die bein vñ kern/auch die samen von den geärtzten früchten mit fleiß sollen eingesamlet/vnd mit fleiß auch bewart werden/der artzneyischen tugent halben / welche in denselben die gröste ist/ will nicht sagen für die spulwürm vñ inwendig vnzieffer des bauchs/ sondern auch für andere sachen mehr/welche ich allhie lieber verschweigen will/ deñ mit wenig worten erzelen. Unter andern haben sie diese krafft/daß wañ sie gepflantzet oder gesähet werden/ so bekommen die beum/welche darauß wachsen / ein besonder artzneyische tugent / welches kaum geschehen mag mit den zweiglen oder ästlen/ ob sie gleich von einem solchen baum anderswo geimpfft oder gepflantzt solten werden: so gehet es auch nicht an mit den geärtzten beumlin / wanns anders wohin versetzt oder vergraben wirt. Denn so bald jhn seine artzneyische nahrung vnnd das gewönlich erdtrich wirt entzogen / so verliert es seine vorige krafft/vnd bekompt ein andere. Wilst du nun daß es sein artzneyische krafft behalte/so must du es wider auff ein newes ärtznen/ vnd mit artzneien füllen/ wie oben gesagt. Und solches soll man nicht allein von den versetzten beumen verstehen/ sondern auch von den andern/welche weder die lufft noch das erdtrich verendert haben. So folgt nun daraus/

rauß/daß man dieselbē alle jar/oder auffs wenigst allwegen im andern jar mit einer frischen einfachen oder componirten artzney auff ein newes muß artznen.

Das neunte Capitel.

Auff welche weiß die sommer vnnd herbst frücht so schon abgebrochen sein/vnd daheim behalten werden/ein artzneyische krafft bekommen mögen.

Allhie kan ich nicht stillschweigend nachlassen/sondern muß melden/ was ich weiß/daß jhrer viel höchlich wünschen vnd begeren zu wissen. Was ist nun das? Das ists/wie man die eingesammlet frücht bald/leichtlich vnnd zu jeder zeit möge purdierend machen/sie seien im frůling/sommer oder herbst abgebrochen worden. So merckt nun auff/welche es gern wissen wollen. Am aller ersten solt jhr von einem trewen apotecker etliche einfache purgierende artzney kauffen/vnnd zwar solche/die nicht vnsicher sein/alß nemlich rhabarbarum/agaric/senetbletter/engelsüß/epithymum/wilden saffran/myrobolanos/tamarindos/ vnd deßgleichen. Habt jhr nun jrgend ein oder zwey stuck auß den vorgemelten artzneyen/nach ewer gelegenheit erwehlt/so nemmet die besten stücklin nach rhat eines verstendigen artzts/zerstosset dieselben ein wenig/wo es von nöthen ist/vnnd beitzet sie ettlich stunden lang sampt einem wenig zimmetrind vnnd äniß samen inn molcken/oximelite/gersten wasser/wein/wasser/oder sonsten in einem andern linden safft/seuhets nachmals alles mit einander durch ein duch/vnnd truckts auß/setzt es inn einem düglichen geschirr auff heisse äschen/vnnd lasset darinnen beitzen die pflaumen/pfersig/birn/feigen/quitten oder kirschen inn vielen orten gelöchert oder zerstochen. Es ist nichts daran gelegen/welche frücht jhr nemmet auß den vorgemelten/nur daß sie an der sonnen müssen außgedort sein/oder in einem ofen gedört/oder sonsten auff ein andere weiß verwahrt. Wann sie nun mit demselbē gesotten vnd geärtzten safft gnugsam gefüllt sein worden/vñ dicker scheinen alß zuuor/alßdann habt jhr die frucht geartznet/welche

che ohn allen schaden den leib aufflösen vnd purgieren können. Deßgleichen kan man auch mit den gedörten weintrauben vmbgehen vnd demnach gebrauchen mit grossem nutz des magens vnnd der leber/ es söllen aber zuuor auß jhnen die kern außgenommen werden. Wo gemelte geärtzte frücht jrgend bitter/sawer/vnd sonsten vnlieblich weren zu essen / so mögen sie mit dem besten zucker / oder süßholtz/oder zimmetrind gebessert/ vnd jhr schmack verdeckt werden. Vber das so kan man auch vberzogen äniß oder præparierten coriander / oder sonsten ein ander gewürtz gebrauchen/nach lust vnnd gefallen eines jeden/auß denselben etwas kewen oder essen/wann man die geärtzte frücht isset/ oder bald nach eingenommener artzney dieselb drauff essen/daß die artzney durch ander widerwertige stück auff der zungē verendert werde.

Es ist noch ein ander richtiger vnd guter weg/dadurch man kan die quitten/vnd ander grosse früchte bey dem fewr bereiten vnd kochen/mit denselben stulgäng zumachen/ vnnd den leib von den vberflüssigen feuchtigkeiten zu reinigen / ja auch die natürliche glieder dadurch zu stercken. Wer diesen zu wissen begert / es sollen aber solches alle begeren/der vberlese vnser drittes garten beth/ des sibenden felds in vnserm Artztgarten / da wirt man finden/ was einem mög erlustigen. Doch wirt sonsten auch von dieser sachen weiter gesagt ein wenig vnten inn dem quitten vnnd honig wasser.

Johannes Langius/ der Pfaltzgraffen am Rhein leibartzet/schreibt inn einer epistel von den geärtzten früchten auff diese weiß. Nim wasser oder wein/inn welchem entweder scammonea/oder die rinden von wolffsmilch/oder turbith/ oder sonstē deß gleichen artzney gebeitzt sey/vnd laß dürre Vngrische pflaumen/feigen vnd rosinlin darinnen ein weil stehen/ biß sie dick vnnd auffgeschwollen scheinen. Diese purgiren den leib ohn alles bauchgrimmen. Denn die frucht behalten nur die krafft der artzneyen / welche von der substantz derselben geschieden ist. Bißher redet Johannes Langius.

Ich hab jhrer etliche gekennet / welche die

die vorgemelte frücht/so wol die dürren alß die frischen nicht haben gebeitzt/sondern die einfache purgierende artzneyen/so jnen der artzt fürgeschrieben hat/genommen/ein wenig gebrochen/vnd wo es von nöten war/zerstossen/in ein dünn düchlin verwickelt/vnd wie die pflaumē in gewässertem wein gekocht/nachmalß mit zucker wol bestrewet/vnnd den zarten zungen zu essen gereicht: oder ja nur allein die gesotten brühe gebraucht/vnnd das fleisch von den gekochten artzneyen durch ein sieb geseihet/in ein rein gefäß gelegt/vñ mit fleiß behalten/weiter zu brauchen/wann die notturfft vorhanden war. Können also ein artzney offtmalß zu nutz bringen.

Jch weiß noch andere/welche die vorgemelten frücht nach langer infusion oder beitzung/so auff solche weiß/wie zuuor gesagt/beschehen war/hübschlich außgedört haben in einem ofen/vnd zū andern/auch dritten mahl widerumb gebeitzet/letzlich widerumb gedört/vnd in ein büchßlin verschlossen/vnd zu rechter zeit gebraucht/mit vngespartem zucker. Jst heisse zeit vorhanden gewesen/so haben sie frücht in rosen wasser gebeitzt: ists im winter gewesen/in wenig weins lassen weichen/vnd so mit viel zucker dieselben bestrewet vnnd gebraucht/auch den vbrigē wein darauff getruncken. Es ist aber allhie zu wissen/ daß man solches nicht versuchen soll ohne rath eines verstendigen artzts/wie dann auch vast alles dz jenige/was wir biß hieher geschrieben haben. Denn derselb kan den krancken guten raht geben / wie dann auch den gesunden/welche artzney sie gebrauchen sollen/entweder die verlohrne ge sundtheit wider zu bekommen/oder auch dieselb / so noch vnuerloren ist/zu erhalten/vnnd sich vor kranckheiten zuuorhüten. So auch was die dosin anbelangt/ wie viel ein krancker od' gesundter einnemmen vnd brauchen soll. Ja es kan ein verstendiger artzt newe künst vnnd weg erfinden / die frücht zu artznen.

Das

Das zehende capitel.

Auff welche weiß der lattich/ borretsch/ purtzelkraut/vnnd andere speißkreuter/item/die egurcken/kürbß/pfeben/rettich/artischaw/erdbeer/die frühzeitigen feigen vnd andere deßgleichen früchte/purgierend mögen gemacht werden/vnd mancher hand geschmack vnd geruch bekommen.

ES wer hie nicht vonnöten viel reden zu halten von diesem handel/ wie die speißkreuter/wurtzel vnnd pflantzen mögen geärtznet werden/wann einer nur mit fleiß betrachten solte/was zuuor von artznung der beumen gesagt ist wordē. Doch weil die kreuter nicht so grosse noch so scharpffe wurtzel haben/alß die beume/vnnd vast auß den samen wachsen/oder gepflantzt werden/auch nit werhafft sein/deßhalben wollen wir ein eigne meldung von jhnen halten. So merck nun auff. Nim die samen von den obgemelten oder auch andern kreutern/laß sie drey oder vier tag lang (ehe sie geseet werden) weichen inn dem wasser oder brühe der gebeitzten purgierenden artzneyen/welche im anfang dieses büchlins erzelet sein worden / nim sie nachmals auß dem wasser/vnd laß sie außtrocknen / thu solches zum andern mal mit dem weichen vnd trocknen / vnnd steck sie letzlich in ein erdrich/so wol gemistet vnd außgearbeitet sey. Was nun darauß wirt wachsen / das hat ein solche krafft wie die artzneyen waren/inn welchen die samen geweichet sind worden.

Deßgleichen wirt auch geschehen/wann du mit vorgemelten wasser auß den gebeitzten artzneyen/alß mit einer milch die auffwachsende vnd noch grünende kreuter etlich tag lang mit mhälich speisest/vnd nit vberschüttest. Denn sonsten werden die kreuter beschädigt/sollen deßhalben zu rechten stunden dasselb wasser gleich alß auß einer dutten saugen. Alßdann wirt jhnen ein aufflösend vnd purgierend krafft mitgetheilt. Ist ein heisse zeit vorhanden/so muß man mit eben demselben wasser gemelte kreuter zum offtern mahl / doch zu rechten stunden(wie in den beumen gesagt worden) begiessen vnd erfrischen.

Jhrer

Ihrer etliche pflegen die wurtzel der jungen kreuter vmbzugraben/biß auff die kleinen zäserlin/doch ohne allen schaden vnd außreissen: werffen alßdann vnter die blossen wurtzel die purgierende artzneyen/welche zu jhren kranckheiten dienstlich sein/zerstossen dieselben zuuor / wo es vonnöten thut/vnd strewen sie also herumb(wie auch inn den beumen gesagt worden) deckens mit der erden wider zu/lassens wachsen/vnnd von denselben selbs artzneyisch werden. Ich weiß wol/daß solches jhrer viel versucht vnd nützlich probiert haben.

Etliche machens nur also. Sie versetzẽ die junge kreuter/vnd strewen inn den gemachten schurff(da das kreutlin soll hingesetzt werden)außerlesene artzneyen/tüngen nachmalß das erdrich vnd begiessens offtmal/wo es vonnöthen thut/lassen daßselb also auffwachsen.Andere weg such in den ärtznungen der bäumen. Vnnd was von den geärtzten säfften vnd wässern/damit die wurtzel der kreuter sollen begossen werden/gesagt ist worden/das kan alles auch auff den schmack vnnd geruch (ich zweiffle von den farben)gedeutet vnd gerichtet werden/nach dem exempel des Aristoxeni Cirenei / welcher / wie Plinius schreibt von der lehr seines Vatterlands abfallend vnd zu dem Epicurischen hauffen trettend/den lattich so inn seinem garten wuchs/mit honig wein pflag zu begiessen/vnd mit demselben tranck/biß er gnug hatte/zu beschütten/auff daß er sich des andern tags / wann es tag wurde / rhümen könte/er hab grüne auß der erden gewachsen läbküchen. Das war dieses schlemmers kunst vnd fund. Es sey nun gnug gesagt von diesem handel / wie die gewächs künstlich mögen geartznet werden. Will deßhalben bald ein ende machen / wo ich zuuor zu wissen hab gethan/dz etliche kreuter sein / welche auch/sonsten ein geneigt natur zum purgieren haben/mancherley vrsachen halben. Deñ etliche sind schlüpfferich/alß die Mertzen feilchen/vnnd pappeln/etliche haben ein milchige vnd süsse/ auch gering purgierende substantz/alß der lattich / ettliche ein salnitrischen / vnnd deßhalben artzneyischen vnnd purgierenden safft/alß daß kölkraut vnnd mangolt/ oder ein zähe vnnd schnudrige feuchtigkeit/

keit/alß das portzelkraut. Diese nun vnnd deßgleichen kreuter/bedörffen nicht vieler artzneyen oder grosser sorgen/zu dem daß sie von natur vast ein solche art haben/vñ deßhalben einer geringen verenderung bedörffen/artzneyisch zu werden. So hats auch ein gestalt mit den pfeben/ogurcken/ vnd deßgleichen andern kreutern/von wegen des schnudrigen/wässerigen vnnd vast schlüpfferichen safftes/welchen sie in sich halten.

Das eilffte capitel.

Die weinstöck auff mancherley weiß zu ärtznen/daß jhre trauben vnd wein den leib aufflösen vnd ohne schaden oder bauchgrimmen purgiren mögen.

WAnn die zeit vorhandẽ/daß man vmb die wurtzel der räben raumet/so raum vmb so viel räben/ alß dir dunckt gnug sein/zeichen dieselben/vnnd mach jhre wurtzel sauber vnnd rein/zerstoß dennach in einẽ mörsel nießwurtz vnd legs vmb die reben/thu zu den selben alten kådreck/alte åschen vnd zwey theil erdtrichs ringsherumb. Schůtt letzlich vber die wurtzel der råben die erden. Diesen wein soll man besonderlich lesen. Wilt du jhn lang behalten/daß er alt werde/so behalt jhn/doch vermisch jhn nicht mit dem andern wein. Nim daruon ein becher voll/misch wasser darunder vnnd trinck's vor dem nachtmal/es wirt dich ohne gefahr pürgieren.

Auff ein ander weiß. Wann die råben geraumpt werden/so zeichne ein stock auß denselben mit einem gedenckzeichen/damit sein wein mit den andern nicht vermischt werde. Leg drey bůschlin schwartz nießwurtz vmb die wurtzel/vnd schůtt erden darüber. Wann nun das weinlesen vorhanden/so behalt den wein/welcher von diesen weinreben wirt gebrochen/besonders/geuß darauß ein becher voll inn ein andern tranck/so wirts dich des andern tags wol purgieren ohn allen schaden. Solches schreibt M Cato in seinem buch vom Feldbaw.

Die beschreiber des felds auß Africa vnd Græcia/welche vil elter sein alß Cato/

so/brauchen diesen weg. Man spaltet den stock/welchen man pflantzen will vnten am stam drey oder vier finger läg/nimpt das marck auß/vnd wirt ein einfache purgierende artzney/so zerstossen ist worden/in statt des marcks eingestossen/oder ja sein fleisch/welches viel besser ist. Nachmals wirt der spalt/daß nichts außfliesse mit einem guten pflaster verdeckt/verbunden/vnd also der stock in die erden vergraben. Bißhieher sagt Florẽtinus einer auß den alten beschreibern des feldbawes/vnd nach jhm Palladius.

Etliche halten diesen weg. Sie sauberen die wurtzel des geraumpten vnd entworffenen weinstocks/vñ begiessen dieselb mit einem safft od' wasser von den gebeitzten artzneyen/thuen solches etliche tag nach einander/sonderlich wann der stock anfangt herfür zu sprossen/schütten nachmals die erden widerumb darüber/vnnd hüten sich vnter allen dingen am meisten/daß nicht etwann zur selben zeit ein kalter wind sich bewege/welcher die wurtzel beschädige vnd die krafft der artzneyen vernichtige. Die trauben/die auß einem sol-

chen geärtzen stock wachsen / werden purgieren vnnd den leib aufflösen / alß denn
auch der wein / welcher von jhnen wirt
außgepreßt / wie solches Florentinus beschreibt in dem ersten vnnd andern buch
seines feldbaws. Dieser weg ist leicht vnd
richtig/wie dann auch Arnaldus a Villa
noua bezeugt/wegen der vrsachen / so inn
den bäumen sind erzehlet worden. Dannenher ists geschehē/daß man weintrauben gesehen vnd gefunden hat/wie vorgemelter Arnaldus schreibt/von welchē ein
jede beer den baum hat gelöst vnnd pur-
girt/vnd ist diese sach für ein groß wunderwerck gehalten worden. Welche gern
weisse weintrauben vnd weisse wein wollen haben/die können ein solchen weinstock vnd wein ärtznen / welcher weiß sey.
Die aber des roten sich frewen/die könnē
den roten weinstock vnd roten wein brauchen. Denn ein jeder hat sein eignen wil-
len/vnd eigen schmack.

Es ist ein ander weg die weintrauben
zu ärtznen/sampt jhrem wein/welchen ich
auch nicht verschweigen will. Man wehle
etliche stöck von den besten weinrebē auß/
zu

zu guter zeit/vnd thut dieselben in ein faß/ das halb gefüllet sey mit dem purgierende träncken oder säfften von den gebeitzten artzneyen. Nachmals wirt mit denselben das beste erdtrich vermischt vnnd so lang wider aufgelöst/gewässert vnd versorgt/ biß die stöcke anfangen herfür zu sprossen vnd augen zu bekommen. Wann nun solches geschicht/so pflantzet man dieselben nicht anders alß die andern weinstöck/vñ hat gute sorg/daß sie das geringst nicht beschädigt/zerstossen/ oder zerbrochen werden. Die trauben/welche darauff wachsen/werden ein solche krafft haben/ alß die artzney gewesen/mit welchem der stock geträncket ist worden/ alß auch der wein/so auß solchen trauben wirt gepreßt werden.

Das zwölffte capitel.

Daß die trauben vnnd wein noch ein ander tugent vberkommen mögen/schlaffend zu machen/item für gifft vnd ander kranckheiten.

WIEwol dieses/ das ich allhie zubeschreiben hab fürgenommen/ leicht zu wissen vnnd zuuerstehen sey auß dem vorigen / doch nichts desto weniger will ich noch etwas daruon sagen mit wenig vnnd kurtzen worten / so viel die matery leiden wirt. Wann du inn statt der purgierēdē artzneyen/oder des saffts von denn gebeitzten artzneyen/etwañ ein schlaffmachend artzney nimmest / dieselb inn einem safft zertreibest/vnd auff die außgeraumpte vnd geöffnete wurtzel zu guter zeit giessest / oder ja schlaffmachende kreuter bey den gemelten wurtzeln vergrabest oder ringsherumb pflantzest (wie es Dioscorides will haben in dem nießwurtz wein) so werden beide die trauben vnnd auch der wein / so von jnen getretten oder gepreßt wirt werden/den schlaff bewegen/vñ nützlich denen sein/so nicht schlafen können. Deßgleichen wirt auch geschehen / wann du ein auserlesenen weinstock / inn solcher weiß/wie von den bäumlin zuuor gesagt ist worden/mit einem borer durch borest/ vnd vorgemelte artzney einstossest/vnd dz loch auff solche weiß/wie obgesagt / verschliessest vnd verbindest/demnach Gott vnd der natur befielest. Also stoß theriack/

mi-

mithrydat/ oder ein ander artzney/so für das gifft dient/in den stock (auß welchem/ wo es vonnöthen thut/das marck soll auß genommē werden)oder ja begieß die wurtzel des weinstocks mit den vorgemelten gewässerten antidotis/oder auch mit dem wasser von solchen gebeitzten kreutern/die das gifft vertreiben/vnnd thu solches zu rechten stunden offtermahls / so werden die trauben vnnd der wein eben ein solche krafft bekommen/alß der thiriack oder ander antidota/die pestilentz vnnd das gifft zu vertreiben / vnnd wirt dieser weinstock ein feind der gifftigen thieren sein / dermassen daß kein thier / so gifftig ist / vnter jhm sich wirt halten können oder verbleiben. Ja man sagt auch / daß der essig auß einem solchen tiriackischen wein gemacht/ Item die gedörrten treublin/ein wunderlich krafft sollen haben für aller hand gifft/pestilentz/gifftiger thieren biss/vnd deßgleichen. Hat man aber schon mangel an diesen allen/so sind noch gut auch die bletter desselben stocks/gestossen vnd auff die biss der gifftigen thier gelegt. Letzlich wo auch kein bletter nun mehr vorhanden sein /

so ist die äsche gut von denselben reben / auff den schaden gebunden. Denn auch sonsten die asch von einem jeden weinstock / ob er gleich mit tiriack nicht geärtznet ist / heilt wunderbarlich die hundsbiss / wo anders der hund nicht wütend ist gewesen. Solches wirt beschrieben (damit nicht jemandts gedencke / es seyen meine träume) von den Africanischen vnd Griechischen ärtzten vnnd geoponicis / vnnd vnter jhnen von dem Florentino / welcher solches nicht hat lassen bey den nachkommenden verborgen bleiben. Ich will aber allhie meniglich zu wissen thun / daß wo man von solchen geärtzten weinreben jrgend ein stock versetzen oder verimpffen will / so bleibt die vorige artzneyische krafft nicht mehr inn jhnen (wie auch von den bäumen obgesagt) muß deßhalben wider auff ein newes mit frischen artzneyen gestopfft oder begossen werden / wie Palladius vermant.

Daß sey gnug gesagt / von diesem handel / wie man die bäume / frucht / speißkreuter / wurtzel vnnd ander pflantzen / auch die weinstöck / weintrauben / vnnd letzlich

die

die wein selbs artznen soll. Welches wo es den verstendigen vnd trewhertzigen lesern nicht wirt mißgefallen/so will ich noch etwas schöners vnd heimlichers / so bey mir verborgen ligt / auß dem schatten inn das liecht gemeinem nutz zum besten herfür geben/vnd andern auch mittheilen.

Schöne weiß vnd kunst/wein zumachē/welche fur mancher hand kranckheiten nützlich mögen gebraucht werden/

Durch Antonium Mizaldum mit fleiß/ gemeinem nutz zum besten beschrieben.

ES ist gewiß/daß die alten ärtzt mit grossem fleiß vnnd sorgen nachgesucht haben / auch welche weiß sie könten die wein künstlich zurichten vnnd ärtznen/damit sie mancherhand kranckheiten nützlich vnd heilsam weren. Solcher wein ist bey der statt Heraclea in Arcadia gewesen / welcher die menner hat doll gemacht/wie Theophrastus schreibt. Atheneus sagt/dz die Thasier ein wein gehabt/

welcher das schlafen gemacht vnnd auch vertrieben. So sagt auch Plinius/es sey in Arcadia ein solcher wein gewachsen/ welcher die weiber hat fruchtbar gemachet/die männer aber wütend. Ein ander sey zu Trezene gewesen/welcher die jenige hat vnfruchtbar gemacht/die jhn getruncken hetten/vñ noch ein ander in Lycia/welcher den bauchfluß hat gestillet vñ die därm gestärckt. Dannenher lesen wir bey dem M. Catone so mancherley bereitunge der wein zu mancherley kranckheiten/so auch bey dem Dioscoride vnd andern offtgemelten Pænischen vnd Griechischen ärtzten/so vom feldbaw geschrieben haben. Diese weiß vnd weg/die wein artzneyisch zu machē/hat hernach die ärtzte bewegt/daß sie etliche purgierende artzney in wein geweicht vñ etlich stund lang infundirt haben/dem wein dadurch ein artzneyische krafft mitzutheilen. Welcher dann mit grossem lust vnnd freud getruncken wirt/theilt also ein krafft inn den leib auß/vñ gibt der artzney ein gutē schmack/ stereckt den magen/die leber/das hertz vnd die därm durch die gleichheit vnd freundschafft

schafft seiner natur mit vnserm leib / welchem dieselb vast angeboren ist. Dannenher hat Galenus den besten wein mit mithridat vñ tiriack gebotten zu vermischen/ daß durch denselben die bitterkeit etlicher stücken/ auß welchen jene antidota gemachet sein / verdeckt solte werden / vnnd der magen/welcher die bitter ding fliehet/kein abschew noch vnwillen darob bekomme/ sondern viel mehr gesterckt werde. So haben nun die verstendige ärtzt recht vnnd klüglich daran gethan/ daß sie die gemachte wein erdacht haben / durch welche die krafft der artzneyen / so jhnen mitgetheilet ist / behend vnd lieblich in den gantzē leib/ wegen jhrer zarten vnd durchtringenden substantz / außgetheilt möcht werden/vnd derselb von aller hand kranckheiten ledig vnd loß gemacht. Es sind aber mancherley weiß vnnd weg/ solches außzurichten/ welche wir allhie mit trew erzehlen wollen / damit ein jeder den besten

mög erwehlen.

Das erste capitel.

Etliche künstliche bereitung der artzneyischen wein / welche nicht allein zur zeit des weinlesens / sondern auch zu jeder zeit mögen beschehen.

IM weinlesen wehl ein guten most auß / der von weissen vnnd besten weintrauben außgedrettẽ sey (hast du lieber weissen wein) oder auß roten / so du zu roten lust hast / thu denselben besonders / vnd gieß jhn ehe er anfangt zu jeren / in ein feßlin / fleschen oder ander geschirr / so auß einer guten vnd reinen matery gemacht sey. Doch aber also / daß zuuor die außgelesene artzneyen gewaschen vnd gereinigt / inn das gemelt fäßlein eingelegt seyen / es seyen kreuter oder wurtzel / blumen / samen / gewürtz / frücht / kern oder andere artzneyen / mit welchen du begerest den most zu artznen. Vnnd soll derselb zwölffmal mehr sein / alß die artzneyen / oder weniger / nachdem die artzneien starck schmecken / riechen oder mit anderen tugenden begabet sein. Wann nun solches ge-

geschehen/so mach den ponten mit einem Deckel zu/doch soll dem fäßlin auch ein wenig lufft gelassen werden / daß die hefen mit mählich von vnten/ biß herauff verieren vnd verziechen mögen/vnnd dennoch was dann für geärtzte dünste auffbredmen / veriert widerumb an den boden gestossen werden. Hat die verierung schon auffgehört / so solle das faß voll gefüllt / (welches auch von den anderen hernach verstanden soll werden) vnd mit fleiß verwahrt werden/daß nichts außrinne/demnach inn ein gut ort gestellt werden / biß man den most zu seiner zeit brauchē mag/ welches dann nach zweyen Monaten geschehen kan. Da merck/wie künstlich allhie der wein gemacht wirt / vnnd jhm die artzney gleich alß von der natur wirt eingeleibet. Denn durch die natürliche wärme vnnd verierung des mosts / wirt die artzney durch einander vermischet / vnnd streitet alß mit dem most/ welcher sich vnterstehet die artzney zu vberwinden/dieselb jhrer krafft berauben / jhm selbs zu zueignen vnd einzuleiben / vñ erlangt auch solches. Dannenher bekompt der wein ein frembde krafft/vnd theilt solche in alle glieder des leibs auß einem augenblick / ohne allen schaden der natur/ verdruß oder vnwillen/wie wir dann solches versucht vnd bewehrt haben. Das ist die erste weiß geärtzte wein zu machen / welche gar leicht ist/mir aber nichts desto minder etwas verdacht. Denn es ist zubesorgen/daß nicht etwann die innwendige materien / so inn den most eingeworffen sein vnd darinnen schwimmen/des vorzugs halben vnd daß sie nicht außbredmen können / etwann verderben vnd den wein dermassen schwechen/daß er kein alter leiden mag/sondern von stundan seiger werden oder vor der zeit ein essig geben muß. Deßhalben wer es vil besser/daß wann die verierung schon hat auffgehört/der wein inn ein ander faß solt abgezogen/vnd die eingeschlossen materien außgeworffen werden. Es sey dann sach / daß du woltest ein andern most darüber giessen/ vnd denselben/ der dann vil schwecher an den artzneyischen krefften wurde sein/alß der vorige/armen krancken leuten außzutheilen behalten.

Es brauchen etliche ein ander weiß/vnd machens also. Die

Die artzneyen / welche ein jeder nach seinem gefallen hat außgelesen / werden in dem besten most (welches zimlich viel soll sein) so lang gekocht / vnnd bey einem linden fewr / so von halb gebrenten kolen angezündet soll sein / mählich gesotten (vnnd wirt wol abgeschaumpt) biß das dritte theil vngefährlich ist eingesotten / oder der most den schmack vnnd geruch der eingeworffen artzneyen wol hat bekommen. Wann nun solches geschehen / so bleibt das faß die gantze nacht zugedeckt mit seinem wein vnd materien stillstehend / wirt des andern tags durch geseuhet / demnach auß gegossen / vnd mit einem andern most (welchs doch weniger soll sein alß des vorigen) in einẽ gnug grossen faß vermischt / dem faß ein solcher deckel auffgelegt / alß obgesagt: hatt er schon vollkomlich verjoren / so mach daß faß wider voll / vñ schließ es wol zu / vnd behalts / zu seiner zeit / biß es dir von nöhten wirt sein zu brauchen. Doch aber ist mir diese weiß (wiewol sie gebreuchlich) auch etwas verdacht / wegen des siedens der artzneyen / welche etwann zu sehr oder zu wenig möchten gesotten

werden/ weil allhie kein maß noch ziel fürgeschrieben ist worden. Denn es sind viel
einfache stück/welche ein langes sieden leiden können / ettliche aber nicht / welches/
wann man nicht betrachtet/vnnd etwann
dieselb zu lang siedet / so wirt jhre krafft
nichtig gemacht/ vnd von stundan in den
rauch verschwindt. Deßhalben wer es vil
besser vnd retlicher/ daß man die artzneien
so lang inn dem most ließ beitzen/ biß man
befunden het / daß der most jhren schmack
vnnd geruch eingesogen hat. Wann solches nun offenbar / so kan der handel mit
einem leichten vnd langsamen sieden auff
solche weiß / wie oben gesagt / vollbracht
vnd verrichtet werden.

Das ander Capitel.

Andere bereitung der wein/welche mehr breuchlich vnd gewönlich sein.

ES sind noch andere weiß die wein
zuärtznen / welche ich mit kurtzen
worten erzehlen will. Die artzneyen
werden frisch genommen / oder / wo solches

thes nicht geschehen mag/halb außgedörret vnd wenig zerstossen/ in ein leinin oder dünnes herffin düchlein gelegt/ vnd demnach in dem besten most gethan/darinnen gelassen schwimmen vnnd weichen/vnnd wirt mit einem stein beschwert das düchlein/ wo es zuleicht ist inn den most zu sincken/ wie Dioscorides lehrt in dem Hyssop wein. Wann nun die artzneyen gnugsam geweicht vnnd gebeitzt sein worden (welches auß dē schmack vnd geruch des mosts empfunden) alßdann werden sie bey eim linden fewr hüschlich gesotten vñ verschaumpt/ demnach wirt das säcklin außgenommen/ vest außgetruckt vnd letzlich der geärtzte wein in einen anderen gegossen vnnd vermischt/ doch solle desselben weins weniger sein alß des geärtzten/wirt also durch einander gerürt vnnd geschüttelt. Wann er nun in seinem fäßlin wirt vollkommenlich verieret haben/ so füllet man dasselb wider voll/ vnnd vermachts wol/vnd behalts also.

Etliche nemmen den besten wein (es ist nichts daran gelegen/ er sey new oder alt/ weiß oder rot) vnd werffen jhre artzneyen welche gewäschen vnnd gereiniget sollen sein in denselben/beitzen sie etliche stunden daselbst (wie oben gesagt) sieden/verschaumen / durch seuhen sie / vnnd giessen den wein ohn alle außdruckung inn ein rein faß / füllen / vermachen vnnd verwahren dasselb. Das ist ein gemeiner vnd breuchlicher weg / welcher vast einem jeden bekant. Es gefiel mir/daß die artzneyen inn ein säcklin oder düchlin vberal eingeschlossen wurden / damit dieselben kömlich vnd ohne schaden des weins / außgeschlossen vnnd außgezogen möchten werden / welches Dioscorides vberal zu thun befohlen hat.

Welche spitzfindiger sein/vnd die heimlichkeit der natur besser erkündigen/die machens also. Sie nemen die artzneyen/waschen vnd reinigen dieselben/sampt einem zwölfften theil weisser oder roten weintrauben/vermischens durch einander vnd tretten den wein auß / wie es sonsten im weinlesen geschicht/vnnd lassens mit einander kochen/vnd verieren / biß ein sauber vnnd klarer wein auß diesen vermischungen mög geschieden werden. Wann sie

solches

solches vermercken/ alßdann so giessen sie den wein / wie man sonsten mit den anderen auch pflegt vmbzugehen/ inn ein ander faß/vnd wann er wiederumb verloren hat/so füllen sie dasselb voll vñ behaltens. Aber von dieser bereitung soll weiter gesagt werden in dem holtzwein. Was die vberbleibende artzneyen anbelangt / vber dieselben pflegen sie auch noch anderen wein zu giessen / lassen jhn verieren/ vnnd giessen jn wider auß/wie die andern wein/ vnd behalten jhn zu nutz des krancken gesinds. Denn dieser ist viel schwecher/denn der vorige/wie wol vermuhtlich. Diese weiß gefelt mir am besten / von wegen der rechten vermischung/ absonderung vnnd einsaugung der artzneyen mit dem wein/ vnnd anderer vrsachen halben/welche allhie zu erzehlen vnuonnöten.

Man findet jhrer etliche / welche den wein in den heissen sommers tagen in glä sin kolben thun/ vnd so an der sonnen sich mit den artzneyen vermischen lassen/ welches nicht zu verachten ist / noch für vnnütz zu schelten / auß vrsachen/ die ich anderswo erzelet hab.

Das dritte Capitel.

Etliche regel/welche in den vorgehenden vnnd nachfolgenden Bereitungen der wein sollen gemerckt werden.

Alhie ist noch vbrig auß dem Dioscoride vnnd anderen scribenten/ etwas gedenckwürdiges zu melden/ welches ich inn acht regel mit kurtzen worten theilen will. Die erste ist diese/ daß man die fässer der gemachten wein voll soll füllen. Denn wann sie nicht voll sein/ so werden die wein leichtlich sawer/vnnd schlagen bald ab/wie einem jeden wol bekannt ist. Die ander/ daß die geärtzte wein gleich alß die artzneyen selbs den gesundten nicht nützlich sein/ man brauch sie dann zu einer vorsorgen oder præcaution einer kranckheit/ auß rhat eines verstendigen vnnd trewen artzts. Die dritt/ daß solche wein denen/ so mit dem feber bekümmert sein/ mit grossem bedencken sollen gereicht/oder auch/wo wir Dioscoridi glauben/gantz vnnd gar versagt werden/ sonderlich die jenige/ welche auß solchen

chen artzneyen nicht gemacht / die etwas külen vnd die hitz stillen. Denn der wein reumpt sich zum feber / wie das fewr zum fewr. Die vierte / daß die gemachte wein solche krefft haben / alß die artzneien / welche jhnen vermischt sein worden. Deßhalben ist nicht schwer die natur der gemachten wein zuwissen / wann jemandts nur weiß die krefft der artzneien / wie dann Dioscorides lehrt im Betonic wein / dem wir hernach beschreiben werdē. Die fünfft / dz wann man diese wein gebraucht / vnd auß den fässern offt zapffet / so ists zu besorgen / daß sie nicht seiger werden oder sawr / oder sonsten verderben / man helff jhnen dann bey zeiten. Solches geschicht / wann man das beste öl / welchs vngesaltzē soll sein / darüber geust. Denn dasselb bewart die wein alß mit einem deckel / daß sie nicht verderben. Die sechste / daß den gemachten weinē / alß auch andern vil nützlich oder schädlich sein die fässer / in welche sie gelegt werden / vnd das holtz / auß welchem die fässer gemacht werden. So haben wir erfahren vnd gesehen / daß der wein / welcher inn die fäßlin von tamarisckē holtz gelegt vnnd behalten war worden/ dem miltz vnd miltz süchtigen sehr heilsam vnd gut gewesen/ der aber in fässer von äschenbaum gelegt war/für die pestilentz vnd gifft gut gewesen/vnd so von den andern. Die siebende/ daß die geartzte wein/welche auß most gemacht werden/nicht nützlich sein zu brauchen vor viertzig tagen oder zweyen monaten nach jhrer verjärung. Mit den andern aber hats nit ein solche gestalt. Die achte/daß ohne grosse mühe vnnd kosten die geartzte wein mögen gemacht werden ohne fewr/vnd sieden / wann du die artzneyen in ein büschlin verbindest / vnnd in den wein werffest : wo es aber leicht/ein stein dran henckest/damit das büschlin in den wein mag vntersincken/oder ja/so du in ein dünn säcklin oder rein düchlin die materien verwickelst / vnd/wie obgesagt/ in den wein lassest sincken. Solchen wein soll man nach etlichen tagen hernach kosten/vnd widerkostē/so lang biß man hab befunden/daß der wein der eingeworffen artzneyen schmack vnnd geruch hat recht vnd volkomlich eingesogen. Wann solches nun offenbar/alß dañ werff die artzneyen

neyen auß/so wirstu ein geartzten wein haben/welchen man fleissig vermachen soll/ daß er nicht verrieche/vnd so verderbe. Allhie ist das auch wol würdig zu wissen/ daß wann man solche artzneyen/welche ein sehr starcke vnnd hefftige qualitet haben/mit dem wein vermischet/so müß derselben ein kleiner hauffe/des weins aber viel genommen werden/wegen des scharpfen vnd hefftigen schmacks oder geruchs/ welcher bald in den wein dringet/sich jhm vermischt/vnd alß einleibet. Wo es aber sach wer/daß der schmack oder geruch des weins vnlieblicher wer worden von den artzneyen/so muß derselb mit süssen vnnd wolriechenden dingen verdeckt vnd corrigirt werdē/wie ich solches in den geärtztē früchten gelehrt hab. Das sey nun gnugsam gesagt von diesem handel/wie man die wein soll machen. Jetzt ist noch vbrig/ daß wir etliche besondere form derselben fürschreiben/sampt jhren kräfften/nutz/ vnd brauch. Wollen deßhalben an den alten formeln anfangen/wie dieselben bey den alten gebraucht sein worden/vnnd demnach auff die vnsern kommen/welche zu unsern zeiten erfunden/vnd gemeinlich im brauch sein.

Besondere beschreibung etlicher geärtzten wein/auß dem Florentino gezogen

Gemachter wein auß rosen/äniß vnd dyllen.

Thu in den most oder wein bergrosen/ von jhren nägeln abgebrochen ein guten theil äniß vnnd honigs/ mit wenig saffran / bind alles zusammen. Solcher wein wirt für das magen vnnd seiten weh gut vnnd nützlich sein. Vber das/so verwickel dyllen samen in ein düchlin/vnnd wirff dasselbe in wein/ so wirt er den schlaff bewegen/den harn außtreiben/ vnd die speiß verdewen. Hiewiderumb thu äniß samen inn den wein / wie oben gesagt/so wirt er das tröpfelichtes harnen vertreiben/vnnd den gedärm sehr nützlich sein.

Gemachter wein von haselwurtz/poley vnd fenchel.

Der erst treibt den harn/hilfft den wasser

ser vnnd geelsüchtigen / sterckt die leber / erfrischet die jenige / so mit der hufftwehe vnd drittägigen feber bekümmert sein / vñ vertreibt das ritten. Der ander ist gut für das gifft der schlangen vnnd kriechenden thier. Der dritt bringt die verlohrne lust zu dem essen wieder / sterckt den magen / vñ treibt den harn.

Gemachter wein von lorbeeren / petersilgen vnd hundsaug.

Der wein von lorbeeren ist gut für das husten / brustwehe / bäuchgrimmen vnnd kalten harn / ist den alten leuten nützlich / hilfft für das ohrenwehe / vertreibet das gifft der schlangen vnd kriechenden thier / vnnd das aufstossen der mutter. Der wein von petersilgen sterckt den magen / zertheilet die wind darinnen / erweckt die lust zum essen / treibt den harn / vnnd macht schlaffen. Der von hunds aug ist sehr gut dem magen / hilfft den gichtbrüchtigen / verstarreten / zitterenden / vnd denen so mit dem bauchgrimmen vnnd stein beladẽ sind / ist auch trefflich gut für die pestilentz.

Gemachter wein von rauten/bockshorn/ Ysop vnd epfich.

Der erst ist gut für das gifft/gifftige artzney/winde im leib/vñ kriechende thier. Der ander ist sehr gut für die leber/sonderlich wo dz bockshorn zerstossen ist worden Der dritt reinigt die brust/födert das verdewen/vñ ist nutzlich zu den stulgang. Der vierte treibt den harn/machet lust zu den speisen/vnnd ist gut für das brust vnd neruen weh. Es soll aber der epfich samen zerstossen in den wein geworffen werden.

Gemachter wein von wermuth vnnd Römischen quendel.

Zerstoß zwey lot wermut (sonderlich absinthij pontici) verwickels in ein dünn düchlin / alßdann wirff das sampt zimmetrind inn xxiiij. maß des besten mosts/ laß jhm lufft/daß es verjären mag / fülls demnach vnd behalts. Sein brauch ist für das brust vnd leber wehe/vnd das vndewen des magens / treibt auch die spülwürm auß dem leib. Der wein von Römischen quendel wirt also gemacht. Wañ der

der Römisch quendel blühet/so samle vnd drockne jhn auß/zerstoß jhn/vnd thu desselben zwey pfund in ein fäßlin/gieß darüber andthalb om weissen weins. vermach das fäßlin biß auff den eilfften tag. Dieser wein machet den frawen milch/vnnd vertreibt jhre kranckheiten. Bißhiehär Florentinus in seinem buch von dem feldbaw.

Besondere beschreibung etlicher geärtzten wein vnd jhrer kräfften/auß dem M. Catone.

Gemachter wein den leib zu purgieren.

THu in xxiiij. maß mosts j. hand voll Christwurtz. Wann er schon gnugsam hat verjoren/so nim die Christwurtz herauß/behalt denselben wein/den leib damit zu purgieren. Nim desselben ein becher voll/mischs mit wasser/vnnd trinck es vor dem nachtessen/so wirt es dich ohne gefahr purgieren/oder gieß ein becher voll in ein andern wäck/so machet es auch stulgäng/vñ purgiert den volgenden tag ohne gefahr.

Ein wein zu machen für den kalten harn oder tröpfelichtes harnen.

Zerstoß reckholter in einem mörsel/thu desselben ein pfund inn sechs maß alten weins/laß das sieden in einem reinem geschirr. Ist es wider erkaltet/so gieß es inn ein flasch/vnd trinck des morgents nüchtern ein becher voll daruon/so wirt dir geholffen.

Ein wein für das hufftweh.

Haw ein reckholter ab eines halben fusses dick/spalt denselben zu kleinen stücklin/vnd laß das sieden mit drey massen alten weins. So bald es wider erkaltet/so gieß es in ein flaschen/vñ brauch es demnach/trinck auff ein mahl ein becher des morgents nüchtern/das hilfft.

Ein wein für das Bauchgrimmen/ vnd spulwürm.

Nim dreyssig sawr Granatöpffel/zer-

stoß

stoß sie/vnd thu sie in ein irdin geschirr/ gieß neun maß roten herben weins darü-ber/vermach das geschirr oder fäßlin/öffen es nach dreissig tagen/vnd brauch den wein/trinck nüchtern ein quart daruon.

Ein wein für das vndewen vnd harn-winde.

Samle die Granat öpffel ein/wann sie blühen/thu lx. lot inn ein omen alten weins/vñ zerstossen fenchel wurtzel xx. lot/vermach das fäßlin biß auff xxx. tag/vnd brauch nachmalß den wein. Wann du wilt die speiß verdewen vnnd harnen/so trinck desselben weins so viel du wilt ohne forcht. Eben dieser wein treibt auch die spulwürm auß/auff diese weiß bereitet. Heiß jhn des abents nichts essen/des volgēdē tags zerstoß ein quintlin weyrauchs/nim darnach ein quintlin gekochten honigs/vnnd des obgemelten weins ein halbe maß/gib jhm nüchtern dosten zu essen/vnnd einem knaben nach seinem alter dritthalb quintlin/vnnd ein quart weins. Biß hieher Cato/welcher zu hefftig ist in den massen/wann man diese zeit vnd natur der jetzigen leut ansihet.

Besondere beschreibung etlicher geärtzten wein/sampt jhren kräfften/auß dem Dioscoride.

Rosen wein.

Nim der zerstossen rosen ein pfund in ein düchlin verwicklet/thu das inn vier maß most/vnnd laß den verlorn wein nach dreyen monaten ab/gieß jhn inn ein ander fäßlin vnnd behalt jhn. Dieser wein föddert das dewen nach der speiß/vnd wirt nützlich getruncken für das bauchweh/wann kein feber vorhanden/auch für den bauchfluß vnnd bauchgrimmen.

Wermuth wein.

Es beschreibt Dioscorides mancherley weiß diesen wein zu machen/auß welchen wir diese/alß die leichteste hieher setzen wollen. Man nimpt ein pfund zerstoffen besten

esten wermüth/verwickelt das in ein dünn tüchlein/vnd lests in anderthalben omen mosts beitzen zwey monat. Dieser wein ist dem magen gut/treibet den harn/vnnd macht bald dewen: hilfft den lebersüchtigen/ist gut für die geelsucht vnnd nieren kranckheiten / zertheilt den vnwillen oder völle/vnd den sod. Ist auch nützlich für das langwirig auffblasen des bauchs vñ der eingeweid/auch für die spulwürm vñ verstopfften blutgäng der Mondenzeit.

Ysop wein.

Nim ein pfund gestossen Ysop bletter/verwickel das in ein dünn düchlein sampt einem stein/damit es schwer werde / vnnd thu es in einen omen weins. Der wein wirt nach viertzig tagen abgelassen. Er hilfft für das brust/seiten vñ lungen weh/vertreibt den alten husten vnnd keichen: bewegt den harn / ist gut für das bauchgrim̃en vnd ritte der nachläßlichen feber/treibt letzlich dē blutgang d' Mondenzeit.

Betonick wein.

Man beitzt des krauts sampt seinem

samen vnd ästlen ein pfund in sechs massen weins/vnd lest denselben ab nach sieben Monatẽ. Dieser wein ist trefflich gut zu vielen innwendigen kranckheiten vnd gebrästen/ wie das kraut selbs. Vnnd daß in gemein gesagt sey/es haben die gemachte wein ein solche krafft alß jhre artzneyẽ/ mit welchen sie vermischt sein worden. Deßhalben ist denen nit schwer/die kräfft der gemachten wein zu sagen/welchen die natur der artzneyẽ bekannt ist. Doch ist dz zu wissen/daß die jenige/welche mit einem feber bekümmert sein/solcher wein sich enthalten sollen. Es wirt auch von der Betonick ein essig gemacht/zu vorgemelten gebrästen sehr nützlich.

Ein gemachter wein von Römischem quendel.

Dieser wein ist gut für das vndewen/ vnwillen/bauchfluß/neruen vñ brustwehe/ winter kelte vnnd gifftige thier/nach welcher beissen oder stechen ein frost erfolgt/ oder der beschädigte ort faulet. Für gleiche gebresten ist auch gut der dosten wein.

Haselwurtz wein und Berwurtz wein.

Der erst treibt den harn/und ist gut für die wasser unnd geelsucht/lebersucht und hufftweh. Der ander ist gut für das brustweh/der eingeweid vñ mutter franckheiten. Treibt den blutfluß der weiber/macht görpsen/und harnen. Hilfft auch für den husten/und denen so gebrochen oder zerrissen sein.

Wein von Salbey und Andorn.

Der erst ist gut für das nieren/blasen und seitenweh und schmertzen/außwurff des bluts/husten/gebrochen/zerrissen glider/und verstopfften blutfluß der weiber. Der ander ist gut für die gebräst der brust und alle franckheiten/zu welchen andorn gebraucht wirt.

Wein von epfich/dyllen/fenchel unnd petersilgen.

Alle diese wein werden auff eine weiß gemacht und haben auch einerley krefft. Man nimpt des frischen unnd reiffen gesibten epfich samens xviij. lot/unnd das wirt in ein dünn düchlein verwickelt/demnach in ein omen weins gestossen. Dieser wein macht lust zum essen/ist gut für die jenige/so ein bösen magen haben/macht wol harnen vnd leichten athem.

Granaten wein.

Man braucht mancherley weiß diesen wein zu machen/wir aber wollen nur etliche erzehlen/welche Dioscorides vnd ander ärtzt zu vnser zeit für gut erkennen. Nim reiffe granatē ohne körner/druck den safft herauß/vnnd sied denselben ein biß auff dz dritte theil/so hastu granatē wein. Ist gut für die innwendige flüß vnnd feber/welche mit einem bauchfluß plagen. Macht harnen/zeucht den bauch zu sammen/vnd ist dem magen nützlich. Etliche nemen die gereinigte granaten/thun dieselb alßbald vnter ein drotten/vnd behalten den außgepreßten safft inn gläsern kolben/lassen jhn daselbst so lang verieren/biß sich die trusen gelegt habē/giessen das wider in andere gläser/vnnd thun öl darūber/daß der safft nicht abfalle noch verderbe. Etliche nemmen gereinigte granaten (auß welchen die kernen außgenommen sein)

sein) vermischlen dieselb mit gleichem teil schwartzer herber weintrauben/tretten dz miteinander vnd lassens für sich selbs verjeren/biß der wein klar worden sey. Lassen jhn nachmalß ab/vnd behalten jhn in einem weingeschirr. Denn also wirt der wein wolgeschmackt gemacht. Ein andern richtigen vnnd leichten weg such inn vnserm Artztgarten im eilfften Beth des siebenden platzes/da wir von den kräfften der granaten handlen / welche auch der wein/so von jhnen wirt gemacht/an sich sauget vnd bringt/wie oben gesagt von allen geschlechten der gemachten wein inn dem Betonick wein. Such in Dioscoride mehr vnnd anderley geschlecht der geärtzten wein.

Ettliche besondere geärtzte wein auß dem Arnoldo de Villa noua/vnd anderen.

Ein wunderbarlicher wein für die melancholey.

ES schreibt Arnaldus/welche viel melancholisch vnnd schwartz wasser inn dem geblůt gesamlet haben/oder von natur biliosi sein/die sollen jhnen selbst ein wein machen auß borretsch/fenet blettern/roten rosen vnnd borretsch blumen/dieser stück ein jedes so vil nemmen/alß man will/vnnd zu dem wein scheint gnug zu sein. Man braucht ein solche weiß/alß man will/wie dann mancherley zuuor beschrieben sein worden. Dieser wein ist gut im Lentz vnnd Winter/vnnd sonderlich im Herbst/in welchen fürnemlich die melancholey vberhand nimpt vnnd herrschet.

Will man den wein lang behalten vnnd nicht kranckheit halben brauchen/sondern gegenwertige gesundheit zu beschützen/so kan man die fenet bletter außlassen/vnnd in jhrer statt nemen Behen album vnd rubrum/ein jedes zwey lot. Dieser wein treibt auß die melancholey/trawrigkeit/erschreckknuß/macht frölich/stercket das hertz/vnnd bessert die verbrennten vnnd schwartzen humores. Ist auch gut für das viertäglich feber/reinigt das geblůt vnnd bringt die gesundtheit wider. Es mag dieser wein auch mit einem andern vermischlet/vnnd so nach gewonheit getruncken

cken werden / wo er etwann zu starck wer worden.

Ein hertzwein/vinum cardiacum.

Wirt gemacht von borretsch/melissen/ ochsenzungen vnd zimmetrind. Ist gut für das hertzklopffen vnd hertzweh. Reinigt das vnrein geblüt/vertreibt dē grind/ heilt den aussatz / erquicket die spiritus/ vnnd macht frölich/führt die melancholey auß durch den harn / vnnd macht das haupt ledig von den dicken / trüben/ vnnd trawrigmachenden dämpffen. Ist auch sehr behülfflich den vnsinnigen/welche inn den ketten gehalten werden/erfrischet dieselben vnd bringt jhnen die vernunfft widerumb. Es schreibt Arnaldus/ Mein gewissen ist mein zeuge/daß ich ein fraw gesehen hab/welche nur von diesem wein gesundt ist wordē/ist stäts auß leichtem zorn alß doll vnnd vnsinnig worden/ daß man sie hat binden müssen / biß jhr der grimm vergangen vnd sie zu jhr selbs war kommen. Hat also diesen wein gebraucht / welchen jhr ein frembdling hat angezeigt/so für jhrer thür gebettelt hatte/

wie gemelter Villanouanus schreibt. Dieser sagt auch/dz der borretsch o[illegible] ochsenzungen safft geleutert/oder (wie man sagt) clarificirt für obgemelte brästen vnd kranckheit sehr nützlich sey/wo man jhn mit wein vermischlet/vñ täglich trincket/ bedarff kein dulcoration/deñ derselb safft für sich selbs gnugsam süß vnd lieblich ist.

Rosinlewein/vinum passulatum.

Nim safftige vnd von jhren kernen gereinigte rosinlein/zerstoß dieselben ein wenig vnnd thu sie inn ein fäßlin/gieß most darauff vnnd fahr fort damit auff solche weiß/die wir oben erzehlt haben. Ist gut den alten/siechen/pituitosis/vnd melancholicis/auch für die zarten frawen. Lindert die brust/sterckt die leber vnd magen/ reinigt das blut/dient für das faulen/vertreibt den vnwillen/macht feist den leib/ vñ nehret jhn. Dient für das keichen vnd husten/macht wol dewen/stillet den bauchfluß vnnd roterhör. Vertreibt die onmacht/verzehret die feuchtigkeiten vnnd wassersucht. Kürtzlich/wer diesen wein braucht/

braucht/der wirt vor allen wässerigen vñ feuchten kranckheiten/pituitosis morbis beschützt.

Quitten wein/vinum cydonites siue melites.

Der Quitten wein wirt also gemacht. Thu auß den Quitten jhren samen oder kernen/schneide dieselben alß rüben in kleine stück/alßdann nimm zwölff pfund der Quitten/leg sie in anderthalb omen mosts/ vnd laß sie dreyssig tag darinnen beitzen. Nachmals laß den wein ab vnd geuß jhn in einander fäßlin. Dieser wein hat ein zusammen ziehende natur/sterckt vnd erquicket. Ist deßhalben nützlich/für das hertz/ magen vnnd leber weh/für die roterhör/ den stein vnnd tropffelichtes harnen. Es mag einer auch die Quitten nach der beitzung weiter brauchen/sie kochen/vnnd durch ein duch seuhen/das mit honig einmachen/so wirt er eine gute quitten lattwerg vberkommen/dem krancken gesinde sehr nützlich.

Es ist auch bey etlichen im brauch der quitten tranck/welcher auff Latein nicht recht hydromel wirt gennennet / sondern heist hydromelum / wirt nicht auß honig gemacht / hat den namen von dem wasser vnd quitten / welche bey den Græcis mela / μῆλα / heissen. Dieser tranck wirt nun auff diese weiß gemacht. Wann es regnet so wirt das regenwasser in einem reinem geschirr auffgefangen / vnnd eine gute weil inn dem schatten stehen gelassen / wirt gesewhet / nachmals so leget man die quitten darein (welche von jhren kernen zuvor gereinigt vnd zerschnitten sollen sein) vnnd lest sie so lang im regenwasser beitzen / biß der safft ein solche farb hat bekommē / alß ein falber od' bleicher wein / das wirt leißlich zu einem linden fewer gestellt / gekocht vnd verschaumpt mit fleiß / vñ in ein fäßlin gegossen / welchs mit fleiß vermacht / vnd inn ein gut ort gestellt soll werden. Nach dem sibenden monat kan man diesen tranck für ein wein brauchen / zu allen bräften des leibs / welche ein sterckung vnnd astriction / oder zu sammen ziehung bedörffen / alß wann jemandts lass / matth / schwach vnnd schweißhafftig ist / vnnd mit deßgleichen bräften bekümmert

mert. Stillet den bauchfluß/vertreibt den vnwillen vnd das kotzen/bringt die verlo-ren lüst zu den speissen wider/stercket den magen/dient zu der hitzigen leber/vnd für den außwurff des bluts/macht wol dewen vnnd hindert die dämpff/so ob sich bred-men vnd das gehirn vertuncklen. Macht daß die speiß in dem magen verbleibe/biß sie verdewet sey/sterckt die därm/wo man jhn vor der speissen braucht. Es mögen jhn alt vnd junge/weib vnd mañ in allen Landen/wie Auicenna schreibt/brauchen/ macht frölich/stillet den durst/gibt dem angesicht ein gute farb/sterckt die schwa-che nieren/widerstehet der kranckenheit/ vnd ist allen siechen nützlich/so anfangen gesundt zu werden. Doch vnter vielen sei-nen krefften ist diese wunderbarlich/daß man jhn für das vergifft/pestilentz/vergiff te lufft nützlich braucht/wie ichs dann offt mals erfahren vnd gesehen hab.

Will aber jemandts ein quitten wein bald vnnd schnelligklich machen/doch der viel schwecher ist alß der vorige/der nemme gebraten geschelte quitten/leg sie noch so warm inn den besten wein/vnnd lasse sie daselbst etlich stunden lang beitzen vnnd seuhe nachmals diesen wein. Oder nemme geschelte vnd von jhren kernen gereinigte quitten/ laß sie inn weissem strengen vnd subtilen wein / ein oder zwen tag lang beitzē/ setz sie nachmals in einem reinen geschirr zu einem linden fewr/sied sie/ vnd wann sie gnugsam gesotten/so seuhe den tranck vnnd behalt jhn zu seiner zeit vnd notturfft. Wilst du aber die vberblibene quitten einmachen/wie wir zuvor gesagt haben / so wirst du ein gut quittē muß vberkommen/ seuhe nur die quitten durch ein duch vnd misch zucker darunder/thust du aber zu gleich auch ein guten theil gepilluert Rhabarbarum zu den quitten/oder ein ander purgierēd artzney/vermischest solches vnd siedests widerumb / so hast du ein sehr gutes quitten muß/welchs den leib purgiert vnd reiniget/vnnd viel besser ist / alß das scammoniatum/ so von Lyon gebracht wirt/wie ich solches auch in meinem Artztgärtlin hab angezeigt.

Roßmarin wein/vinum Rosmarinatum.

Der Roßmarin wein ist nicht new / noch

noch inn Europa erst erfunden / denn so schreibet Arnaldus Villanouanus von diesem wein / eines andern vngenannten authoris schreiben anziehend. Alß ich / sagt er / in Babylonia war gewesen / da hab ich mit langen bitten von einem alten vnnd gelehrten Saracenischen artzt erlangt / daß er mir die tugent des Roßmarin weins hat angezeigt / welche ein Rabi für die grösten geheimnüß gehalten hat / so niemandts selten geoffenbart werden. Der wein war auff solche weiß gemacht / alß sonsten die andern geärtzte wein pflegen gemacht zu werden. Seine krefft vnd tugent sind wunderbarlich zu allen kalten kranckheiten / sonderlich des haupts vnnd der neruen. Bringt wider die verlohren schwache lüst / breitet das hertz auß durch seinen geruch / erquickt alle spiritus / sterckt das gehirn vnd die matten / auch zitterige glieder / so wol getruncken alß vbergeschlagen. Macht das angesicht schön vnnd hübsch / wañ es mit demselben gewaschen wirt. Feuchtest du aber den pulß vnnd den schlaf mit seinem safft / so theilet er von stundan sein krafft dem hertz vnnd hirn mit/vnd widestehet der vrsach halben der pestilentz vnnd vergifften lufft. Denn er sterckt vnnd beschützt diese fürnemste glieder des leibs/daß sie nicht leichtlich mögen vergifftet werden. Hat vber das grossen nutz vnnd treffliche tugent/macht den leib sicher vor dem carfunckel/blatteren/grind vnnd allerley geschwären. Denn er zertheilt alle innwendige superfluitates vnnd vbermessige böse feuchtigkeit. Zerschneidet die pituitam/vermischlet die melancholey/reiniget das geblüt/öffnet die verstopffung/macht dünn was dick ist/zertheilt was zähe ist/vnnd bewart den leib vor allerley fäulnüß. So offtmal der mund mit diesem wein wirt außgeschwencket/so machet er ein gut vnnd wol schmeckenden athem/reinigt vnnd bessert die zän/sterckt das zanfleisch/vnnd heilt alle seine brästen. Trocknet die flüssige vnnd feuchte schäden auß/vnnd ist ein bewehrte artzney für die febres putridas. Ist jemandts von einer langwierigen kranckheit gesundt worden/der nemme geröst brot vnnd tunck es inn diesen wein/brauche es also nüchtern/strew zucker

cker darauff / das bringt die verlohrne lust wider / vnnd thut dem magen wol. Es ist auch gemelter wein ein gute artzney für die schwindsücht / hectica / gifft / schlafendsucht / schwere kranckheit / hertzwehe / viertäglich feber / bauchgrimmen / lungensucht / podagram / vnwillen vnnd stäten fluß / er sey getruncken / oder sonst außwendig gebrauchet. Solche krafft soll auch haben der wein / inn welchem die roßmaren blumen gebeitzt / vnnd gesotten sein worden.

Vnter andern trefflichen krefften aber / welche dieser wein hat / ist auch diese / daß er inn stat des tiriacks gebrauchet wirt für alle vergiffte speiß vnnd tranck / auch alle gifftige thier / oder was nur ein gifftig natur hat.

Für das letzt / so ist dieser wein wunderbarlich gut den frawen / welchen jr Mondenzeit verstopfft sein / oder sonsten nohe leiden an der mutter / macht sie auch empfahen / ob man gleich schon lange zeit an denselben verzweifflet hett.

Solches haben wir / etliches auß dem Arnaldo / etliches auß andern bücheren mit trew zusammen gelesen / vnd dir mit- theilen wollen.

Ein wein / welcher die verstopffung aufflöset vnd öffnet / auch die melancholey corrigirt.

Man nimpt die bletter vnnd wurtzel von wegwart / hirtzen zungen / endiuien / vnnd etliche wermut blust / beitzet das ein gute weil im wein / lest es nachmals sieden / seuhets / vnnd geust ein andern wein darauff / kochts widerumb / vnnd seuhets durch ein seigduch / mischts zu dem vorigen wein / vnd wirt letzlich in ein recht fäßlin gegossen vnd behalten. Ist der wein etwan bitter oder vnlieblich worden / so corrigirt man jhn auff solche weiß / alß inn den geärtzten früchten gesagt worden. Dieser wein ist gut / die verstopffung der leber / miltz vnnd andere inwendige glieder zu öffnen / vnnd dient für solche kranckheiten / die von gemelter verstopffung verursacht sein / alß da ist die geelsucht / bleiche farb der mannbaren jungfrawen / vnd deßgleichen kranckheiten mehr.

Ein

Ein wein für die melancholey.

Der wein für die melancholey wirt also gemacht. Nim zwey oder drithalb lot epithymi (filtzkraut) vnnd eichen engelsüß/ zerknitsch das ein wenig/ vnnd beitz es inn einem halben pfund des besten weissen weins/ laß nachmals sieden mit mählich/ seig es vnnd trinck's/ es hilfft wunderbarlich den melancholicis/ wo man diesen tranck ettlich tag nach einander brauche. Man kan des weins viel machen auß grösser menge vorgemelter kreuter/ vnnd zur notturfft behalten.

Augentrost wein für die augen. Euphragiatum vinum.

Das Augentrost wirt in den most gelegt/ vnnd auff solche weiß/ alß obgesagt/ ein wein darauß gemacht/ hat diese krafft/ daß er die augen der alten leuten junggeschaffen macht. Denn er treibt alle hindernüß von den augen/ durch welche etwann das gesicht verderbt oder geschwechet wirt/ es sey der mensch jung oder alt/ vnd kalter oder warmer natur.

Ich hab einen gekennet / sagt Arnaldus / welcher lange zeit nichts gesehen hat / vnd deßhalben ein mühselig leben gefürt. Hat aber diesen wein gebrauchet / vnd innerhalb eines jars das gesicht wider bekommen. Denn das kraut / auß welchem der wein gemacht / ist ein bewerte artzney für die augen / dermassen / daß wo nur sein puluer mit einem eyerdotter gessen wirt / so hilfft es dem gesicht wunderbarlich. Deßgleichen wirt auch geschehen / wo sein puluer mit weissem wein getruncken wirt / in welchem zuuor etliche fenchel samen gebeitzt oder gesotten sein worden. Es sind noch jhrer viel bey leben / sagt Arnaldus / glaubwirdige leut / welche solches bezeugen können vnnd versucht haben / können jetzt die kleinste schrifft lesen / da sie doch zuuor ohne brillen die gröbste nicht haben lesen können. Thustu inn diesen wein fenchelwasser / so wirt sein krafft desto baß gesterckt werden.

Vinum enulatum.

Alantwein.

Der wein / in welchem drey tag lang Alantwurtz gebeitzt worden / machet in gut ge-

gesicht/vnd dient für die pestilentz/bewegt die Mondenzeit der weiber / vnnd macht harnen. Ist auch ein gute artzney für die auffblasung/bauchgrimmen/husten/ schlangenbiss / vnnd allerley kranckheiten der brust.

Vinum saluiatum.
Salbey wein.

Der wein auß salbey (nach eines jeden gefallen gemacht / es sey das kraut gesotten im wein/oder in ein säcklin verwickelt/ vñ also in den wein gehenckt) hat ein wunderbarlich krafft für die brästen des zanfleischs / vnd für den schmertzen der wackelenden zän/ heilt alle kranckheiten der neruen vnnd aderichtigen glieder des leibs/ auch das gicht / contractur / krampff / zittern/ vnnd deßgleichen. Denn er stärckt/ erquicket / vnd helt die neruen auff/so wol getruncken/ alß sonsten außwendig warm auffgelegt. Der ort aber/da man jhn will vberschlagen / soll zuuor ein wenig gerieben vnd gekratzt werden. Es sagt Arnaldus / daß kein artzney inn solchen kranckheiten gewisser vnnd besser sey. Ist auch gut für die schwere kranckheit/ welche wegen des magens oder mutter/ auß heimlicher vereinbarung dieser glieder mit dem haupt verursacht worden. Wer mehr tugent dieses weins will wissen / der lese das capitel von der salbey in dem Artztgarten. Denn die geärtzten wein haben ein solche krafft/ alß jhre kreuter/ auß welchen sie gemacht sein worden/ wie ich schon offtmals solches angezeigt.

Vinum hyssopites.

Ysop wein.

Dieser wein wirt mit liquiritia/ das ist/ mit süssem holtz oder zucker süß gemacht/ vnnd heist der alten leuten wein/ Vinum senum. Zertheilt/ zerschneidet / reiniget/ macht dünn was dick war/ öffnet was verstopfft war/ zeihet zu sich/ vnd macht harnen. Jst auch ein bewerte artzney für das feuchte husten vnd die schwere kranckheit/ sonderlich der kinder. Trocknet die vberflüssige feuchtigkeit auß inn dem magen vnd der mutter/ getruncken/ oder außwendig vbergelegt. Machet die lungen ledig von den vberflüssigen beschwernussen /

öffnet

öffnet jre verstopffung/reiniget alle stimm vnd lufftgänge/dienet für die wassersuchte vnd thut wol vber die feuchte vnd deßhalben beschwerte vnnd matte glieder gelegt/ trocknet jhre feuchtigkeit auß/sterckt vnnd erquickt dieselben.

Vinum fœniculatum.

Fenchel wein.

Dieser wein wirt gemacht von Fenchel samen/vnnd dient sonderlich für die tunckel vnnd finster augen/für das bauch grimmen/wassersucht/cacheriam/sonderlich in den kindern. Arnaldus schreibt/er hab solches versucht. Ist auch gut für das gifft vnd vngesundte speiß/für das schwere husten/vnd für die brästen der lungen. Mehret die milch vnnd den geburts samen/vertreibt den vnwillen/heilet das seitenweh/lindert das grimmen/zertheilt die innwendige wind/hilfft verdewen/öffnet die verstopffung/vnd vertreibt das miltz/leber vnd magenweh. Wirt aber der wein auß der wurtzel gemacht/so ist er ein gute artzney für den nieren vnnd blasen stein/macht harnen/hilfft der blasen/vnd treibt die Mondenzeit der frawen auß.

Vinum eryngatum.
Wein von Mans trew.

Wirt gemacht wie andere wein/so wol auß der wurtzel/alß auß dem kraut. Vertreibt die harnwinde/vnd das tropffelicht harnen/mit zucker getruncken/macht die langsame weiber empfangen/sterckt auch die geburts glieder der männer. Treibt die mondenzeit/macht bald harnen/vnnd zertheilt das grimmen vnnd auffblasen. Ist auch gut für die bräst der leber/das vergifft/pestilentz/vnnd andere kranckheiten/wie solches jhr viel versucht haben.

Vinum anisatum.
Aniß wein.

Offnet die innwendige verstopffung/zertheilet die wind/vertreibt das sawer köcken/macht verdewen/vñ stillet das bauchgrimmen. Ist aber sonderlich den frawen gut/mehrt jhnen die milch/wann sie diesen wein mit zucker etliche tag nach einander trincken. Denn auff diese weiß soll er am krefftigsten sein. Stillet das nieren weh vnnd die blåst im leib/ treibt den sand auß/ sonderlich wo einer zuuor die täffele von äniß vnd tragacant (Dianisum vnnd Diatragacanthum inn apotecken genant) hat gessen. Denn so bald der schmertzen auffhört vnnd nachlest/ so fleust der sand auß den nieren/ vnnd wirt mit dem harn abgewaschen.

Vinum rhodites.

Rosen wein.

Das ist ein rechter sommer wein/ vnnd mag wol so genennet werden/ thut dem leib sonderlich wol im sommer/ vnd in der hitz. Wirt auß den roten rosen gemacht/ welche zuuor an der spitzen abgeschnitten werden/ vnd demnach getrocknet/ vnd inn den most gelegt/ wie oben gemelt. Kan auch inn der eyl bald gemacht werden/ ist aber viel schwecher/ wo man inn ein kanten weins so viel rosen wasser eingiesset/ alß auß dem schmack vnnd geruch einem jedem für gut dunckt. Er kület die inwendige hitz/ sterckt das hertz vnnd fürnemste glieder/ helt den schwachen leib auff/ hindert das vbermessig schwitzen / vnnd die feulnüß im leib / ist auch ein bewertẽ artzney für die vergiffte lufft vñ das feber. Ist den hitzigen vnd biliosis naturis gesundt / dient für den durchlauff / roterhür / für das brechen / vnwillen vnd onmacht / sonderlich wo er mit regenwasser oder gestahelten wasser gemischlet wirt. Sterckt die schwachen zän vnd das flüssig zanfleisch / machet auch ein guten athem / wo man den mund mit jhm stets außspület. Wirt aber das angesicht damit gewaschen / sampt limonien safft / so wirt es wunderbarlich schön vnd hübsch. Machet die augen schärffer / wann ein tröpfflin inn die augen wirt getropffet. Denn er reinigt / vnd trocknet wegen des weins / vnnd stercket die substantz der augen von der rosen wegen.

Vinum halicacabi seu alkekengi.

Juden kirschen wein / oder schlutten wein.

Dieser wein wirt gemacht von den kernen oder kirschen der schlutten / wann si

vm

vmb das weinlesen inn jhren bläßlin geel scheinen / welches ein anzeigung ist / daß sie reiff sein worden. Mag gemacht werden auff mancherley weiß / alß wir droben angezeigt haben. Ist aber noht vorhanden / vnnd jemandts inn kurtzer zeit diesen wein wolt bereiten / der thu jm also. Nemme ein guten theil der vorgemelten kirschen / zerstoß dieselben / laß sie in dē besten wein beitzen / setze sie nachmals zum fewr / vnd laß es ein oder zwey mal auffwallen / so sind sie gesotten / seig sie / mische zucker vnnd wenig zimmetrind darunder / vnnd trinck den wein wo es vonnöten thut. Ist gut für die harnwind / vnd das tröpfflicht harnen. Denn er macht von stundan harnen / wiewol die harngänge sehr verstopffet weren / treibt zu gleich auß den nieren / so vil des sands vnnd der zerriben steinen / daß man sie mit der hand greiffen / vnnd leicht vnterscheiden kan. Dannenher / welche desselben stets vnnd offt gebraucht haben nach meinem rhat / die hat das grausam nieren weh verlassen / vnnd sind von diesem vnsäglichen schmertzen alß von einem grausamen hencker gleich alß mit

Gottes hand erledigt worden. Jch hab jhnen aber befohlen diesen wein zu brauchen umb den newen Mon unnd wenig hernach / unnd zuuor den leib purgirt mit cassia und rhabarbaro. Hat die kranckheit schon viel jar gewert/alß inn den alten/da muß gemelter wein lange zeit gebraucht werden. Es kompt mir aber allhie in sinn ein history / welche Arnaldus auff diese weiß beschreibt. Es ist zu meiner zeit/sagt er/ein Cardinal gewesen/ welcher gantzer vier tag nicht hat harnē kōnnen / also daß jhm der bauch alß ein auffgeblasen sackpfeiff dick war worden/kund jm niemand helffen/und hatten schon alle an jhm verzweiflet/ wer nicht ein Empiricus ohngefahrlich vorhanden gewesen/und jhm den schlutten wein zu trincken gericht hette. Deñ von diesem tranck ist jenem der harn und blasegang dermassen geöffnet/daß er ein gantze bruntzkachel voll außgeharnt hat/sagt Arnaldus. Von welchem einigen experiment derselbig artzt / der sonsten nicht vast gelehrt war / reich und berümpt worden.

Vinum

Vinum caryophyllatum.
Negelin wein.

Die Negelin werden inn ein säcklin oder dünnes düchlin verwickelt / in dē most geworffen/oder welchs besser ist/ gehenckt. Dieser wein dient für das langwirige keichen vnd faulen husten der altē / onmacht vnd schwere kranckheit. Hilfft verdewen/ sterckt den kalten magen / vnnd macht ein guten athem. Weil er aber den leib zu viel wermet/so ist es nützlich / daß man zucker oder süßholtz oder sonsten schlecht wasser darzwischen mischt.

Vinum gramineum.
Graßwein.

Nim die wurtzel von weißgraß / reinig vnnd wäsch dieselben wol/vnd mach auff obgemelte weiß ein wein drauß. Dieser wein tödtet die spulwürm/ treibt den sand auß den nieren/öffnet die harngänge vnd blasen/auch die verstopffte leber / vnnd ädcrle/welche mesaraicæ heissen. Gestillet die wehtumb an dem zipperle/denn er treibet die rotzige matery auß dem leib durch den harn. Wilst aber diesen wein von weggraß zubereiten (polygono mare seu centinodia) so hastu ein bewerte artzney/ welche ich offtmals mit grossem nutz versucht hab/ für alle kranckheit der nieren vñ blasen/ sonderlich für den stein/sand/ tropfelicht harnen/ vnnd bauchgrimmen/so des steins halben entstanden.

Vinum ebulatum.

Attich wein.

Dieser wein laxirt/vnnd wirt gemacht von den reiffen attich beeren auff diese weiß. Man nimpt im weinlesen grob gestossen attich beer/ lest sie im newen most sieden/verschaumpt sie/seiget sie ab durch ein seig korb/vnnd wirt also der geleitert wein zum brauch behalten. Auff ein andere weiß. Man lest die Attichs beer erwellen bey einem sanfften fewr inn gutem most/biß desselben dritter theil eingesotten sey/verschaumpt das vnd lests vnter dem himmel vber ein nacht still stehen / vnnd seugets ab/wie zuuor. Etliche nemmen die wurtzel für die beer/vnd gehen auff solche weiß damit vmb/alß mit den beeren. Die-

ser

ser wein zeuhet den schleim vnnd bilem zu sich/heilt die wassersucht/bringt die Mondenzeit der weiber/ist gut für die innwendige vnd außwendige schäden/vnd sonderlich für das hufftweh/ podagram vnnd frantzosen. Denn er gestillet den schmertzen wunderbarlich / wegen der purgierung/nachdem die matery gereinigt/vnd durch den stulgang außgeworffen ist worden/welche schon zum außfliessen geneigt waren/vnnd schon vielleicht ein gang gemachet. Schadet aber dennoch etwas dē magen/soll deßhalben mit gewürtz gecorrigirt werden/an welchen sich der magen erholen vnd erquicken möge.

Ein wein/welcher die geburt in den schwangern frawen biß zu rechter zeit erhelt/vnnd die vnfruchtbaren weiber fruchtbar machet.

Dieser wein wirt also gemacht. Nim den samen von epfich / vnnd gedörter müntz/vñ den frembden samen ammeos/ ein jedes drey quintlin / mastix / negelin/ cardomümlin/rote rosen/jedes ein quintlin/zimmetrind/die rinden von cappern/

castoreum/zitwen/blawe lilgen wurtz/ein jedes zwen scrupel/des weissen vnd besten zuckers zwey pfund. Mach auß diesen stücken allen ein wein auff solche weiß/alß der gewürtzte wein/Hippocraß genannt/ pflegt gemacht zu werden. Sein brauch ist des abents vnd des morgents, vnd soll desselben nicht viel auff ein mahl getruncken werden. Dieser wein sterckt vnnd erfrewet die mutter/macht sie krefftig/daß sie die frucht biß zu rechter zeit behalte. Macht auch die vnfruchtbare Weiber fruchtbar/denn er zertheilt die bläst inn der mutter vnnd erwermet dieselb/wo sie kalt vnd feucht ist/auch bessert jhr schlüpferige natur/auß welchẽ vrsachẽ ein fraw nicht mag empfahen.

Andere geartznete wein kan jhm selbs ein jeder erdencken/vnd auff mancherley weiß/alß jhm gefelt/zubereiten/auß kreutern vnd gewächsen/welcher krefft vnd artzneyen er will/daß der wein an sich ziehen soll.

Nun

Nun folgt/ wie man den wein von dem blatter oder Frantzosen holtz/ guaiaco genannt/ recht machen vnd brauchen soll/ auß dem Petro Andrea Matthiolo Senensi.

ES soll meniglich gewarnet sein/ dz er sich hüte für etlichen vnerfahrnen/ vnd vngeschickten ärtzten/ welche das blatter holtz nicht recht zubereitē/ mischen sewbrot / schmerwurtz / wolffsmilch/ coloquint vnd turbith darzwischen vnd andern deßgleichen vnrath/ welchen sie für sich selbs behalten solten vnd nicht andern verkauffen. Denn sie haben kein rechnung des kranck/ ob er alt oder jung einer kalten oder warmen natur/ mann oder weib / mit diesen/ oder jenen brästen bekummert sey/ bedencken auch nicht die zeit des jars / gilt jhnen gleich / ob es Winter oder Sommer sey/ vnnd geben allen zu jeder zeit täglich ein becher voll jhres weins warm zu trincken. Geschihet deßhalben/ daß wo sie etwann einen vngefehrlich geheilt haben/ zehen dargegen sterben müssen von jhrem ärtznen/welchs sie alß die Hencker gelehrnet haben. Damit nun ein jeder sich für jnen hüten mög/ vnd jhnen entfliehen/so hab ichs für gut vnnd nützlich angesehen/wo ich den rechten weg den wein auß dem blatter holtz zu machen/beschriebe/ vnd zu gleich anzeigte wie derselb recht mag gebraucht werden. So nim nun das abgefeilet oder den säg staub von besten blatter holtz vier pfund/ vnd dz abgefeilet von der rinden des gemelten holtzes ij. pfund/cardobenedicten an derthalb pfund/frawē haar (adiantū) cete rach (aspleniū) die blumē von beiden ochsenzungen/ein jedes ein pfund/zimet anderthalb lot/äniß samen iij. lot vnd zucker v. pfund. Wirff das alles in ein rein vnnd recht weinfäßlin/vnd gieß darüber guten weissen wein/der noch sidet/anderthalb hundert pfund/vermach alßbald das fäßlin wol/vnd laß das alles drey gantzer tag beitzen. Nach dem dritten tag aber seigs ab durch ein wollen duch vnd behalte diesen wein in einē andern fäßlin zum brauch der krancken. Dieser wein wirt zu imbiß vnd zu nacht bey disch getruncken/in statt

des

des zum andernmal gesotten holtzes/vnd nicht des morgens od' zu abēd in statt eines syrups/alß den etliche vnbesinliche zu thun gewont. Man kan diesen wein noch besser machen im weinlesen/vñ in grösser menge/alß zuuor/wo man gemelts holtz/rinden/vnd andere species/inn den newen most vermischlet/vnd daselbst so lang stehen lasset/biß der most hab verieret/vnnd lauter sey worden/doch müssen die species alle gemehrt werden/nach dem der traubē viel oder wenig gewesen sein.

Ohne diesen wein/welcher bey dem essen des morgens vnnd zu abend soll getruncken werden/pfleg ich noch ein andern tranck zu machen/vnd denselben vor dem essen drey oder vier stund den krancken zu reichen/wirt gemacht nach gemeinem brauch der ärtzt auß dem blatterholtz vnd schlechten wasser/welches beydes gesotten wirdt/vnnd geb desselben sechs vntz zu trinckē/misch aber darunder zwey vntz eines saffts/welchen ich bereit/wie nach folgt. Nim erstlich frawēhaar(so wirt das kraut adiantum genennet) hopffen/erdrauch/ceterach/senetbletter/ein jedes drey handuoll/die wurtzel von rapontick/süßholtz/engelsüß/die samen von äniß vnnd schwartzen kümmel (melanthio) die blumē von den wilden vñ zamen ochsenzungen/ alle sandeln/zimmet/ein jedes fünff quintlin. Das alles soll in vier vnnd zwentzig pfund wassers gekocht sein/biß der dritte theil eingesotten sey/seig es nachmals ab. Nim hernach zwey pfund der besten senet bletter/wirff die in ein jrrdin geschirr/welches oben eng sey/gieß demnach den abgeseigten vorgemelten tranck siedend darüber/vermach dz loch wol vnd verwickel das geschirr in ein küssen/so mit gänse feddern gefüllet vnd gewermet sey/vnnd setz das in ein warm ort/laß es also ein tag vñ nacht stehen. Des volgenden tags aber truck mit den henden die senetbletter auß/ vnd seig den tranck ab/misch laxierenden rosen latwerg darunder sechs pfund/vnd acht pfund zucker/laß das widerumñ erwellen bey einem fewer/biß der dritte theil ein gesotten sey. Wann solches geschehen/so leg ein vntz des besten Rhabarbari darein/ welchs zu kleinen stücklin geschnitten sey/ vnd laß dz alles widerumb erwellen/biß

der

der safft so dick alß ein syrup werde. Letzlich seugs ab mit einem duch vnd behalts
inn einer gläsin gutteren. Ist aber der
kranck des schleims vnnd der pituitæ vol/
so misch vnter dem vorgemeltẽ tranck ein
vntz des besten turbiths.

Was die ordnung im essen anbelangt/
dauon ist zu wissen/ dz der kräck so wol im
mittagmal/ alß auch zu abend jetlich mal
nur drey vntzen brots essen soll/ vnd soll dz
brot weitzen vnd wolgebacken sein/ jtem so
vil fleisch alß des brots / es sey von einem
hun oder rebhun/ kramet vogel / haselhun
oder andern vögeln / so sich inn den wäl-
den/ weingärten vñ bergen enthalten/ vnd
ist besser daß das fleisch gebraten sey/ alß
gekocht/ auch mag der kranck wenig rosin
lein essen/ vnd trincke des vorgeschriebenen
weins so vil/ alß die speiß erfoddert. Kan
aber jemands denselbẽ vnuermischt nicht
trincken/ der misch wasser darunder/ welches in einer gläsin kolbẽ sampt einer vntz
des blatter holtz/ ein wenig hab gesotten.

Die zeit zu diesem artznen ist die best d
Lentz im Mertzen/ Aprillen vnnd Meyen.
Kan es aber zu dieser zeit nicht geschehen

so geschehe es im September zu Herbst. Denn es mag der leib inn den hitzigen tagen nicht allein die langwirige artzneyen/ sondern auch die kurtzen nicht ertragen/so auch deßgleichē im winter/da alles pflegt zu erfrören. Vnter deß mögen die krancken/wann schöne zeit vorhanden/inn die nechsten gärten oder lustplätz / mit mählich spacieren / denn es wirdt das gemüt durch solch außgehen sehr erquicket vnnd erfrischet.

Es müssen auch inn dieser chur etliche lenger/etliche kürtzer verharren / nach gelegenheit der kranckheit. Wann nun der holtz wein auff diese weiß gemacht vnd gebraucht wirt/so dient er nicht allein für die frantzosen/sondern auch für alle langwirige wehtagen dergleichen / haupts / neruen/magens/leber vñ miltzen/welche von dem schleim vnnd pituita jhren vrsprung haben bekommen/ist auch gut für das podagram / wo anders die kranckheit nicht viel jar gewehrt hat. Ich pflege auch diesen holtzwein nur den jenigen zu reichen/ welche pituitosi sein / das ist / einer kalten vnnd schleimmigen natur/oder inn welchen

chen die bilis nicht herrschet. Den hitzigen krancken aber geb ich den andern vnd dritten tranck / welcher auß dem holtz vnnd schlechtem wasser gesotten ist / in statt des weins allwegen bey disch zu trincken / wie auch die andern ärtzt zu thun gewohnt.

Ein köstlicher tranck von den senetblettern / sampt seinen artzneyen.

Dieser wein wirt nicht anders gemacht / alß sonsten die andern geartzneite wein. Welcher im weinlesen gemacht wirt / der ist der best. Denn man kan auff solche weiß desselben viel machen / also daß man auch gnug bekomme für das gesind vnnd andere gute freund. Thut man aber gewürtz hinzu / auch magen vnd hertzen kreuter / item carminatiuas herbas / welche die bläst im leib zertheilen / oder auch scharffe species / so wirdt der wein nicht allein besser vñ eher laxieren / sondern auch dem magen vñ gedärm nützlich sein. Vñ geschihet solche vermischũg fürnẽlich des grim̃ens halben / so von den senetblettern bewegt wirt / wo man dieselbige mit vorgemelten kreutern vnd gewürtzen nicht corrigirt.

Johannes Mesue/ein berümpter artzt/ zeigt diese weiß an / wie man diesen wein machen soll. Es hat einer/spricht er/inn newen weissen most ein guten hauffen senetbletter geworffen/vnd denselben nach dreyen monaten zu trincken gegeben. Hat also das gehirn purgirt vnnd ander glieder des leibs/durch welche der mensch empfindet(bey den gelehrten heissen sie sensoria instrumenta)vñ leichtsinnig gemacht. Etliche machen ein tranck von senetblettern mit pflaumen vnd spicken/gerehte jhnen wol/es muß aber solcher tranck nicht lang gesotten werden. Wirt eingenommen ein lot/oder zwey lot/purgirt sänfftlich die melancoley vñ verbrunnen feuchtigkeit auß dem gehirn/lungen/leber/dem hertz vnd miltz/macht frölich vñ erlustiget die glieder/daß sie sich wol bewegen vnd empfinden können. Macht dem leib ein gute farben/vnd öffnet die verstopfung. Wie man aber diesen tranck auff das best machen soll/dz beschreibt Andreas Matthiolus auff diese weiß. Man nimpt der besten senetbleteer anderthalb lot / gestossen imber oder zimmet ein quintlin/d' blumen

men von ochsenzungen ein halb lot/vnnd mische dz alles/thu es in ein vergläßtes geschirr oder zinnin gefäß/das oben ein eng loch hat/geuß zehen vntzen siedend wasser oder geißmolcken darüber/vermachs oben so wol daß nichts darauß verriechen mag. Wann solches geschehen / so wirt alßdann das geschirr inn ein küßlin von genß federn/so zuuor wol gewärmet sey/gewickelt/vnd in ein kisten gelegt/vnnd daselbst vber nacht gelassen stehn. Denn also/weil die wärme erhalten wirt/so ziehet d' tranck all krafft von senetblettern an sich. Dieser tranck purgiert vast alle feuchtigkeiten auß dem leib / so wol bilem alß pituitam vnd die wasserige vnd dünne vberflüssigkeitē/reinigt das gehirn/hertz/leber/miltz/lungen / mehrt die jugent / helt das alter auff/daß einer lang jung bleib/vnd macht leichtsinnig / sterckt das hertz / sonderlich wo man feilchen / rosen / borretsch vnnd ochsenzungen blumen/vnnd deßgleichen kreuter / welche das hertz erfrewen / darunder mischt. Ist auch gut/wie Serapio schreibt / für die wanwitzigkeit vnd vnsinnigkeit/für die gicht/leuß sucht/

hauptwehe/rauden/blatter / jucken/ vnnd fallendt siechtag Jst kürtzlich ein bewehrte artzney für alle langwirige vñ melanco lische kranckheiten. Es wirt auch ein laugen gemacht von senetblettern/vñ chamo millen/sterckt das gehirn vnd die neruen/ macht clare augen/vnd gůt gehör/wann man sich damit zum offtermal waschet.

Ende der geartzneten wein/welche Antonius Mizaldus gemeinem nutz zum Besten Beschriben vnd gesam- let hat.

An den Leser.

DJe nachfolgende matery haben wir darumb hiernach setzen wollen/dieweil wir nicht gewolt so vil Bletter vaciren lassen/ sonderlich dieweil sich auch dieselb nicht vbel hichär reimete/vnnd von gewürtzten weinen meldung thut/ welche sehr Breuchlich allenthalben. Wolst deßhalben diesen vnsern willen zu Beheglichen gefallen annemmen/welcher dir zu nutz vnd gutem gereichen vnd erlangen mag.

Von

Von den gewürtzten weinen.

DIe gewürtzten wein werden bereitet auff zwo weiß vnnd weg/entweder daß die specereyen allein inn einem säcklin inn das faß gehenckt werden/welches inn keller ligt/oder dz auch honig hinzu gethan wirt. Vnd also machen wir inn der eil ein guten tranck/so vil wir wollen. Aber die species/welche man hiezu brauchet/sollen zerstossen vnd geseihet werden offt durch den wollen ermel oder sack/darin die specereien sein/vnd durch welchen man pflegt Hippocraß zu machen/vnnd dieser wein mag genennet werden Claret. Hiezu nimpt man aber weissen wein. Wann man aber zu diesen für den honig zucker/vnnd für den weissen roten wein nimpt/so wirt er Hipocraß genannt. Aber diese wein werden mehrer theils allein in den apotecken bereit. Jnn dieser preparation pflegt man zu vij. quintlin specereyen zu thun xxvj. lot honig/vnnd iiij. pfund des aller bestē wolriechenstē weins so man bekommē mag/so hastu ein claret.

Wann du aber zu sechs quintlin speccreit vnd zu einem halben pfund reinen zucker vier pfund des aller besten roten weins vermischest/so hast ein guten Hippocraß. Andere thun viel mehr speccreien deßgleichen zucker hinzu / dann obgemelt / etwan ein halb quintlin saffran / oder minder / den wein zu ferben/vnd fürnemlich zu den claretcn. Ehe dann aber dieser wein gescuhet werde durch den wollinẽ sack/so soll man diesen bey vier vnd zwentzig stunden auff das höchst lassen an einem warmẽ ort alß in der stuben zu beitzen/mit sampt den speccreien / welche darein gethan sein/damit er derselbigen krafft/eigenschafft vnnd geschmack wol an sich nemme.

Hippocraß ist ein erdichter vnnd new erfundner wein/aber leichtlich zu machen sehr im brauch bey den Frantzosen / vnnd man also auch gemacht werden:

Nim zimmetrinden.

Zucker.

Carböblin/vñ stoß es groblecht zu pulner / vnnd thu es inn ein körblin oder sack/vnd geuß darüber guten roten wein/ so wirt derselbig wein inn dem dz er durch

den

den korb trieffet/an sich nemmen die qualitet vnd eigenschafft der speccreien. Vnd dieser Hippocraß wirt mehrertheils morgens zum mittag mahl geben/in den köstlich vnnd guten mhälern mit gebäheten brot an stat einer tracht oder des voressens/welche gewonheit auch inn anderen weinen breuchlich gewesen ist bey den Athenienser / wie wir lesen / vnnd auch Hermolaus Barbarus schreibet / vnnd wie man auch in Teutschland vnnd anders wo pflegt zu thun mit dem Maluasier suppen.

Ein anderer.

Nim die inneren rinden des zimmets sechs quintlin.

Imber/welcher weiß vnnd gantz sey/ ein lot.

Frischer muscatnussen zwey quintlin/ Negelin.

Paradiß körnlin/ein jedes j. quintlin/ cardomümlin/pfeffer/calmus/bereiten coriander/ein jedes j. scrup. vnnd diese stück alle zerstoß zu einem groben puluer/vnnd vermisch es vnter einandern / vnnd thue hiezu guten wolriechendẽ wein viij pfund vnnd honig so wol verschaumpt seie zwey vnd fünfftzig lot / vermeng diese stück alle vntereinander vnd seuch es durch ein wol linen sack/nach der kunst. Etliche pflegen diesen wein lauter zu machen mit mandel milch.

Folgt ein andere gattung eines Hippocraß / welcher sehr wol dienet denen/ so das hertzweh haben/wirt beschrieben vom Alexander Benedicto im zehenden büch:

Nim j.maß sawrẽ doch wolgeschmackten wein / ein pfund des aller schönesten weissen zuckers / zimmetrinden/ jmber/eines jetlichen j.lot/vnnd galgan ein quintlin/vnd mach jhn/wie obgemeldet/so hast du ein edlen Hippocras.

Folget ein andere composition eines clarets des obgemelten scribenten / welcher sehr nutz vnd gut ist zu einem blöden vnd schwachen magen.

Nim ein lot zimmetrinden/weissen jmber zwey quintlin / negelin / langen pfeffer/muscatnussen / ein jedes zwey scrupel/ vnd stoß es wol mit einem halben pfund rei-

reinen weissen zucker / vnd vermisch dieses in drey maß guten weissen wein / vñ seuch es etwann offt durch ein wollinen sack / so hast du ein claret. Dieser wein ist der best vnd fürtreffenlichest artzney / die man haben mag / zu einem blöden / schwachen vnd vndewigen magen.

Ein ander.

Nim zimmetrinden ij. lot.
Imber j. lot.
Galgan iij. quintlin.
Weissen reinen zucker xvj. lot.
Guten firnen wein / so vil vnnd du bedarffst / puluerisirs groblecht / vnd seuch es durch ein wollinen sack / so hast du ein edlen claret.

Ein Hippocras.

Nim zimmetrinden anderthalb lot.
Imber j. lot.
Negelin ij. quintlin.
Paradiß körnlein.
Galgenwurtzen / beider j. quintlin.
Zucker anderthalb pfund.
Zwo maß des besten roten weins / so du bekommen magst / vermischs vnter

einandern / nachdem du sie zu einem groben puluer gestossen hast / vnnd seuch es durch den ermel oder wollinen sack/so hast du guten Hippocras.

Ein anderer.

Nim der inneren rinden des zimmets zwey lot.

Weissem jmber j. lot.

Paradiß körnlin drey quintlin.

Negelin.

Muscatnuß / beider zwey quintlin.

Muscatblust.

Galgenwurtz / beider anderthalb quintlin.

Langen pfeffer j. quintlin.

Spicanarden.

Folij/beider ein halb quintlin.

Auß diesen stücken allen mach ein puluer / vnnd thue allwegen dieses puluers ij. lot inn ein maß wein / mit sampt einem pfund zucker vnnd Tornesols (welches da ist ein rote purpurfarbe wollen also genannt) den wein damit schön rot zu ferben/so vil desselben bedarffst.

Ein anderer / welcher sehr gelobt vnnd gepreisset wirt zu den mänglen vnnd gebrebresten der brust vnd lungen/ vnd wirt also gemacht:

Nim des aller besten zimmets/ welcher von der oberen dickeren rinden abgeschaben seie/ ij. lot.

Negelin/ anderthalb quintlin.

Aeniß vnd fenchel j. quintlin.

Süßholtz iij. quintlin.

Muscatblust/ Cardomümlin/ Viol wurtzen/ eines jeden anderthalb quintlein.

Des weissen reinen zuckers vj. lot.

Vnnd so du diese stück alle gestossen hast/ beitz es mit oder in den folgenden stücken; Nemlich so nim

Maluasier xviij. lot.

Borretsch wasser j. pfund.

Rosenwasser drithalb lot.

Melissen wasser iij. lot.

Laß alles mit einander stehn iij. stund lang bey einem ofen zu beitzen. Zum letzten/ so seuh es offt durch den wollinen filtz so wirt es schöner claret vnd lauter Hippocras werden.

Ein laxirender Hippocras/ welcher sehr gut ist/ wider das viertägig/ dreytägig vnd teglich feber/denn er dewet die bösen schäd lichen humores/ vñ treibt dieselbigen bald hernach durch den stulgang auß. Vnnd wirt gemacht wie folget:

Nim ein pfund der wurtzen vom kraut so man wolffsmilch nennt.

Epithymi vj. quintlin.

Engelsüß.

Zimmetrinden/Rosinlin/ jedes iiij quintlin.

Mastix körnlin/ jmber/zittwen/negelin/jedes ij. lot.

Zucker / so viel es vonnöhten wirt sein. Arnoldus.

Folget ein verzuckerter wein / welcher für die alten wirt bereit. Dann er ist vast gut vnnd nutz denen so kalter vnnd blöder natur sind/vnnd denen so da abnimpt die natürlich angeborne feuchtigkeit vnd hitz des leibs. Dann er nehret / machet blut vnnd erfüllet vnnd erquicket die fürnemen glieder mit jhren gebürlichen geistern/von denen sie erhalten werden. Wirt nun also gemacht:

Nim des aller besten weins / den du bekommen magst iij. pfund / vnnd des aller

rei-

reinesten weissen zuckers j. pfund/vnnd kochs bey einem sanfften fewr/wie man mehr theils pflegt zu kochen die syrupen. Vnd denselbigen behalt vnd brauch jhn mit dē zweyten theil wassers/oder auff ein andere weiß/wie es die notturfft erfoddern wirt. Dieser wein oder viel mehr syrup auß dem wein gemacht/ist vast gut für die alten Leute.

Gott allein die ehr.

www.ingramcontent.com/pod-product-compliance
Lightning Source LLC
Chambersburg PA
CBHW020857210326
41598CB00018B/1702

9783743642720